Programme d'évaluation rapide
Rapid Assessment Program

Une évaluation biologique rapide du corridor Mantadia-Zahamena, Madagascar

A Rapid Biological Assessment of the Mantadia-Zahamena corridor, Madagascar

RAP
Bulletin RAP *d'* Evaluation Rapide

Bulletin *of* Biological Assessment

32

Editeurs

Jutta Schmid et Leeanne E. Alonso

Center for Applied Biodiversity Science (CABS)

Conservation International

Association Nationale pour la Gestion des Aires Protégées (ANGAP)

Ministère des Eaux et Forêts

Université d'Antananarivo

Parc Botanique et Zoologique de Tsimbazaza

MIRAY

Les *RAP Bulletin of Biological Assessment* sont publiés par:
Conservation International
Center for Applied Biodiversity Science
1919 M Street NW, Suite 600
Washington, DC 20036
Etats-Unis

202-912-1000 tel
202-912-1030 fax
www.conservation.org
www.biodiversityscience.org

Editeurs: Jutta Schmid et Leeanne E. Alonso
Editeur assistant: Fanja Andriamialisoa
Design: Kim Meek
Cartes: Mark Denil

Traductions: *Français:* Geraldine Callo, Nanie Ratsifandrihamanana, Josette Rahantamalala, et Fanja Andriamialisoa
Anglais: Leeanne E. Alonso

Numéro du fichier Bibliothèque du Congrès: ISBN 1-881173-86-0
Library of Congress Card Catalog Number: 2005924265

Conservation International est un organisme privé à but non lucratif exonéré selon la section 501c(3) du *Internal Revenue Code* de tout impôt sur les bénéfices.

Le Bulletin RAP d'Evaluation Rapide s'appelait auparavant RAP Working Papers. Les numéros 1-13 de cette série ont été publiés sous l'ancien titre de la série.

Citation Proposée:
Schmid, J. et L.E. Alonso (eds). 2005. Une évaluation biologique rapide du corridor Mantadia-Zahamena à Madagascar. Bulletin RAP d'Evaluation Rapide 32. Conservation International. Washington, DC.

Le Nederlands Comite voor IUCN (Pays Bas) et la Wolfensohn Family Foundation (USA) ont généreusement apporté leur soutien financier pour rendre cette expédition possible. La publication de ce rapport a été financée par la générosité de la Giuliani Family Foundation (USA).

Conservation International is a private, non-profit organization exempt from federal income tax under section 501c(3) of the Internal Revenue Code.

RAP Bulletin of Biological Assessment was formerly RAP Working Papers. Numbers 1-13 of this series were published under the previous series title.

Suggested citation:
Schmid, J. and L.E. Alonso (eds). 2005. A rapid biological assessment of the Mantadia-Zahamena Corridor, Madagascar. RAP Bulletin of Biological Assessment No. 32. Conservation International. Washington, DC.

Financial support for this RAP expedition was generously provided by The Netherlands Commitee for IUCN and The Wolfensohn Family Foundation, USA. Publication of this report was made possible by the generous support of The Giuliani Family Foundation, USA.

Table des matières

Participants et auteurs

Leeanne E. Alonso (éditeur)
Rapid Assessment Program
Center for Applied Biodiversity Science
Conservation International
1919 M Street NW, Suite 600
Washington, DC 20036-3521
email: l.alonso@conservation.org

Lantoniaina Andriamampianina (insectes: cicindèles)
Wildlife Conservation Society
B.P. 8500
Antananarivo 101, Madagascar
email: wcsmad@bow.dts.mg

Lanto Herilala Andriambelo (botanique)
Département des Eaux et Forêts (DEF)
c/o ESSA-Forêts
B.P. 906
Antananarivo 101, Madagascar
email: lantoand@simicro.mg

Michèle Andrianarisata (botanique)
Projet Miray Moramanga
B.P.59 en face Coq d'or
Moramanga 514, Madagascar
email: miraymrg@simicro.mg

Fiocco Giovanni Battista (reptiles et amphibiens)
Università Degli Studie di Parma
Facoltà die Scienze M. F. N., Corso di Laurca in Scienze Naturali
via università n°12
43100 Parma, Italy
email: beastita@yahoo.com

Joanna Fietz (primates)
Neckargasse 12
72070 Tübingen, Germany
email: joanna.fietz@t-online.de

Brian Fisher (insectes: fourmis)
Department of Entomology
California Academy of Sciences
Golden Gate Park
San Francisco, CA 94118
email: bfisher@calacademy.org

Jules Medard (micromammifères)
Département Faune
Parc Botanique et Zoologique de Tsimbazaza
B.P. 4096
Antananarivo 101, Madagascar
email: pbzt@bow.dts.mg

Falitiana Rabemananjara (reptiles et amphibiens)
Département de Biologie Animale
Faculté des Sciences
Université d'Antananarivo
B.P. 906
Antananarivo 101, Madagascar

Nirhy Rabibisoa (reptiles et amphibiens)
Département de Biologie Animale
Faculté des Sciences
Université d'Antananarivo
B.P. 906
Antananarivo 101, Madagascar

Casimir Rafamantanantsoa (insectes)
Département Entomologie
Parc Botanique et Zoologique de Tsimbazaza
B.P. 4096
Antananarivo 101, Madagascar
email: pbzt@bow.dts.mg

Jeannot Rafanomezantsoa (reptiles et amphibiens)
Département de Biologie Animale
Faculté des Sciences
Université d'Antananarivo
B.P. 906
Antananarivo 101, Madagascar

Hajanirina Rakotomanana (oiseaux)
Cite 67ha sud Logt 315
Antananarivo 101, Madagascar
email: rakotomh@syfed.refer.mg

Felix Rakotondraparany (micromammifères)
Département Faune
Parc Botanique et Zoologique de Tsimbazaza
B.P. 4096
Antananarivo 101, Madagascar
email: pbzt@bow.dts.mg

Rolland Ranaivojaona (botanique)
Département Flore
Parc Botanique et Zoologique de Tsimbazaza
B.P. 4096
Antananarivo 101, Madagascar
email: pbzt@bow.dts.mg

Jean Victor Randrianarison (insectes)
Département Entomologie
Parc Botanique et Zoologique de Tsimbazaza
B.P. 4096
Antananarivo 101, Madagascar
email: pbzt@bow.dts.mg

Harison Randrianasolo (oiseaux)
Ecole Normale Supérieure
Université d'Antananarivo
B.P. 881
Antananarivo 101, Madagascar
email: hhrandri@syfed.refer.mg

Jasmin Randrianirina (reptiles et amphibiens)
Département Faune
Parc Botanique et Zoologique de Tsimbazaza
B.P. 4096
Antananarivo 101, Madagascar
email: pbzt@bow.dts.mg

Marson Lucien Randrianjanaka (botanique)
Conservation International
Projet Zahamena
B.P.38 Sahavola
Fénérive-Est 509, Madagascar
email:zahamena@dts.mg

Zo Lalaina Randriarimalala Rakotobe (coordinateur local, primates)
Conservation International
B.P. 5178
Antananarivo 101, Madagascar
email: z.rakotobe@conservation.org

Helian Ratsirarson (insectes: fourmis)
South African Museum
Life Science Bivision
P.O. Box 61
Cape Town 8000, South Africa
email: hratsirarson@samuseum.ac.za

Richard Razakamalala (botanique)
Direction des Recherches Forestières et Piscicoles
FOFIFA
B.P. 1690 Ambatobe
Anatanarivo 101, Madagascar

Jutta Schmid (chef principal du RAP, primates)
Zoologisches Institut Hamburg
Universität Hamburg
Martin-Luther-King-Platz 3
20146 Hamburg, Allemagne

Adresse actuelle:
University of Ulm
Department of Experimental Ecology
Albert Einstein Allee 11
D-89069 Ulm
Allemagne
email: jutta.schmid@biologie.uni-ulm.de ou
jutta.schmid@t-online.de

Sam The Seing (oiseaux)
Birdlife International
Project Zicoma Madagascar
B.P. 1074
Antananarivo 101, Madagascar
email: zicoma@simicro.mg

Profil des organisations

CONSERVATION INTERNATIONAL

Conservation International (CI) est un organisme international non gouvernemental à but non lucratif basé à Washington, DC aux Etats-Unis. CI demeure convaincu que les générations futures ne pourront prospérer spirituellement, culturellement et économiquement que si l'héritage naturel mondial est maintenu. CI a pour mission de préserver l'héritage naturel et la diversité biologique de notre planète, ainsi que de démontrer que les êtres humains et leurs sociétés sont capables de vivre en parfaite harmonie avec la nature.

Conservation International
1919 M Street NW, Suite 600
Washington DC 20036
Etats-Unis
Tel: (1) 202-912-1000
Fax: (1) 202-912-0773
http:\\www.conservation.org

Conservation International Madagascar
6, rue Razafindratandra -- Ambohidahy
B.P. 5178
Antananarivo (101)
Madagascar
Tel: (261)-2022-60979/(261) 2022-61272
Fax: (261)-2022-25029
Email: l.rajaobelina@conservation.org

ANGAP, ASSOCIATION NATIONALE POUR LA GESTION DES AIRES PROTÉGÉES

Créée en juin 1990, l'ANGAP est un organisme non gouvernemental dont le but principal est la conservation des aires protégées. L'ANGAP est l'agence d'exécution de la Composante Aires Protégées et Ecotourisme au cours de la phase II du PAE (1997-2001). La composante a pour mission d' "établir, conserver et gérer de manière durable un réseau national de Parcs et Réserves représentatif de la biodiversité biologique et du patrimoine naturel propre à Madagascar."

Ces aires protégées, source de fierté nationale pour les générations présentes et futures, doivent être des lieux de préservation, d'éducation, de récréation et contribuer au développement des communautés riveraines et à l'économie régionale et nationale.

ANGAP, Association Nationale pour la Gestion des Aires Protégées
B.P. 1424
Antananarivo 101
Madagascar
Tel: (261) 20 22 415 54
Fax: (261) 20 22 415 38
Email: angap@bow.dts.mg

MINISTÈRE DES EAUX ET FORÊTS

MEF (Ministère des Eaux et Forêts)
B.P. 243
Antananarivo 101
Madagascar
Tel: (261) 20 22 645 88/ 22 645 86
Email: foretmin@dts.mg

L'UNIVERSITÉ D'ANTANANARIVO

L'Université d'Antananarivo fut la première université malgache établie en 1956. Le Département de Biologie Animale a été le département associé à ce programme d'inventaire biologique rapide dans le corridor de Mantadia-Zahamena.

Université d'Antananarivo
B.P. 906
Antananarivo 101
Madagascar

PARC BOTANIQUE ET ZOOLOGIQUE DE TSIMBAZAZA

La mission du Parc Botanique et Zoologique de Tsimbazaza est d'être une source de richesse et d'information majeure pour le peuple malgache en préservant et en présentant les plantes et les animaux de Madagascar. Il insiste également sur l'importance de l'éducation environnementale. Le parc possède la plus vieille et la plus large collection d'espèces malgaches, qui demeure une source essentielle pour les conservateurs, les chercheurs et les étudiants. Le parc s'évertue également à éduquer le public sur la richesse et la rareté, l'importance et la beauté des plantes et animaux malgaches, la culture et l'environnement du pays et leur avenir.

Parc Botanique et Zoologique de Tsimbazaza
P.O. Box 4096
Antananarivo 101
Madagascar

MIRAY

MIRAY est un programme d'appui technique, administratif et financier aux agences d'exécution (AGEX) environnementales malgaches du PE2 dont ANGAP, MEF et ONE ainsi qu'aux parties prenantes locales et régionales, pour une durée de quatre ans et avec un financement de USAID/ Madagascar. MIRAY a été lancé à la fin de l'année 1997 et mis en oeuvre en 1998 par PACT en tant contractant principal et WWF et CI en tant que sous contractants.

Conservation International fournit son appui à la composante MEF/ESFUM, WWF à la composante ANGAP/CAPE et PACT à ONE/AGERAS.

PACT
B.P. 7519
Antananarivo 101
MADAGASCAR
Tel: (261) 20 22 628 41
Email: pact@pact.mg

WWF
B.P. 738
Antananarivo 101
MADAGASCAR
Tel: (261) 20 22 348 85/ 22 304 20
Email: wwfrep@dts.mg

ONE (Office Nationale pour l'Environnement)
B.P 822
Antananarivo 101
MADAGASCAR
Tel: (261) 20 22 259 99/ 22 641 11/ 22 641 07
Email: one@bow.dts.mg

Remerciements

Plusieurs institutions et individus ont contribué au succès de cette expédition terrestre du RAP. Nous sommes particulièrement reconnaissants à Leon Rajaobelina et Sahondra Radilofe pour leur soutien inestimable dans l'organisation de cette évaluation RAP. Nous sommes également reconnaissants à la Direction des Eaux et Forêts (DEF) et à l'Association Nationale pour la Gestion des Aires Protégées (ANGAP), particulièrement à Faramalala Miadana H. et à Célestine Ravaoarinoromanga, pour nous avoir donné l'autorisation de travailler dans les forêts du corridor Mantadia-Zahamena, de collecter et d'exporter des spécimens. Dans toutes les étapes de cette évaluation RAP, l'équipe a généreusement été assistée par le personnel de Conservation International. Bien qu'il ne nous soit pas possible de citer tout le personnel qui nous a apporté son soutien, Johnson Hervé Rakotoniaina et Andriamalala Ramaromisa doivent cependant être mentionnés pour leur aide précieuse . Nous avons une grande dette envers Zo Lalaina Randriarimalala Rakotobe pour les inestimables heures d'effort qu'elle a consacrées en tant que coordinatrice de l'évaluation RAP. Holisoa Rasamoelina a fourni une assistance précieuse pour la coordination à partir du bureau de CI à Washington. En ce qui concerne l'aide à la sélection et à la préparation des sites sur le terrain, nous remercions particulièrement Marson Lucien Randrianjanaka. Jed Murdoch nous a apporté une aide immense pour préparer le survol et nous fournir des cartes de la région.

L'aide scientifique cruciale a été fournie par de nombreuses personnes et organisations qui ont examiné les spécimens et apporté des commentaires sur les différentes ébauches de ce document. Conservation International voudrait surtout remercier Fiocco Giovanni Battista et Jean A. Rakotondratsimba qui ont aidé à collecter des amphibiens et des reptiles sur le terrain. Le Département de Biologie Animale et l'Association Langaha ont apporté leur soutien pour la classification de l'herpétofaune. Nous remercions A. Frediricks, N. B. Goci, et L. Y. Njozela qui ont aidé à identifier les spécimens de fourmis, et H. Robertson pour avoir soutenu et encouragé le travail sur les fourmis malgaches au South African Museum. Steve M. Goodman a apporté son aide pour identifier les micromammifères. Jean V. Randrianarison a aidé à collecter des spécimens d'insectes sur le terrain. Nous sommes reconnaissants à tout le personnel de l'ANGAP Andasibe-Mantadia qui nous a aidés tout au long du RAP sur le site d'enquête de Mantadia.

Nous sommes reconnaissants envers les personnes qui ont revu ce document et évalué avec un œil critique les chapitres présentés dans ce rapport. Aristide Andrianarimisa, Brian L. Fisher, Jörg U. Ganzhorn, Steve M. Goodman, Andrew F. A. Hawkins, Chris J. Raxworthy et Josette Rahantamalala ont amélioré la qualité des manuscrits en faisant partager leurs précieux commentaires. Les éditeurs voudraient remercier Fanja Andriamialisoa pour sa précieuse assistance lors de l'édition de ce rapport.

Une mission telle que celle du RAP dans le corridor Mantadia-Zahamena n'est jamais simple ou facile, et l'esprit d'entente et l'endurance des participants ont été très appréciés. L'identification et la catégorisation rapide des collectes, l'analyse des données et la mise en forme de ce rapport par les chercheurs en laboratoire et sur le terrain démontrent la persévérance dont ont fait preuve les personnes impliquées.

Le financement de l'expédition du RAP a été généreusement fourni par Le Nederlands Comite voor IUCN (Pays Bas) et la Wolfensohn Family Foundation (USA). Nous remercions chaleureusement la Giuliani Family Foundation (USA) pour avoir financé la publication de ce rapport.

Acknowledgments

Many institutions and individuals contributed to the success of this terrestrial RAP expedition. We are particularly grateful to Leon Rajaobelina and Sahondra Radilofe for their unflagging support in organizing this RAP. We are also grateful to the Direction des Eaux et Forêts (DEF) and the Association Nationale pour la Gestion des Aires Protégées (ANGAP) for permits to work in the forests of the Mantadia-Zahamena corridor and to collect and export specimens, especially Faramalala Miadana H. and Célestine Ravaoarinoromanga. At all stages of this RAP we were assisted by Conservation International staff who generously assisted the team. Although we cannot mention all the staff who helped us, the following individuals must be recognized for the significant assistance they provided: Johnson Hervé Rakotoniaina and Andriamalala Ramaromisa. We owe a great debt to Zo Lalaina Randriarimalala Rakotobe for the uncountable hours of effort she devoted as RAP coordinator. Holisoa Rasamoelina provided invaluable coordination assistance from the CI-DC office. For assistance in field site selection and preparation we particularly thank Marson Lucien Randrianjanaka. Jed Murdoch helped immensely in preparing the overflight and producing maps of the region.

Crucial scientific assistance was provided by many individuals and organizations through examination of specimens and commenting on various drafts of this document. Conservation International particularly would like to thank Fiocco Giovanni Battista and Jean A. Rakotondratsimba for help in collecting amphibians and reptiles in the field. The Département de Biologie Animale and the Association Langaha assisted with herpetofauna determinations. We thank A. Frediricks, N. B. Goci, and L. Y. Njozela who helped with determinations of ant specimens, and H. Robertson for supporting and encouraging the work on Malagasy ants at the South African Museum. Steve M. Goodman assisted with small mammal determinations. Jean V. Randrianarison helped collecting insect specimens in the field. We are grateful to the staff of ANGAP Andasibe-Mantadia who assisted us during the RAP at the Mantadia survey site.

We are grateful to the reviewers who critically evaluated the chapters presented in this report. Aristide Andrianarimisa, Brian L. Fisher, Jörg U. Ganzhorn, Steve M. Goodman, Andrew F. A. Hawkins, Chris J. Raxworthy, and Josette Rahantamalala improved the manuscripts with valuable comments. The editors thank Fanja Andriamialisoa for her invaluable editorial assistance.

A mission such as the RAP in the Mantadia-Zahamena corridor is never simple or easy, and the companionship and endurance of the participants are greatly appreciated. The rapid determination of material gathered during the survey, analysis of data, and assemblage of this report by both field and laboratory researchers attests to the perseverance of all those involved.

Funding for the RAP expedition was generously provided by the Netherlands Committee for IUCN and the Wolfensohn Family Foundation, USA. We gratefully thank the Giuliani Family Foundation, USA for supporting publication of this report.

Rapport succinct

UNE ÉVALUATION BIOLOGIQUE RAPIDE DU CORRIDOR MANTADIA-ZAHAMENA À MADAGASCAR

1) Dates des études

Expédition RAP 1 : 07 novembre - 10 décembre 1998
Expédition RAP 2 : 15 - 26 janvier 1999

2) Description du site

Le corridor Mantadia-Zahamena fait partie des forêts denses sempervirentes de l'est de Madagascar et s'étend entre deux complexes d'aires protégées, le Parc National (PN) de Mantadia au sud (centre: 18°48'S, 48°28'E) et la Réserve Naturelle Intégrale (RNI) de Zahamena au nord (centre : 17°40'S, 48°50'E). Le corridor est d'une superficie de 505 734 ha et d'une altitude variant de 400 à 1500 mètres. Une bonne partie des forêts humides de basse altitude (<550m) a été exploitée à des fins agricoles. L'étude du RAP a consisté en deux expéditions sur cinq sites: Iofa, Didy, Mantadia, Andriantantely et Sandranantitra.

3) Les objectifs du RAP

Un atelier de définition des priorités pour la conservation organisé par Conservation International (avril 1995) est arrivé à la conclusion qu'une portion significative des zones prioritaires pour la recherche et la conservation à Madagascar est située en dehors du réseau d'aires protégées. Cette découverte renforce la nécessité de répondre à une conservation basée sur l'écorégion plutôt qu'une conservation de la biodiversité exclusivement dans les zones protégées. Le corridor Mantadia-Zahamena est d'une importance particulière pour les objectifs de la conservation de la biodiversité car une grande partie des forêts humides de basse et de moyenne altitude s'y trouvent. En outre, il relie les deux aires protégées, la RNI de Zahamena au nord et le PN de Mantadia au sud. L'hétérogénéité des habitats, la diversité des espèces et une endémicité fortement élevée marquent l'importance de cette zone. Cependant, la région tout entière est menacée par la culture sur brûlis, une exploitation forestière peu contrôlée et une occupation humaine toujours croissante. Situé au nord-ouest du corridor, le lac Alaotra, une des principales régions productrices de riz à Madagascar, subit les conséquences des pressions précédemment citées et si des mesures urgentes ne sont pas prises dans un futur proche, le lac sera gravement menacé d'assèchement. Le but de l'expédition du Programme d'Evaluation Rapide (RAP) était de recueillir des informations biologiques afin de définir les zones prioritaires dans le corridor et de mettre en place des activités de protection et de conservation.

4) Les principaux résultats

Le corridor Mantadia-Zahamena contient quelques-unes des dernières forêts tropicales de basse et moyenne altitude de Madagascar. Face au niveau de menace et à l'état de dégradation des forêts constatés lors du RAP, les chercheurs ont mis en exergue les priorités biologiques en matière de conservation. Les quelques forêts de basse altitude sont fortement fragmentées. Sur la base de la richesse et de l'abondance des espèces et du degré de perturbation, l'équipe du RAP a identifié trois sites d'une haute importance pour la biodiversité et nécessitant des actions urgentes de conservation : Andriantantely, Didy et Sandranantitra.

La composition spécifique et générique de la flore variait selon le degré de dégradation et l'altitude des sites inventoriés. Les chercheurs ont découvert de nouvelles espèces d'amphibiens, de reptiles et de fourmis. La diversité spécifique de l'herpétofaune de cette région est parmi la plus riche de Madagascar. Plusieurs espèces d'oiseaux rares, gravement en danger ont été enregistrées au cours des expéditions. L'abondance ainsi que la diversité des espèces de lémuriens variaient selon l'importance des pressions humaines sur les sites. Ainsi, Mantadia et Andriantantely ont été peu perturbés et les forêts sont apparemment bien conservées. Des espèces de rongeurs et de fourmis introduites ont été trouvées dans plusieurs sites, particulièrement à Sandranantitra, signe indicateur de perturbation.

Nombres d'espèces enregistrées:

Plantes :	460 espèces appartenant à 72 familles
Lémuriens:	11 espèces
Micromammifères:	30 espèces (18 insectivores, 6 rongeurs, 6 chauves-souris)
Oiseaux:	89 espèces
Reptiles:	51 espèces
Amphibiens:	78 espèces
Insectes :	138 espèces (9 ordres)
Insectes cicindèles:	33 espèces
Fourmis:	21 espèces

5) Nouvelles espèces découvertes:

Reptiles:	1 espèce (*Amphiglossus* sp.1)
Amphibiens:	2 espèces (*Mantella* sp.1 et *Plethdontohyla* sp.1)
Fourmis:	16 espèces (*Strumigenys* spp.)

6) Recommandations pour la conservation:

La dégradation des habitats, l'invasion des espèces exotiques et la fragmentation des forêts sont les problèmes importants de ce corridor. D'après les résultats de l'équipe du RAP, une action d'urgence est fortement préconisée pour la conservation du site à basse altitude d'Andriantantely. Une recherche plus approfondie de tous les groupes taxinomiques dans les forêts de basse altitude figure également parmi les priorités. Des alternatives aux pressions devraient être proposées: trouver d'autres moyens de subsistance, promouvoir la conservation de l'écosystème forestier et limiter l'introduction des espèces exotiques. Les chercheurs préconisent d'étendre les études biologiques dans les autres blocs forestiers du corridor en vue d'identifier les habitats clés, afin d'assurer le maintien de l'importante biodiversité de la région à travers le flux génique et l'échange entre espèces.

Report at a Glance

A RAPID BIOLOGICAL ASSESSMENT OF THE MANTADIA-ZAHAMENA CORRIDOR, MADAGASCAR

1) Dates of Studies:

RAP Expedition 1: November 7 – December 10, 1998
RAP Expedition 2: January 15 – 26, 1999

2) Description of Location:

The Mantadia-Zahamena corridor is located in the center of Madagascar's eastern slope rainforests and links the protected areas of the Réserve Naturelle Intégrale (RNI) de Zahamena in the north (center: 17°40′S, 48°50′E) and the Parc National (PN) de Mantadia (center: 18°48′S, 48°28′E) in the south. The entire corridor comprises an area of 505,734 ha over an elevational range of 400-1500 m. Most of the corridor is composed of mid-elevation humid forest between 550-1500 m. A few remaining remnants of lowland forest (<550 m) can be found on the eastern side of the corridor amidst an increasing sea of agricultural lands. Five sites within this corridor were surveyed during the two RAP expeditions: Iofa, Didy, Mantadia, Andriantantely, and Sandranantitra.

3) Reason for RAP Studies:

A conservation priority setting workshop sponsored by Conservation International in April 1995 concluded that a significant portion of Madagascar's conservation and research priority areas are located outside of the protected areas network. This finding reinforces the need to address regionally based conservation rather than biodiversity conservation exclusively in protected areas. The Mantadia-Zahamena corridor is of particular interest and importance for biodiversity conservation purposes since it comprises blocks of Madagascar's last remaining low-elevation rainforests as well as moist montane forest. Furthermore, it connects the protected areas of the RNI de Zahamena in the north and the PN de Mantadia in the south. The heterogeneity of the habitats within this area yields an extremely high species diversity and endemism. The entire region is threatened by slash-and-burn agriculture (*tavy*), unregulated timber exploitation, and increasing human occupation. At the north-western end of the corridor, Lac Alaotra represents one of the principal rice producing regions in Madagascar and thus looms as a potential threat in the near future. Urgent action, which cannot wait for full biological inventory is needed in order to preserve the connectivity and diversity of this corridor. Thus, the purpose of the Rapid Assessment Program (RAP) expedition was to collect biological information to prioritize areas within the corridor for protection and conservation activities.

4) Major Results:

The Mantadia-Zahamena corridor contains some of the last remaining low and mid elevation rainforest in Madagascar. The RAP expeditions revealed distinct biological priorities and a much higher level of threat and forest destruction than anticipated. The rare lowland forests are highly fragmented, with corridor connections clinging precariously to ridgetops. Based on species richness, abundance, and disturbance the RAP team identified three sites of high biological importance - Andriantantely, Didy and Sandranantitra. Given the paramount importance of Madagascar in global biological priorities and the high regional biological importance of this corridor, these three sites are of extremely high international significance and deserve immediate conservation action.

The generic and specific floristic composition varied with the degree of degradation and with the altitude of surveyed sites. RAP scientists discovered new species of frogs, reptiles, and ants. The herpetofauna of the region is among the most diverse, with species richness exceeding that of the most collected sites in Madagascar. Several critically endangered and rare bird species were recorded during the expeditions. Lemurs were abundant and diverse at sites with low human intervention (Mantadia and Andriantantely). Introduced rodents and ant species found at several sites, especially Sandranantitra, indicated disturbance and human activities.

Number of species recorded:

Plants:	460 species identified to date (72 families)
Lemurs:	11 species
Small Mammals:	30 species (18 insectivores, 6 rodents, 6 bats)
Birds:	89 species
Reptiles:	51 species
Amphibians:	78 species
Invertebrates:	138 species (9 orders)
Tiger beetles (Cicindelidae):	33 species
Dacetonine ants:	21 species

5) New species discovered:

Reptiles:	1 species (*Amphiglossus* sp. 1)
Amphibians:	2 species (*Mantella* sp. 1 and *Plethodontohyla* sp. 1)
Ants:	16 species (*Strumigenys* spp.)

6) Conservation Recommendations:

The last remnants of lowland forest in Madagascar are under extreme pressure from both direct habitat disturbance and invasion of exotic species. The area is much more fragmented than most people are aware. Based on the RAP team's results, urgent conservation action is recommended to protect the lowland site of Andriantantely. Surveys of the biodiversity of the other remaining lowland forest fragments are also of high priority. Conservation activities should address alternatives to subsistence use and should promote respect for forest conservation. Efforts should be made to limit human impacts and prevent the introduction of exotic species. RAP scientists recommend documenting the extent and diversity of the remaining forests, identifying additional key areas for biodiversity protection, and then designing and protecting a corridor between the remaining blocks of forest and existing protected areas to ensure the maintenance of the region's high biodiversity through gene-flow and species exchange.

Résumé exécutif

INTRODUCTION

Contexte général

Madagascar se trouve dans les tropiques et est, de par sa superficie de 587.045 km^2, la quatrième plus grande île du monde. Bien que ne couvrant que 0,4% de la superficie terrestre de la planète, Madagascar est considérée comme l'une priorités mondiales pour la conservation de la biodiversité (Mittermeier et al. 1988, Myers et al. 2000). Le niveau d'endémisme de la biote malgache est extrêmement élevé dû à près de 160 millions d'années d'évolution en isolation. Au niveau des espèces, l'endémisme est supérieur à 90% pour la plupart des groups taxinomiques (Goodman et Patterson 1997, Jenkins 1987, Langrand et Wilmé 1997). En plus de sa forte diversité et de son niveau d'endémisme élevé, Madagascar possède également des écosystèmes d'une diversité exceptionnelle. Ses habitats naturels vont de forêts tropicales humides le long de la falaise orientale et jusque dans les terres de l'est, aux forêts sèches décidues de l'ouest et forêts d'épineux de l'extrême sud de l'île (Nicoll et Langrand 1989). On estime toutefois que près de 80% de ces forêts ont disparu au cours des 1500 - 2000 ans qui se sont écoulés depuis l'arrivée de l'homme ; cette disparition serait principalement due à la conversion en terres agricoles, l'activité minière, l'extraction de matières premières pour la construction et de bois de chauffe et l'exploitation forestière commerciale (Green et Sussman 1990, Nelson et Horning 1993, Smith 1997). L'agriculture sur brûlis, localement appelée *tavy*, est probablement la principale cause de la destruction de la forêt. Identifiée lors la réévaluation des *hotspots* (régions prioritaires pour la conservation de la biodiversité) de Conservation International, Madagascar fait partie des 25 premières régions prioritaires possédant des concentrations exceptionnelle d'espèces endémiques et un degré exceptionnellement élevé de déforestation (Myers et al. 2000). La protection des dernières communautés biotiques et des derniers écosystèmes de Madagascar est donc d'une importance nationale et internationale.

Depuis 1927, Madagascar a établi un vaste réseau d'aires protégées comprenant 16 Parcs Nationaux (PN), cinq Réserves Naturelles Intégrales (RNI) et 23 Réserves Spéciales (RS) couvrant plus de 1.000.000 ha (Nicoll et Langrand 1989, Ramarokoto et al. 1999). Ces aires protégées sont sous la responsabilité de l'Association Nationale pour la Gestion des Aires Protégées (ANGAP). En plus de ces aires protégées, il existe un vaste réseau de Forêts Classées (FC) et de Réserves Forestières (RF) couvrant plus de 4.000.000 ha. Ces forêts non protégées sont placées sous la juridiction de la Direction des Eaux et Forêts (DEF). L'exploitation forestière, l'activité minière et la conversion en terres agricoles sont autorisées dans les forêts classées alors que ces activités sont interdites dans les aires protégées.

Un atelier de définition des priorités pour la conservation organisé par Conservation International (avril 1995) est arrivé à la conclusion qu'une portion significative des zones prioritaires pour la recherche et la conservation se trouvait en dehors du réseau d'aires protégées de Madagascar, et a renforcé la nécessité d'agir à l'échelle d'écorégions plutôt qu'à celle d'aires protégées (Ganzhorn et al. 1997). En 1997, un accord de financement de cinq ans fut signé entre l'United States Agency for International Development (USAID) et le gouvernement malgache portant sur l'objectif stratégique de développement d'une approche régionale pour conserver les écosystèmes biologiquement diversifiés de cinq zones prioritaires à Madagascar. Conservation International est responsable de l'appui à la planification des priorités de conservation dans deux de ces cinq zones, celle du corridor Mantadia-Zahamena et celle de la région de Bealanana-Mahajanga. Le corridor Mantadia-Zahamena est une priorité pour la conservation de la biodiversité malgache car il contient certaines des dernières forêts humides de basse altitude du pays, ainsi que de vastes étendues de forêt primaire à moyenne altitude. En même temps, le cœur de ce grand bloc forestier est menacé par la fragmentation. Des mesures urgentes pour sa conservation sont donc nécessaires.

Contexte biogéographique

Le corridor Mantadia-Zahamena est situé au centre des forêts de la pente orientale de la province de Toamasina (Nicoll et Langrand 1989). Il est délimité par la RNI de Zahamena (centre : 17°40'S, 48°50'E) au nord et le PN d'Andasibe-Mantadia (centre: 18°48'S, 48°28'E) au sud (ver Carte). La RNI de Zahamena, d'une superficie de 73.160 ha sur une variation d'altitude de 750 à 1.512 m (Nicoll et Langrand 1989) est l'une des plus grandes réserves de Madagascar et, en tant que bassin versant pour l'agriculture à l'est et à l'ouest – notamment pour la région du lac Alaotra – est d'une importance vitale. La région du lac Alaotra est l'un des principaux centres de production de riz à Madagascar. Le PN d'Andasibe-Mantadia couvre une superficie de 10.000 ha sur une variation d'altitude d'environ 890 à 1.040 m (Ramarokoto et al. 1999). En plus du PN d'Andasibe-Mantadia et de la RNI de Zahamena, ce corridor oriental comprend deux autres aires protégées, la RS de Mangerivola (11.900 ha) et la RNI de Betampona (2.228 ha). Cependant, la majorité des forêts du corridor sont des forêts classées et ne bénéficient d'aucune protection. Le corridor fait partie de ce qui est appelé la " biorégion de l'Indri ". Cette zone s'étend de la rivière Mangoro au nord aux environs de Sambava (la presqu'île de Masoala exclue), représentant l'aire de distribution du plus grand lémurien de Madagascar, l'indri (*Indri indri*).

Le corridor entier couvre une superficie de 505.734 ha avec une variation d'altitude d'environ 400 à 1.500 m. Divers types d'habitats y existent le long des gradients topographiques et latitudinaux : zones côtières/littorales, marécages, forêts de basse, moyenne et haute altitude. La majorité du corridor est composée de forêt humide de moyenne altitude entre 550 – 1500 m. Quelques reliques de forêt humide de basse altitude (< 550 m) existent encore sur le côté oriental du corridor au milieu d'une zone grandissante de terres agricoles. Cette gamme d'habitats divers offre une intéressante combinaison de faune et de flore. La RNI de Zahamena, par exemple, est considérée comme l'une des forêts les plus riches au monde en primates (14 espèces) (Mittermeier et al. 1994, Tattersall 1982). De plus, la diversité et la densité de la faune herpétologique dans le corridor et des zones avoisinantes sont parmi les plus élevées de l'île (Glaw et Vences 1994).

Le climat

La zone du corridor Mantadia-Zahamena est caractérisée par des forêts tropicales humides et semi-humides. La précipitation annuelle moyenne dans le PN d'Andasibe-Mantadia est de 1.700 mm (Nicoll et Langrand 1989). Les températures mensuelles moyennes varient entre 14°C (août) et 24°C (janvier). A la RNI de Zahamena, la pluviométrie annuelle est de 1.500 – 2.000 mm, et est plus élevée dans la portion orientale de la réserve ainsi que sur les élévations (Nicoll et Langrand 1989). En hiver, les températures peuvent atteindre des minima de 10 – 15°C.

Les principales menaces

Le corridor est partiellement fragmenté au sud de la rivière Onibe qui forme la limite sud de la RNI de Zahamena. Bien que la rivière Onibe puisse constituer une barrière biogéographique naturelle, les interactions entre les deux bancs de cette rivière, dans les sources où les affluents sont étroits ont probablement été importantes dans le passé. La principale menace qui pèse sur le corridor Mantadia-Zahamena reste le *tavy*, pratiqué sur les deux flancs des collines forestières. Dans plusieurs endroits, les défrichements dus au *tavy* se sont même étendus à tout le corridor. Les paysans betsimisaraka qui vivent dans la zone autour de la RNI de Zahamena pratique cette technique agricole par tradition afin de préserver la cohésion de leur communauté et assurer leur subsistance ainsi que pour assurer le pâturage de leur bétail.

A cause de la déforestation et de la perte de fertilité du sol, les collines environnantes connaissent une érosion considérable. Les futures activités d'une grande société minière, Phelps Dodge, qui projette d'extraire du nickel et du cobalt à Ambatovy, dans le corridor Mantadia-Zahamena, pourraient constituer une autre source de menaces. Les principales menaces pesant sur le corridor viennent toutefois de petits paysans pratiquant l'agriculture de subsistance.

Conception de l'expédition d'évaluation rapide (RAP)

Pour collecter des informations sur la biodiversité et trouver des solutions aux menaces pesant sur le corridor Mantadia-Zahamena, le programme de Conservation International (CI) à Madagascar (CI-Madagascar) et le Programme d'Evaluation Rapide (RAP) ont organisé une évaluation biologique du corridor. Les expéditions RAP sont conçues pour assembler dans un court délai des données biologiques qui peuvent être utilisées ensuite pour prioriser les activités de conservation. C'était la seconde évaluation rapide terrestre du RAP faite à Madagascar. La première fut effectuée en février 1997 dans la forêt sèche décidue de la RNI d'Ankarafantsika dans le nord ouest de Madagascar (Alonso et al. 2002).

La phase de préparation et de planification du RAP du corridor Mantadia-Zahamena s'est faite en trois grandes étapes. La première étape consistait en réunions d'information avec des experts de la biologie de Madagascar et des membres des nombreuses organisations malgaches et internationales afin de choisir les groupes taxinomiques et les méthodologies à utiliser. En outre, un inventaire bibliographique de la littérature existante fut effectué pour récapituler les données déjà disponibles sur la région d'étude. Des interviews des parties prenantes locales furent effectuées pour identifier les problèmes environnementaux et les solutions potentielles. Ce processus à volets multiples a produit une série de recommandations et de suggestions utilisées pour identifier les zones prioritaires pour la recherche et la conservation.

La seconde étape consistait à choisir les sites d'enquête à la suite d'un survol du corridor par les membres de l'équipe du RAP. La vidéo du survol et les photographies du corridor furent étudiées ainsi que les cartes topographiques et de végétation. Des consultations auprès de la population locale et des parties prenantes nationales ont constitué des sources importantes d'informations pour la sélection finale des sites. Les quatre sites en forêt classée dans le corridor furent sélectionnés à cause de leur situation géographique, de la variation d'altitude qu'ils présentaient et de leur degré de biodiversité présumé élevé. En plus de cela, le faible niveau de perturbation humaine était de première importance dans le choix final des sites. Le PN d'Andasibe-Mantadia fut sélectionné pour fournir des données sur la flore et la faune du parc, sur lesquels peu d'informations existaient.

La troisième étape consistait de trois reconnaissances sur le terrain dont l'objectif était la sélection des sites d'enquêtes, la détermination des routes à prendre pour s'y rendre, des moyens de transport à utiliser et des arrangements logistiques à faire. Des discussions avec les communautés locales furent menées pour expliquer les objectifs et les méthodes du RAP.

L'expédition d'évaluation rapide

Un groupe pluridisciplinaire de biologistes expérimentés a étudié la flore et la faune du corridor Mantadia-Zahamena du 7 novembre 1998 au 26 janvier 1999. L'équipe du RAP consistait de scientifiques expérimentés et d'étudiants venant de Madagascar, d'Italie et d'Allemagne. L'équipe a étudié les lémuriens, les petits mammifères, les oiseaux, les reptiles et amphibiens, les insectes (y compris les scarabées cicindèles et les fourmis) ainsi que la végétation. Des études de chaque groupe taxinomique ont été effectuées selon des méthodologies scientifiques établies (voir chapitres pour une plus ample description).

L'étude générale a consisté en deux expéditions sur cinq sites. Un total de cinq sites de campement/d'échantillonnage furent établis dans différents endroits et à différentes altitudes dans le corridor. Les parcelles d'échantillonnage étaient situées dans un rayon d'environ 1,5 km autour de ces sites. La première expédition eut lieu du 7 novembre au 10 décembre 1998, période pendant laquelle les quatre premiers sites furent visités. Le cinquième site fut examiné pendant la seconde expédition du 15 au 26 janvier 1999. Les dates des travaux à chaque campement sont consignées dans l'Index Géographique. Les cinq sites étaient (par ordre chronologique de la visite):

1. Iofa, 835 m;
2. Didy, 960 m;
3. Mantadia, 895 m;
4. Andriantantely, 530 m;
5. Sandranantitra, 450m.

Voir l'Index Géographique pour des descriptions complètes de chaque site et la Carte pour la position de chaque site.

Pendant l'expédition, des données sur les températures journalières minimale et maximale (en Celsius) et sur les précipitations journalières (en mm) ont été collectées tous les matins entre 07:00 et 09:00. Un résumé de ces données est présenté en Annexe 1, réparti sur les périodes au cours desquelles chaque campement a été visité. En général, les températures moyennes journalières minimale et maximale diminuent avec le temps en novembre et augmentent entre décembre et janvier. Les précipitations sont variables avec une quasi absence de pluie en novembre, peu de pluie en janvier et de grosses pluies en décembre; le maximum de précipitations cumulée pendant une période de 24 heures était de 44 mm.

RÉSUMÉ DES CHAPITRES

La végétation et la flore

La végétation est extrêmement riche en espèces et offre une mesure sensible des variations écologiques qui peut être utilisée pour définir des priorités de conservation. Les plantes ont été étudiées dans les cinq sites du RAP à l'intérieur du corridor par échantillonnage de nombres constants d'arbres de diamètres différents (3 classes de diamètre à hauteur de poitrine : 1-5 cm, 5-15 cm, > 15cm) le long de transects de largeur variable (4, 10, et 20 m). De plus, les données ont été relevées sur la physionomie des plantes, la structure de l'habitat et le type de sol.

En tout, 460 espèces de plantes ont été identifiées, comprenant 225 genres et 72 familles. Quatre familles, Asteropeiacea, Melano-Phyllaceae, Sarcolaenaceae et Sphaerosepalaceae sont endémiques. Dans les cinq sites étudiés, 18 différents types d'habitat ont été identifiés. Avec un peu plus de temps pour l'échantillonnage, il aurait été possible de relever d'autres types d'habitat dans la forêt de Didy. Iofa, Didy et Mantadia renferment des forêts humides primaires de moyenne altitude alors qu'à Andriantantely et Sandranantitra, les communautés caractéristiques des forêts humides de basse altitude sont présentes. La composition floristique générique et spécifique varie avec l'altitude et avec le degré de dégradation des sites étudiés. La forêt de moyenne altitude d'Iofa est fortement perturbée par l'exploitation commerciale et la pénétration de sentiers de coupe dans la forêt. La forêt de moyenne altitude de Didy est caractérisée par plusieurs pistes et une dégradation due à l'agriculture sur brûlis ou *tavy*. La structure de la forêt de Sandranantitra est la plus affectée par les activités humaines, en particulier par la collecte de bois de chauffe et de construction de pirogues, d'où l'absence de grands arbres. La végétation dense de sous-bois de Mantadia indique une re-génération de la forêt après une perturbation antérieure.

La forêt la plus intacte et la plus unique en termes de diversité et de composition des espèces est la forêt de basse altitude d'Andriantantely. C'est là que le plus grand nombre de Diospyros (12 espèces) ont été repérés et plusieurs de ces espèces n'existent que dans ce site particulier (ex: *Diospyros brachyclada*, *D. buxifolia* et *D. laevis*). D'un point de vue botanique, tous les sites étudiés dans le corridor Mantadia-Zahamena sont importants en termes de flore et de végétation. Cependant, étant donnée sa forte diversité en espèces et son manque de perturbation humaine, la forêt de basse altitude d'Andriantantely est le site le plus important à conserver.

Les lémuriens

Les informations sur la répartition et la densité des espèces de lémuriens dans le corridor Mantadia-Zahamena et sur le degré de menaces pesant sur ces populations sont essentielles pour gérer cette partie des forêts pluviales de Madagascar dans le cadre d'un projet de conservation et développement intégrés. A chaque site, la présence et l'abondance relative des espèces de lémuriens ont été évaluées à l'aide de la méthode de transect linéaire.

Un total de onze espèces de lémuriens (quatre espèces diurnes, deux espèces mixtes, et cinq espèces nocturnes) ont été observés dans le corridor dont l'aye-aye (*Daubentonia madagascariensis*). Le nombre d'espèces variait de dix observées à Didy et Mantadia (forêt de moyenne altitude), à huit à Iofa (forêt de moyenne altitude) et Andriantantely (forêt de basse altitude), et un minimum de six espèces à Sandranantitra (forêt de basse altitude). Le lémurien *Varecia variegata variegata*, est exceptionnellement abondant dans la forêt de basse altitude d'Andriantantely, ce qui indique que ce site contient un habitat approprié à de larges populations de lémuriens. Cependant des traces de pièges à lémuriens repérées à la lisière de la forêt d'Andriantantely laissent penser que la zone pourrait bientôt perdre une bonne partie de sa population de lémuriens comme cela a été le cas de l'autre site de forêt de basse altitude de Sandranantitra où l'équipe d'évaluation rapide a trouvé une faible diversité et une faible densité de lémuriens. Les lémuriens étaient également abondants et diversifiés à Didy et à Mantadia, deux sites connaissant une faible activité humaine et ne comportant pas de traces de chasse.

Le défrichement et l'occupation humaine sont les principales menaces pesant sur le corridor et pourraient être la cause des densités relativement faibles et de l'absence de certaines espèces de lémuriens. Le plus urgent est de stopper le processus de fragmentation de la forêt et de destruction de l'habitat; les dernières forêts de basse altitude constituent ainsi des priorités de conservation exceptionnellement élevées. Le réseau d'aires protégées devrait être étendu pour protéger des sites supplémentaires de conservation des lémuriens.

Les micromammifères

Les insectivores (Soricidés et Tenrecidés), les rongeurs, et les chauves-souris ont été étudiés dans les forêts humides du corridor Mantadia-Zahamena, dans cinq zones. Les animaux étaient capturés à l'aide de deux méthodes de piégeage: les pièges standards et les pièges à trappe munis des clôtures à coulisse associés.

Toutes sources d'informations confondues, 18 espèces d'insectivores ont été relevées sur la totalité des sites, 13 de ces espèces appartiennent au genre *Microgale*. Le plus grand nombre d'espèces d'insectivores était de dix (dont 8 espèces de *Microgale*) dans la forêt de basse altitude d'Andriantantely (Site 4), et au moins cinq espèces d'insectivores dont deux *Microgale* dans l'autre forêt de basse altitude de Sandranantitra (Site 5). Un total de six espèces de rongeurs de la sous-famille endémique des Nesomyinés (*Eliurus minor*, *E. webbi*, *E. tanala*, *E. petteri* et *Nesomys* cf. *rufus*), ainsi qu'un membre de la sous-famille introduite de Murinés (*Rattus rattus*) ont été collectés. La plus forte diversité de rongeurs indigènes a été enregistrée dans les forêts de basse altitude d'Andriantantely et de Sandranantitra (trois espèces à chaque site), et la plus faible diversité a été enregistrée à Iofa (Site 1; 1 espèce). *Eliurus minor*, *Rattus rattus* et quatre espèces insectivores (*Microgale drahardi*, *M. talazaci*, *Hemicentetes semispinosus* et *Setifer setosus*) ont été observées dans tous les sites étudiés dans le corridor. Une espèce de rongeur était restreinte à la forêt de moyenne altitude (*Eliurius webbi*) et une autre à la forêt de basse altitude (*Eliurus petteri*).

Six espèces de chauve-souris ont été collectées dans le corridor Mantadia-Zahamena : *Scotophilus robustus*, *Miniopterus manavi*, *M. fraterculus*, *M. gleni*, *Myotis goudoti* et *Myzopoda aurita*. Deux espèces (*S. robustus* et *M. goudoti*) ont été observées dans la forêt de moyenne altitude (Iofa et Didy) et les quatre autres ont été prises dans les forêts de basse altitude d'Andriantantely et de Sandranantitra. La richesse en espèce était maximale à Andriantantely (trois espèces) et aucune chauve-souris n'a été prise à Mantadia (Site 3).

Le corridor Mantadia-Zahamena possède une richesse en biodiversité considérable quant aux groupes des mammifères (insectivores et rongeurs) mais pas d'endémicité si particulière par rapport aux autres endroits de la forêt de l'est de Madagascar. Son importance repose pourtant dans sa capacité de préserver ces communautés micromammifères pour assurer la pérennisation des espèces. Les zones forestières qui devaient être les premières cibles pour des programmes de conservation sont la forêt d'Andriantantely avec sa haute diversité, et les forêts de Didy et celle de Sandranantitra car on y a remarqué une quantité assez importante d'espèces introduites (*Suncus murinus* et *Rattus rattus*) donc la présence constitue des signes de dégradation des milieux naturels.

Les oiseaux

Les résultats du recensement de l'avifaune pendant l'expédition RAP montrent une grande proportion d'espèces forestières habituelles dans les forêts humides. Deux méthodes ont été utilisées pour la réalisation de cet inventaire: le comptage par la liste de MacKinnon et l'appel par cris préenregistrés. La méthode de la liste de MacKinnon permet aussi de déterminer effectivement l'indice d'abondance relative de différentes espèces.

Au total, 89 espèces d'oiseaux ont été observées dans le corridor Mantadia-Zahamena. Soixante et onze pour cent (71%) de ces espèces sont endémiques à Madagascar. Le nombre d'espèces n'a pas varié de manière significative d'un site à l'autre, avec 64 espèces à Iofa, 68 à Didy, 70 à Mantadia, 64 à Andriantantely et 62 à Sandranantitra. Une comparaison de l'avifaune des forêts de moyenne altitude à celle des forêts de basse altitude révèle une forte coïncidence des espèces avec un index de similarité (Bray et Curtis) de 0,64. Les courbes d'accumulation des espèces montrent que la majorité des espèces relevées à chaque site furent identifiées après cinq jours d'étude. En général, les densités d'oiseaux dans le corridor Mantadia-Zahamena dépendent des espèces présentes, avec des chiffres élevés pour le Vanga à queue rousse (*Calicalicus madagascariensis*), le Bulbul noir (*Hypsipetes madagascariensis*) et le Souimanga malgache (*Nectarinia souimanga*), et des chiffres moins élevés pour le Coua huppé (*Coua cristata*), la grande Eroesse (*Neoximis striatigula*) et l'Artamie rousse (*Schetba rufa*).

A l'exception de Sandranantitra, les résultats de l'inventaire des oiseaux indiquent que toutes les forêts étudiées contiennent encore des habitats adéquats pour les oiseaux. Sandranantitra est particulièrement important pour la conservation de l'avifaune du corridor entier car ce site inclut la très rare Oriolie de Bernier (*Oriolia bernieri*). Les espèces en danger ou rares telles que l'Aigle serpentaire (*Eutriochis astur*), l'Effraie de Soumagne (*Tyto soumagnei*) et le Philépitte faux-souimanga de Salomonsen (*Neodrepanis hypoxantha*) méritent une attention particulière. La dégradation continue de la forêt pourrait avoir un impact négatif grave sur l'avifaune du corridor Mantadia-Zahamena.

Les reptiles et amphibiens

L'herpétofaune de Madagascar, avec un total d'environ 290 espèces, est extrêmement riche, et est caractérisée par une forte endémicité au niveau des espèces (93% pour les reptiles et 99% pour les amphibiens). Les évaluations rapides ont été effectuées pendant la saison des pluies lorsque les espèces se reproduisent et que l'activité est à son plus haut niveau. Deux techniques ont été utilisées pour échantillonner les animaux: les pièges à trappe avec des clôtures à coulisse et les collectes générales.

Un total de 51 espèces de reptiles et 78 espèces d'amphibiens a été enregistré dans les cinq sites de l'évaluation à l'intérieur du corridor Mantadia-Zahamena. Le nombre d'espèces d'amphibiens et de reptiles était le plus élevé dans les deux sites de basse altitude, avec respectivement 72 espèces (30 espèces de reptiles et 42 d'amphibiens) à Andriantantely et 67 espèces (26 espèces de reptiles et 41 d'amphibiens) à Sandranantitra. Sur les trois sites de moyenne altitude, Iofa a obtenu le plus faible nombre d'espèces d'amphibiens et de reptiles (37 espèces), et Didy (41 espèces) et Mantadia (43 espèces) sont à peu près à égalité. Cependant, les courbes d'accumulation des espèces et l'expérience acquise dans d'autres localités de Madagascar suggèrent que ces chiffres augmentent considérablement lorsque plus de temps et d'efforts sont consacrés à la collecte. Le faible taux d'observation de reptiles et amphibiens lors des études faites à Iofa et Mantadia peut venir de l'insuffisance des pluies et du climat sec.

Les espèces caractéristiques des forêts de moyenne altitude étaient *Boophis lichenoides*, *Mantidactylus blommersae*, *Plethodontahyla* cf. *notosticta*, *Phelsuma quadriocellata*. Les habitants typiques des forêts de basse altitude sont *Mantidactylus* cf. *flavobrunneus*, *Mantidactylus klemmeri*, *Brookesia peyrierasi* et *Zonosaurus brygooi*. Les espèces les plus largement réparties sont *Mantella madagascariensis* et *Mantidactylus opiparis*, qui ont été observées dans tous les sites étudiés.

Uroplatus sikorae est également une espèce commune observée dans tous les sites excepté celui de Sandranantitra. L'absence totale de caméléons à Mantadia mérite une attention particulière. Ceci pourrait être dû aux conditions climatiques sèches et au manque de pluie lors de la visite du site. Une autre explication pourrait être que, bien qu'étant une aire protégée, Mantadia serait sujette à des perturbations causées par l'exploitation voisine de graphite.

La plupart des espèces de reptiles et d'amphibiens (93%) inventoriés pendant le RAP sont restreintes à la forêt humide et sont considérées comme fortement sensibles aux perturbations de cet habitat. Huit des espèces relevées dans le corridor Mantadia-Zahamena représentent des indicateurs d'habitats dégradés. Deux espèces d'amphibiens (*Mantella sp.* 1, Didy ; *Plethodonthyla sp.*1, Andriantantely) et une espèce de reptile (*Amphiglossus sp.*, Andriantantely) pourraient représenter de nouveaux taxons. La portion la plus vulnérable de l'herpétofaune du corridor Mantadia-Zahamena est apparemment formée d'un groupe de 20 espèces endémiques restreintes à cette zone.

La conservation de la richesse spécifique en matière d'herpétologie dans ce corridor nécessite la protection de tous les cinq sites étudiés, en particulier les sites d'Andriantantely et de Didy. La diversité herpétologique du corridor Mantadia-Zahamena est loin d'être correctement estimée surtout pour les espèces de moyenne altitude, car au cours de notre visite, certaines espèces communes de la région qui devraient exister n'étaient pas observées du fait de l'absence de pluie.

Les insectes

Les insectes représentent plus des deux tiers de la diversité des espèces animales et apportent par conséquent des informations particulièrement intéressantes sur l'état de la biodiversité. Les insectes volants nocturnes ont été inventoriés à l'aide de pièges légers en plein air; les espèces diurnes ont été échantillonnées à l'aide d'un filet à insectes. Les espèces de papillons ont été capturées avec des pièges suspendus et un mélange de fruits écrasés en guise d'appât.

Au total, 220 espèces d'insectes ont été enregistrées dans le corridor Mantadia-Zahamena, appartenant à 44 familles et neuf ordres (Lepidoptera, Coleoptera, Homoptera, Heteroptera, Orthoptera, Blattodea, Mantodea, Odonata, et Diptera). Un total de 71 espèces de papillons ont été enregistrées pendant l'expédition, dont des espèces rares et endémiques telles que *Argema mittrei*, *Charaxes andronadorus*, *Charaxes analalava*, et *Euxanthes madagascariensis*. L'abondance de certaines espèces communes de papillons indique la présence de forêt primaire intacte dans tous les sites excepté celui de Sandranantitra. Le nombre d'espèces variait considérablement d'un site à l'autre. Iofa contenait la plus forte diversité de papillons et autres insectes (28 familles et 8 ordres), suivi d'Andriantantely avec 27 familles et six ordres, de Sandranantitra avec 27 familles et cinq ordres et de Mantadia avec 22 familles et quatre ordres. La diversité des insectes atteignait un minimum de 16 familles et trois ordres à Didy. Iofa et Andriantantely sont donc les sites les plus importants pour la conservation de la diversité des insectes.

Les cicindèles (scarabées tigre)

Les cicindèles ont été étudiées dans quatre sites (Didy, Mantadia, Andriantantely et Sandranantitra) dans le corridor Mantadia-Zahamena par collecte générale à l'aide d'un filet à insectes. La faune de cicindèles des quatre sites a donné un total de huit genres et 33 espèces. Le nombre d'espèces relevées dans chaque site variait faiblement d'un site à l'autre. Huit espèces de cicindèles dans le corridor Mantadia-Zahamena (24% du nombre total enregistré pour les quatre sites) sont endémiques à la région et sont très rares (ou très peu connues). Plusieurs de ces espèces (*Pogonostoma hormi*, *Pogonostoma brullei* et *Physodeutera rufosignata*) sont restreintes aux forêts de basse altitude d'Andriantantely et de Sandranantitra. Une autre espèce rare, *Physodeutera natalic*, est restreinte à Mantadia dans la forêt de moyenne altitude.

Dans les deux sites de basse altitude, Andriantantely et Sandranantitra sont dominés par les genres *Physodeutera* et *Pogonostoma*, tous deux indicateurs de forêt intacte et non perturbée. Ces forêts semblent encore en bonne santé en ce qui concerne la faune de cicindèles qui s'y trouve, bien que des influences anthropogéniques aient déjà causé des dégâts majeurs et des perturbations, en particulier dans la forêt de Sandranantitra (défrichements, *tavy*, zones herbeuses). En contraste, Mantadia et Didy ont été colonisés par *Hippardium equestre*, une espèce typique des habitats perturbés et dégradés. En plus de leur sensibilité à toute altération de l'habitat, les scarabées tigre sont extrêmement confinés à un habitat spécifique et il y avait très peu de similarité entre les quatre sites.

Le corridor est considéré comme l'une des forêts les plus riches de Madagascar avec actuellement 61 scarabées tigre connus pour être présents dans la zone. La faible richesse en espèces des sites étudiés semble cependant être le résultat des conditions climatiques sèches et de l'insuffisance de pluie durant l'expédition du RAP. Compte tenu de la diversité élevée des espèces de scarabées tigre dans les quatre sites étudiés, tous ces sites soient considérés comme également importants pour la conservation.

Les fourmis (Dacétoninés)

Les fourmis sont l'un des taxons les plus dominants dans tous les habitats à Madagascar en termes de biomasse et d'interactions écologiques. Elles sont par conséquent importantes pour évaluer la santé de la biodiversité. En outre, les espèces exotiques de fourmis se sont révélées d'utiles indicateurs de dégradation des habitats. La faune des fourmis de la litière de feuilles a été inventoriée dans quatre sites (Didy, Mantadia, Andriantantely et Sandranantitra) dans le corridor Mantadia-Zahamena à l'aide d'une combinaison d'échantillonnage de la litière le long des transects et de collecte générale. L'importance en terme de conservation a été déterminée en comparant la richesse en espèces et les mesures de similarités fauniques (index de Jaccard) et le changement des espèces (*turnover*) (beta diversité) de fourmis dacétonines à travers les quatre sites. *Strumigenys*, le genre dominant dans le groupe des Dacétoninés, était utilisé comme indicateur de la richesse totale en espèces de fourmis.

Dans les quatre localités au sein du corridor Mantadia-Zahamena, un total de 29 genres et 21 espèces de Dacétoninés ont été relevés. Seize des espèces de fourmis dacétonines sont nouvelles. Andriantantely possède le plus grand nombre (15 espèces) de dacétonines et Mantadia le plus petit (9 espèces). Dix espèces de dacétonines ont été enregistrées à Didy, et 11 à Sandranantitra. La plus faible similarité et la plus forte valeur de mouvement entre les sites ont été relevées entre la plus basse et la plus haute altitude (Sandranantitra 450 m et Didy 960 m). Les deux sites de basse altitude, Sandranantitra et Andriantantely montrent la plus grande similarité et la plus faible valeur de changement des espèces. Sur la base de la richesse en espèces des *Strumigenys* dans chaque site, le nombre estimé de toutes les espèces de fourmis de chaque localité est le plus élevé à Andriantantely (87,9 espèces).

La découverte de deux espèces exotiques, *Technomyrmex albipes* et *Strumigenys rogeri*, à Sandranantitra, Mantadia et Didy souligne le besoin urgent d'étudier les effets des fourmis envahissantes à Madagascar. Les espèces exotiques étaient le plus abondantes dans le site de basse altitude de Sandranantitra ce qui suggère que ce site est le plus perturbé des quatre, alors qu'aucune espèce exotique n'a été relevée à Andriantantely. Du fait qu'elles ont été soumises à des perturbations depuis longtemps et qu'elles sont situées à proximité des sites d'introduction, les forêts de basse altitude telles que celle de Sandranantitra sont également plus vulnérables à l'invasion par les fourmis exotiques que les sites d'altitude supérieure. Andriantantely est le site moins perturbé et contient la plus forte diversité; c'est donc le site le plus important pour la conservation.

LES ACTIVITÉS DE CONSERVATION ET DE RECHERCHE RECOMMANDÉES

Les expéditions d'évaluation rapide (RAP) dans le corridor Mantadia-Zahamena ont déterminé des priorités biologiques distinctes et un niveau de menaces élevé. Sur la base des niveaux de richesse en espèces, d'abondance et de perturbations, l'équipe du RAP a identifié trois sites d'importance biologique – Andriantantely, Didy et Sandranantitra (Tableau 1). Etant donné la place exceptionnelle qu'occupe Madagascar en termes de priorité mondiale pour la biodiversité et l'importance biologique élevée de ce corridor au niveau régional, ces trois sites sont d'une importance mondiale extrême. Les activités de conservation et de recherches recommandées ci-après sont basées sur les suggestions avancées dans les chapitres relatifs aux divers groupes taxinomiques. Ces recommandations ne sont pas citées par ordre de priorité.

- **Protéger Andriantantely qui est le site prioritaire de conservation.** La diversité et l'abondance de tous les groupes taxonomiques indiquent que la forêt de basse altitude d'Andriantantely est encore en bonne condition. Toutefois, ceci risque de ne pas durer longtemps. Des traces de piégeage de lémuriens et de présence de *tavy* sur tous les côtés de ce petit lambeau de forêt montrent que la zone est sujette à des pressions extrêmes d'une population humaine grandissante. Des actions de conservation urgentes sont recommandées.

- **Protéger toutes les forêts humides orientales restantes à Madagascar.** Les forêts humides de basse altitude représentent un écosystème unique menacé mais insuffisamment protégé. Ces sites subissent des pressions extrêmement fortes dues à la perturbation de l'habitat et l'invasion par les espèces exotiques. Le RAP confirme le fait qu'une part considérable de ces forêts de basse

Tableau 1. Statut des cinq sites d'étude du Programme d'évaluation biologique (RAP).

Site	Exploitation forestière	Sentiers	Chasse	Tavy	Accès	Groupes indiquant préservation forêt	Groupes indiquant dégradation forêt	Priorité de conservation de la biodiversité dans le corridor
Iofa 835 m	Coupe au niveau local et collecte par l'exploitant	Système extensif	Présence de pièges à lémuriens, chasse d'oiseaux	Camp du RAP dans une grande clairière, zébu	45 km de Morarano suivant une grande route d'exploitation forestière	Flore (avec dégradation), Oiseaux	Lémuriens, Mammifères	Zone à priorité moyenne 4
Didy (au sud de la rivière d'Ivondro) 960 m	Collecte locale de bois à brûler et grande exploitation au nord de la rivière	Système extensif	Aucune	Plusieurs petites habitations, culture de maïs	2 heures de marche de Didy sur des pistes claires	Flore, Lémuriens, Mammifères, Amphibiens, Reptiles, Oiseaux	Insectes, Fourmis	Zone à priorité urgente 3
Mantadia 895 m	Aucune	Anciennes pistes et de récentes pistes touristiques	Aucune	Aucune	15 km d'Andasibe sur la route nationale	Lémuriens, Mammifères, Oiseaux, Amphibiens	Flore, Reptiles, Insectes	Zone à priorité urgente (déjà protégée)
Andriantantely 530 m	Collecte de bois à brûler	Aucune	Présence de pièges à lémuriens à la lisière de la forêt	Existe tout autour de la lisière de la forêt	8h en pirogue et 3h de marche de la rivière	Tous	Aucun	Zone à Priorité très urgente 1
Sandranantitra 450 m	Coupe de grands arbres pour la fabrication de pirogues, bois à brûler	Quelques pistes non extensives	Présence de pièges à lémurien	Dispersés dans la forêt	2 jours de marche du village vers l'est	Mammifères, Amphibiens, Reptiles Insectes, Fourmis,	Flore, Lémuriens, Oiseaux	Zone à priorité urgente 2

altitude est située en dehors du réseau des aires protégées (Ganzhorn et al. 1997) et renforce ainsi la nécessité d'actions de conservation pour protéger ces forêts de basse altitude fortement menacées.

- **Former un corridor biologique qui maintiendra le niveau élevé de biodiversité de la région.** Les sites identifiés comme importants devraient être reliés à d'autres blocs de forêts ainsi qu'avec les aires protégées actuelles (PN d'Andasibe-Mantadia et RNI de Zahamena). Un corridor faciliterait le mouvement des animaux à travers les terrains inhospitaliers et favoriserait la dispersion entre les lambeaux d'habitats isolés. Un corridor est nécessaire pour maintenir le flux génétique et les échanges des espèces entre les fragments de forêt de la région.

- **Limiter les impacts humains et prévenir l'introduction des espèces exotiques.** La présence d'espèces de rongeurs *Rattus rattus* et *Suncus murinus*, et de fourmis *Technomyrmex albipes* et *Strumigenys rogeri* constitue des signes de dégradation des milieux naturels.

- **Elargir le réseau actuel d'aires protégées pour inclure toute une gamme d'altitude et de types d'habitats différents.** Les mesures du *turnover* des espèces et de la similarité faunique montrent des divisions au sein des communautés entre les forêts de basse et de moyenne altitude, suggérant que ces deux habitats doivent être protégés afin de préserver la biodiversité de la région. La gestion des forêts non protégées est également nécessaire pour prévenir la fragmentation et la destruction de l'habitat.

- **Trouver des moyens de promouvoir la coexistence de l'homme et de la diversité biologique.** La conservation de la biodiversité ne peut réussir que si nous essayons d'intégrer les communautés locales dans les plans de conservation. Des plantations forestières pourraient fournir du bois de chauffe, des fruits, du miel et du matériau de construction aux hommes ainsi qu'un habitat approprié à la faune. Ces plantations allègeraient les pressions sur les forêts naturelles.

- **Entreprendre des programmes communautaires d'éducation et la recherche socio-économique** pour promouvoir des utilisations plus durables de la forêt.

- **Établir des sites d'écotourisme** dans les endroits d'accès facile et où des systèmes de pistes naturelles existent déjà. Bien gérées, ces zones aideraient à promouvoir la conservation de la diversité unique de cet écosystème.

- **Former des scientifiques nationaux afin de pouvoir plaider la cause de la conservation des habitats naturels de Madagascar au public et au gouvernement malgaches.** Des ateliers et séminaires entrepris par des experts malgaches et internationaux pourraient former des spécialistes en collecte et analyse de données, gestion de base de données et système d'information géographique (S.I.G.).

- **Conduire des inventaires biologiques supplémentaires** car notre connaissance de la diversité du corridor Mantadia-Zahamena est encore incomplète. Des recherches sur tous les groupes taxinomiques augmenteront nos connaissances et nous aideront à identifier les activités de conservation appropriées pour préserver cette biote unique.

- **Trouver l'appui financier et technique des organismes et institutions internationaux.** Les résultats du RAP ont défini trois sites de haute importance biologique où il est urgent d'entamer des actions. Ces actions de conservation ne peuvent être mises en œuvre qu'avec l'appui des organismes internationaux.

RÉFÉRENCES BIBLIOGRAPHIQUES

Alonso, L.E., T.S. Schulenberg, S. Radilofe et O. Missa (eds). 2002. Une évaluation biologique de la Réserve Naturelle Intégrale d'Ankarafantsika, Madagascar. RAP Bulletin of Biological Assessment 23. Conservation International, Washington, DC.

Ganzhorn, J. U., B. Rakotosamimanana, L. Hannah, J. Hough, L. Iyer, S. Olivieri, S. Rajaobelina, C. Rodstrom et G. Tilkin. 1997. Priorities for Biodiversity Conservation in Madagascar. Primate Report 48-1. Göttingen.

Goodman, S. M. et B. D. Patterson (eds). 1997. Natural change and human impact in Madagascar. Smithsonian Institution Press. Washington D.C.

Green, G. M. G. et R. W. Sussman. 1990. Deforestation history of the eastern rain forests of Madagascar from satellite images. Science 248: 212-215.

Jenkins, M. D. 1987. Madagascar: an environmental profile. IUCN, Gland.

Langrand, O. et L. Wilmé. 1997. Effects of Forest Fragmentation on Extinction Patterns of the Endemic Avifauna on the Central High Plateau of Madagascar. *In* Goodman, S. M. et B. D. Patterson (eds.) Natural Change and Human Impact in Madagascar. Smithsonian Institution Press. Washington D.C. Pp 280-305.

Mittermeier, R. A. 1988. Primate diversity and the tropical forest. *In* E. O. Wilson (ed.) Biodiversity. National Academy Press. Washington. Pp 145-154.

Mittermeier, R. A., I. Tattersall, W. R. Konstant, D. M. Meyers et R. B. Mast. 1994. Lemurs of Madagascar. Conservation International. Washington D.C.

Myers, N., R. A. Mittermeier, C. G. Mittermeier, G. A. B. da Fonseca et J. Kent. 2000. Biodiversity hotspots for conservation priorities. Nature 403: 853-858.

Nelson, R. et N. Horning. 1993. AVHRR-LAC estimates of forest area in Madagascar. International Journal of Remote Sensing 14: 1463-1475.
Nicoll, M. E. et O. Langrand. 1989. Madagascar: Revue de la Conservation et des Aires Protégées. World Wildlife Fund for Nature, Gland. Switzerland.
Ramarokoto, S., B. Rakotosamimanana et B. M. Raharivololona. 1999. Situation actuelle des aires protégées à Madagascar. Plan stratégique de l'ANGAP (Association Nationale pour la Gestion des Aires Protégées) de 1998 à 2000. Lemur News 4: 5-7.
Smith, A. P. 1997. Deforestation, fragmentation, and reserve design in western Madagascar. *In* Lawrence, W. F. et R. O. Bieregaard (eds.) Tropical Forest Remnants, Ecology, Management and Conservation of Fragmented Communities. University of Chicago Press. Chicago. Pp 415-441
Tattersall, I. 1982. The Primates of Madagascar. Columbia University Press. New York.

Executive Summary

INTRODUCTION

Background

Madagascar, situated largely within the tropics, is the fourth largest island on Earth, covering 587,045 km^2. Although it covers only 0.4% of the land surface of the planet, Madagascar is considered to be one of the most important priorities for biodiversity conservation in the world (Mittermeier et al. 1988, Myers et al. 2000). The number of plant and animal species in Madagascar that are found nowhere else in the world (endemic species) is extremely high, due to approximately 160 million years of evolutionary isolation. Species-level endemism is well over 90% for most taxonomic groups (Goodman and Patterson 1997, Jenkins 1987, Langrand and Wilmé 1997). In addition to its high diversity and endemism, Madagascar also has exceptional ecosystem diversity. Its natural habitats range from the tropical rain forests along the eastern escarpment and into the eastern lowlands to the western dry deciduous forests and the spiny forests located in the extreme south of the island (Nicoll and Langrand 1989).

However, it is estimated that as much as 80% of these forests has disappeared in the 1500-2000 years since the arrival of man, due to land conversion for agriculture, mining, extraction of building materials and fuelwood, and commercial logging (Green and Sussman 1990, Nelson and Horning 1993, Smith 1997). Slash-and-burn agriculture, locally known as *tavy*, is probably the single greatest cause of forest destruction. Identified by Conservation International's hotspots reanalysis, Madagascar is one of the top five of the 25 biodiversity hotspots featuring exceptional concentrations of endemic species and exceptional loss of habitat (Myers et al. 2000). Thus, the protection of Madagascar's last remaining biotic communities and ecosystems is of national and international significance.

Beginning in 1927, Madagascar has established an extensive protected area network with 16 National Parks, (Parc National, PN), five Strict Nature Reserves (Réserve Naturelle Intégrale, RNI), and 23 Special Reserves (Réserve Speciale, RS) covering more than 1,000,000 ha (Nicoll and Langrand 1989, Ramarokoto et al. 1999). These protected areas fall under the auspices of the Association Nationale pour la Gestion des Aires Protégées (ANGAP). In addition, there exists a large network of Classified Forests (Forêt Classée, FC) and Forest Reserves (Réserves Forestières, RF) which total more than 4,000,000 ha. These unprotected forests are under the jurisdiction of the Direction des Eaux et Forêts (DEF). Development activities such as logging, mining, and agriculture are permitted in classified forests but not in protected areas.

Conservation International's priority setting workshop held in April 1995 in Madagascar concluded that a significant portion of the conservation and research priorities are located outside of the protected areas network in Madagascar, and thus reinforced the need to address regionally based conservation rather than biodiversity conservation exclusively in protected areas (Ganzhorn et al. 1997). In 1997, a five-year strategic objective grant agreement was signed between Malagasy governmental agencies and the United States Agency for International Development (USAID) to develop a regional landscape approach in order to conserve biologically diverse ecosystems in five priority zones in Madagascar. Conservation International is responsible for supporting conservation planning in two of the five priority zones, the Mantadia-Zahamena corridor and the Bealanana-Mahajanga region. The Mantadia-Zahamena corridor is a high biodiversity conservation priority for Madagascar because it contains some of the last remaining lowland rainforests in the country, as well as large intact primary rainforest at mid-elevations. At the same time, small scale fragmentation is threatening even the core of this large forest block, and therefore urgent action is needed.

BIOGEOGRAPHICAL CONTEXT

The Mantadia-Zahamena corridor is located in the center of Madagascar's eastern slope rainforests in the Province of Toamasina (Nicoll and Langrand 1989). It is delimited with the RNI de Zahamena (center: 17°40′S, 48°50′E) to the north and the PN d'Andasibe-Mantadia (center: 18°48′S, 48°28′E) to the south (Map). The RNI de Zahamena, comprising 73,160 ha over an elevational range of 750 to 1,512 m (Nicoll and Langrand 1989), is one of the largest reserves in Madagascar and of high priority value as a critical watershed for farming to the east and west, most notably the Lake Alaotra region. The region around Lake Alaotra is one of the major rice producing centers of Madagascar. The PN d'Andasibe-Mantadia comprises an area of 10,000 ha over an elevational range of approximately 890 - 1,040 m (Ramarokoto et al. 1999). In addition to PN d'Andasibe-Mantadia and RNI de Zahamena, this eastern mountain range corridor contains two other protected areas, the Réserve Spéciale (RS) de Mangerivola (11,900 ha), and the RNI de Betampona (2,228 ha). Nevertheless, the majority of the forests within the Mantadia-Zahamena corridor is designated as classified and consequently unprotected forest. The corridor is part of what has been called the "Indri bioregion." This area, from the Mangoro River north to near Sambava (excluding the Masoala Peninsula), is the range of Madagascar's largest lemur species, the Indri (*Indri indri*).

The entire corridor comprises an area of 505,734 ha over an elevational range of about 400-1,500 m. Different habitat types exist within the corridor along elevational and latitudinal gradients: coastal/littoral zones, marshes, and low, mid, and high-elevation forests. Most of the corridor is composed of mid-elevation humid forest between 550-1500 m. A few remaining remnants of low elevation humid forest (<550 m) can be found on the eastern side of the corridor amidst an increasing sea of agricultural lands. This spectrum of habitat types yields an interesting mix of animals and plants. The RNI de Zahamena, for instance, is considered to be one of the richest forests in the world in terms of primate diversity (14 species; Mittermeier et al. 1994, Tattersall 1982). Furthermore, the diversity and density of the herpetological fauna within the corridor and surrounded areas is among the highest found on the entire island (Glaw and Vences 1994).

CLIMATE

The area of the Mantadia-Zahamena corridor is characterized by humid and semi-humid tropical rainforests. Mean annual precipitation in the PN d'Andasibe-Mantadia is 1,700 mm (Nicoll and Langrand 1989). Mean monthly temperatures vary between 14°C (August) and 24°C (January). At the RNI de Zahamena the annual rainfall is 1,500 - 2,000 mm, with higher levels for the eastern portion of the reserve as well as for the higher altitudes (Nicoll and Langrand 1989). During the winter month the temperatures can fall to minimum values of 10 - 15°C.

MAJOR THREATS

The corridor is partially fragmented south of the Onibe River, which forms the southern boundary of the RNI de Zahamena. Although it is likely that the Onibe River is a natural biogeographic barrier, connections across this river in the headwaters where tributaries are narrow have probably been important in the past. The major threat to the Mantadia-Zahamena corridor remains *tavy* (slash and burn agriculture), which is practiced on slopes of both sides of the montane forests. In several places, *tavy* clearings have even extended through the corridor. Betsimisaraka farmers who inhabit the area around the RNI de Zahamena traditionally practice this agricultural technique both to preserve community cohesion and for subsistence living and cattle grazing. Consequently, due to deforestation and loss of fertility, surrounding hillsides in the region have experienced considerable erosion. Another serious threat may come from future activities of the large mining company, Phelps Dodge, who plan to extract nickel and cobalt in Ambatovy, which is located in the Mantadia-Zahamena corridor. However, current threats to the corridor are primarily driven by smallholder subsistence agriculture.

DESIGN OF THE RAP EXPEDITION

To document biodiversity and to address the threats to the Mantadia-Zahamena corridor, Conservation International's (CI) Madagascar program (CI-Madagascar) and Rapid Assessment Program (RAP) organized a biological survey of the corridor. RAP surveys/expeditions are designed to quickly gather biological data that can be used to set priorities for conservation activities. This was the second terrestrial RAP survey in Madagascar. The first terrestrial RAP in Madagascar was carried out in February 1997 in the deciduous dry forest of the RNI d'Ankarafantsika in northwestern Madagascar (Alonso et al. 2002).

The planning and preparation phase of the RAP survey in the Mantadia-Zahamena corridor unfolded in three major steps. The first step involved informative meetings with experts on the biology of Madagascar and members of numerous Malagasy and international organizations to select taxonomic groups and methodologies used. In addition, a bibliographic inventory on existing literature and report information was conducted to summarize data already available for the study area. Interviews with local stakeholders were undertaken to identify environmental problems and possible solutions. This several-part process produced a set of recommendations and suggestions used for identifying areas with high research and conservation priorities. In the second step, field sites were selected after an overflight of the corridor by RAP team members. The overflight video and the photographic images of the corridor were studied in tandem with topographic and vegetation maps. Consultations with local people and national stakeholders were an important source of information needed for the final selection of field sites. The four sites in classified forest within the corridor were selected due to their geographic locations, their elevation range, and their expected high levels of biodiversity. Apart from that, low levels of human disturbance were of prime importance for the final selection of field sites. The PN d'Andasibe-Mantadia was selected to provide data on the flora and fauna of the park, for which little previous information was available. In the third step, a total of three on-the-ground reconnaissance trips were conducted to choose field sites, to determine the routes to be used to reach the sites, to determine the means of transportation, and to organize logistics. Discussions with local communities were undertaken to explain the objectives and methods of the RAP expedition.

THE RAP EXPEDITION

A multidisciplinary group of leading field biologists studied the flora and fauna of the Mantadia-Zahamena corridor from 7 November 1998 to 26 January 1999. The RAP team consisted of both experienced scientists and students from Madagascar, Italy and Germany. The team surveyed vegetation, lemurs, small mammals, birds, reptiles and amphibians, and several insect groups, including cicindelid beetles and ants. Surveys of each taxonomic group were conducted using established scientific methodologies (see chapters for further descriptions). The survey was divided in two expeditions and five sites. A total of five camps/sampling sites were established in different areas and at different elevations within the corridor. Sampling transects were centered within a radius of approximately 1.5 km around these sites. The first expedition took place from 7 November to 10 December 1998 during which time the first four sites were visited. The fifth site was studied during the second expedition from 15 to 26 January 1999. Dates of field work at each camp site are listed in the Gazetteer. The five sites were (in order of visitation):

1. Iofa, 835 m;
2. Didy, 960 m;
3. Mantadia, 895 m;
4. Andriantantely, 530 m; and
5. Sandranantitra, 450m.

See Gazetteer for more complete descriptions of each survey site and the Map for locations.

During the RAP expedition, data on the minimum and maximum daily temperatures (°C) and daily precipitation (mm) were collected each morning between 0700 and 0900 h. A summary of these data is presented in Appendix 1, divided into the periods during which each of the camp sites was visited. In general, the average daily minimum and maximum temperatures decreased with time in November, and increased between December and January. Precipitation was variable with almost no rainfall during November, little rainfall in January, and heavy rainfall in December with the greatest cumulative amount during a 24-hr period of 44 mm.

CHAPTER SUMMARIES

Vegetation and Flora

Plants are extremely species-rich and offer a sensitive measure of ecological variation that can be used in priority setting. Plants were surveyed at all five RAP sites within the Mantadia-Zahamena corridor by sampling constant numbers of trees of different diameters (3 classes of diameter at breast height: 1-5 cm, 5-15 cm, >15 cm) along transects of different widths (4, 10 and 20 m). In addition, data were recorded for plant physionomy, habitat structure, and soil type.

In total, 460 plant species have been identified, comprising 224 genera and 72 families. Four families, Asteropeiacea, Melano-Phyllaceae, Sarcolaenaceae and Sphaerosepalaceae are endemic. At the five sites surveyed, 18 different habitat types were identified. With more sampling time, however, additional habitat types could have been recorded in the Didy forest. Iofa, Didy and Mantadia contained typical primary mid-elevational humid forest, while at Andriantantely and Sandranantitra the characteristic lowland rainforest community was present. The generic and specific floristic composition varied with altitude and with the degree of degradation of surveyed sites.

The mid-elevational forest of Iofa was highly disturbed due to commercial timber exploitation and logging tracks penetrating into the forest. The mid-elevational forest of Didy was characterized by numerous existing trails, and some forest degradation caused by slash-and-burn agriculture (*tavy*). The forest structure at Sandranantitra was the most heavily impacted by human activities, particularly due to woodcutting for firewood and constructing boats, which was indicated by the lack of large trees. Dense understory vegetation in Mantadia indicated forest regeneration after having been disturbed previously.

The most untouched and unique forest in terms of species diversity and composition among the survey sites was the lowland forest of Andriantantely. The greatest number of *Diospyros* species (12 species) was found in Andriantantely, and several of those species only occurred at this particular site (e.g. *Diospyros brachyclada, D. buxifolia,* and *D. laevis*). From the botanical point of view, all sites studied within the Mantadia-Zahamena corridor are important in terms of flora and vegetation. However, given the high level of species diversity and the lack of human disturbance within the lowland forests of Andriantantely, this site is of highest conservation significance.

Lemurs

Information on the distribution and density of lemur species in the Mantadia-Zahamena corridor and the degree of threat to these populations is crucial to managing this part of Madagascar's rainforests in the context of an integrated conservation and development project. At each site, the presence and relative abundance of lemur species were estimated using the line transect method.

A total of eleven lemur species (four diurnal, two cathemeral, and five nocturnal species) were found in the corridor, including the Aye-aye, *Daubentonia madagascariensis.* The number of species varied from ten lemur species recorded at Didy and Mantadia (mid-altitude montane forests), to eight at Iofa (mid-altitude montane forest) and Andriantantely (lowland forest), and reached a minimum of six species at Sandranantitra (lowland forest). The Black and White Ruffed Lemur, *Varecia variegata variegata,* was exceptionally abundant in the lowland forest of Andriantantely, indicating that this site contains good habitat for large lemur populations. However, evidence of lemur traps at the edge of the forest at Andriantantely suggests that this area could soon lose much of its lemur fauna as has the other lowland site of Sandranantitra, where the RAP team found low lemur diversity and density. Lemurs were abundant and diverse at Didy and Mantadia, both sites with low human intervention and no evidence of lemur hunting.

Forest clearing and settlement are the major threats in the entire corridor and might explain relatively low densities and absence of certain lemur species. The most urgent and tremendous need is to prevent the progress of forest fragmentation and habitat destruction, with exceptionally high conservation priorities on remaining lowland forest. The protected area system should be extended to protect additional sites important for lemur conservation.

Small Mammals

Insectivores (shrews and tenrecs), rodents, and bats were studied in humid forests of the Mantadia-Zahamena corridor at the five RAP sites. Animals were captured using two trapping techniques, standard live traps and pitfall traps with associated drift fences.

When all sources of information are combined, 18 species of insectivores were recorded across all sites, 13 of those of the genus *Microgale.* The greatest species richness of insectivores was ten (including eight species of *Microgale*) in the lowland forest of Andriantantely (Site 4), and at least five species of insectivores, including two *Microgale,* were recorded for the other lowland forest of Sandranantitra (Site 5). A total of six species of rodents of the endemic subfamily Nesomyinae (*Eliurus minor, E. webbi, E. tanala, E. petteri,* and *Nesomys* cf. *rufus*), as well as one member of the introduced subfamily Murinae (*Rattus rattus*) were collected. The highest diversity of native rodents was found at the lowland forests of Andriantantely and Sandranantitra (three species at each site), and the lowest diversity at Iofa (Site 1; one species). *Eliurus minor, Rattus rattus,* and four insectivorous species (*Microgale drahardi, M. talazaci, Hemicentetes semispinosus,* and *Setifer setosus*) were found at all sites surveyed throughout the corridor. One species of rodent was restricted to the mid-elevational forest (*Eliurus webbi*) and another to the lowland forest (*Eliurus petteri*).

Six bat species were collected in the Mantadia-Zahamena corridor: *Scotophilus robustus, Miniopterus manavi, M. fraterculus, M. gleni, Myotis goudoti,* and *Myzopoda aurita.* Two species (*S. robustus* and *M. goudoti*) were found in the mid-elevational forest (Iofa and Didy), and the remaining four species were obtained in the lowland forest of Andriantantely and Sandranantitra. Species richness was highest at Andriantantely (three species), and no bats were netted in Mantadia (Site 3, 895 m).

The Mantadia-Zahamena Corridor contains a fairly high diversity of insectivores and rodents but the level of endemicity is not as high as other areas in Eastern Madagascar. The corridor's importance lies in its potential to preserve the community of small mammals at a range of elevations. Special attention should be given to conserving Andriantantely, with its high diversity, and to managing Didy and Sandranantitra, where many individuals of two introduced species (*Suncus murinus* and *Rattus rattus*) were found, indicating that these areas are already being degraded.

Birds

The avifauna of the five RAP sites surveyed in the Mantadia-Zahamena corridor contains a high proportion of the resident forest bird species that would be expected to occur in humid forest. Bird diversity and density were assessed by documenting each bird species observed or heard during transect walks using the List of MacKinnon method, which allows for determining the relative abundance of different bird species (see Chapter 4).

A total of 89 bird species were recorded in the Mantadia-Zahamena corridor. Seventy-one percent of these species are endemic to Madagascar. The number of species did not differ markedly between locations with 64 species at Iofa, 68 at Didy, 70 at Mantadia, 64 at Andriantantely, and 62 at Sandranantitra. A comparison of the avifauna of the mid-altitude forests to the lowland forests revealed a large species overlap with a similarity index factor (Bray and Curtis) of 0.64. Species accumulation curves show that the majority of species recorded at each site were identified after five days of survey work. Overall, bird densities in the Mantadia-Zahamena corridor was species dependent with high numbers for Red-tailed Vanga (*Calicalicus madagascariensis*), Madagascar Bulbul (*Hypsipetes madagascariensis*), and Souimanga Sunbird (*Nectarinia souimanga*), but low numbers for Crested Coua (*Coua cristata*), Stripe-throated Jery (*Neomixis striatigula*), and Rufous Vanga (*Schetba rufa*).

With the exception of Sandranantitra, the results of the bird inventory indicate that all forests surveyed currently contain suitable habitat for birds. Sandranantitra is especially important to the conservation of the avifauna of the entire corridor because it includes the very rare Bernier´s Vanga (*Oriola bernieri*). Species of special concern are other critically endangered and rare species such as the Serpent Eagle (*Eutriorchis astur*), Red Owl (*Tyto soumagnei*), and Yellow-bellied Sunbird Asity (*Neodrepanis hypoxantha*). Continued forest degradation would likely have a severe negative impact on the bird fauna of the Mantadia-Zahamena corridor.

Reptiles and Amphibians

The herpetofauna of Madagascar, with a total of approximately 290 species, is extremely rich and is characterized by a high species level endemism of 93% for reptiles and 99% for amphibians. The RAP field surveys were done during the rainy season, when species are breeding and activity is at its highest. Two field techniques were used to sample animals, pitfall trapping with drift fences and general collections.

A total of 51 species of reptiles and 78 species of amphibians were recorded at the five RAP sites within the Mantadia-Zahamena corridor. The number of amphibian and reptile species was highest in the two lowland localities with 72 species (30 reptile species, 42 amphibian species) recorded at Andriantantely and 67 species (26 reptile species, 41 amphibian species) at Sandranantitra, respectively. Within the three localities of the mid-elevational forest, Iofa had the lowest number of amphibian and reptile species (37 species), and Didy (41 species) and Mantadia (43 species) were approximately equal. However, species accumulation curves and experience elsewhere in Madagascar suggest that this number will rise considerably with more time and further collecting effort. Low encounter rates of reptile and amphibian species during the surveys in Iofa and Mantadia might have been due to the lack of rain and the dry conditions.

Species that are characteristic of mid-elevational forests were *Boophis lichenoides, Mantidactylus blommersae, Plethodontahyla* cf. *notosticta,* and *Phelsuma quadriocellata*. Typical inhabitants of the lowland rainforests included *Mantidactylus* cf. *flavobrunneus, Mantidactylus klemmeri, Brookesia peyrierasi,* and *Zonosaurus brygooi*. The most widely distributed species were *Mantella madagascariensis* and *Mantidactylus opiparis,* which were found at all sites surveyed. *Uroplatus sikorae* was also a common species, and it was recorded at all sites except at Sandranantitra. Noteworthy is the total lack of chameleons at Mantadia. This could be the result of the dry conditions and the lack of rain when surveying this site. Another possible explanation is that in spite of the fact that Mantadia is a protected area, it could suffer from the disturbance caused by nearby graphite mining, which borders on the north western part of the PN d'Andasibe-Mantadia.

Most (93%) of the reptile and amphibian species inventoried during the RAP survey are restricted to humid forest and are considered to be highly sensitive to habitat disturbance. Eight of the species recorded in the Mantadia-Zahamena corridor represent indicators of degraded habitats. Two amphibian species (*Mantella* sp. 1, Didy; *Plethodontohyla* sp. 1, Andriantantely) and one reptile species (*Amphiglossus* sp., Andriantantely) may represent new taxa. The most vulnerable components of the herpetofauna of the Mantadia-Zahamena corridor are the apparently 20 endemic species restricted to this area.

Conservation of reptiles and amphibians in the corridor requires the preservation of all five sites studies, with Andriantantely and Didy as top priorities. The diversity of amphibians and reptiles of the mid-altitudes is likely much higher than we were able to document due to the dry conditions during the RAP surveys.

Insects

Insects comprise more than two-thirds of the species diversity of animals and are therefore of particular interest for biodiversity assessment. Nocturnal flying insects were inventoried using a light trap in open areas, and diurnal species were sampled using an insect net. Butterfly species were captured with hanging traps baited with mashed fruit mix.

A total of 220 insect species were found in the Mantadia-Zahamena corridor, belonging to 44 families and nine orders (Lepidoptera, Coleoptera, Homoptera, Heteroptera, Orthoptera, Blattodea, Mantodea, Odonata, and Diptera). A total of 71 butterfly species were recorded during the expedition, including rare and endemic species such as *Argema mittrei, Charaxes andronadorus, Charaxes analalava,* and *Euxanthes madagascariensis*. The abundance of several common butterfly species indicated the presence of some intact primary forest at all sites but Sandranantitra. The number of species did differ markedly between locations. The highest diversity of butterflies and other insects were found at Iofa (28 families and eight orders), followed by Andriantantely with 27 families and six orders, Sandranantitra with 27 families and five orders and Mantadia with 22 families and four orders. Insect diversity reached a minimum of 16 families and three orders at Didy. Thus, Iofa and Andriantantely are most important for the conservation of insect diversity based on our survey results.

Cicindelidae (Tiger Beetles)

Tiger beetles were surveyed at four locations (Didy, Mantadia, Andriantantely, and Sandranantitra) in the Mantadia-Zahamena corridor by general collections using an insect net. The tiger beetle fauna at the four sites yielded a total of eight genera and 33 species. The number of species recorded per site did not differ markedly between survey sites. Eight tiger beetle species in the Mantadia-Zahamena corridor (24% of the total number recorded from the four locations) are endemic to the region and are very rare (or very poorly known). Several of these species (*Pogonostoma hormi, Pogonostoma brullei,*and *Physodeutera rufosignata*) were restricted to the lowland forest of Andriantantely and Sandranantitra. Another rare species, *Physodeutera natalic*, is restricted to Mantadia in mid-elevational forest.

In the two low elevation sites, Andriantantely and Sandranantitra were dominated by the genera *Physodeutera* and *Pogonostoma*, both indicators of undisturbed and primary forest. These forests still seem to be in a good and healthy condition regarding the tiger beetle fauna found, although anthropogenic influences have already caused major damages and disturbance, particularly in the forest of Sandranantitra (clearings, *tavy*, open grassland). In contrast, Mantadia and Didy have been colonized by *Hipparidium equestre*, a species typical of disturbed and degraded habitats. In addition to being sensitive to habitat alteration, tiger beetles were extremely habitat-specific and there was very little species overlap between the four localities.

The Mantadia-Zahamena corridor is considered to be one of the richest forests in Madagascar with 61 tiger beetles currently known for the area. The lower species richness found during the RAP survey may be the result of the dry conditions and the lack of rain during the RAP expedition. Due to the high diversity of tiger beetle species across the four sites studied, all the sites are equally important for the conservation of tiger beetles.

Ants (tribe Dacetonine)

Ants are one of the most dominant taxa in all habitats in Madagascar in terms of biomass or ecological interactions and are therefore important for biodiversity assessment. In addition, exotic ants have been shown to be useful indicators of disturbed habitats. Leaf litter ant faunas were inventoried at four sites (Didy, Mantadia, Andriantantely, and Sandranantitra) in the Mantadia-Zahamena corridor using a combination of leaf litter sampling along transects and general collections. The conservation importance was determined by comparing species richness and measures of faunal similarity (Jaccard index) and species turnover (beta diversity) of the ant tribe, dacetonine, across the four localities. *Strumigenys*, the dominant genus in the dacetonine tribe, was used as an indicator of total ant species richness.

In the four localities within the Mantadia-Zahamena corridor, a total of 29 genera of ants and 21 species of dacetonines were recorded. Sixteen of the dacetonine ant species appear to be new to science. Andriantantely had the greatest (15 species), and Mantadia had the lowest (nine species) number of dacetonine species recorded. Ten dacetonine species were found at Didy, and 11 at Sandranantitra. The lowest similarity and greatest species turnover value between localities occurred between the lowest and highest elevations (Sandranantitra 450 m and Didy 960 m). The two low elevation sites, Sandranantitra and Andriantantely showed the greatest similarity and lowest species-turnover. Based on the species richness of *Strumigenys* at each locality, the estimated number of all ant species at each locality is greatest for Andriantantely (87.9 species).

The discovery of two exotic species *Technomyrmex albipes* and *Strumigenys rogeri* in Sandranantitra, Mantadia and Didy calls attention to the urgent need for studies on the effects of invasive ants in Madagascar. Exotic species were most abundant in the lowland site of Sandranantitra suggesting that it is the most disturbed of the four sites, while none were recorded from Andriantantely. Because of their long history of disturbance and proximity to sites of introduction, lowland forests such as Sandranantitra are also more vulnerable to invasion by exotic ants than higher elevation sites. Based on patterns of ant species richness, species turnover and disturbance, Andriantantely is the least disturbed site and contains the greatest diversity and thus, is concluded to be of highest conservation priority.

RECOMMENDED CONSERVATION AND RESEARCH ACTIVITIES

The RAP expeditions in the Mantadia-Zahamena corridor revealed distinct biological priorities and a high level of threat. Based on levels of species richness, abundance, and disturbance, the RAP team identified three sites of high biological importance: Andriantantely, Didy and Sandranantitra (Table 1). Given the paramount importance of Madagascar in global biological priorities and the high regional biological importance of this corridor, these three sites are of extremely high international significance. The following recommended conservation and research activities are based on the suggestions found in the chapters of the various taxonomic groups. Recommendations are not listed in order of priority.

- **Protect Andriantantely - highest conservation priority.** The diversity and abundance of all taxonomic groups indicated that the lowland forest of Andriantantely (530 m) is still in good condition. However, this is not likely to be the case for long. Evidence of lemur traps and the presence of *tavy* on all sides of this small forest remnant indicate that this area is under extreme pressure from a growing human population. Based on these findings, urgent conservation action is recommended.

- **Protect all remaining lowland eastern rainforests in Madagascar.** The lowland rainforests represent a unique ecosystem that is threatened but insufficiently protected. These sites are under extreme pressure from both direct habitat disturbance and invasion of exotic species. The RAP expedition confirms the observation that a significant portion of these lowland forest are located outside of the protected areas network (Ganzhorn et al. 1997) and thus reinforces the need for conservation action to protect these highly threatened lowland forests.

Table 1. Status of the five RAP Survey Sites.

Site	Logging	Trails	Hunting	Tavy	Access	Groups indicating good forest	Groups indicating poor forest	Priority for biodiversity conservation within the corridor
Iofa 835 m	Local cutting with private company collection	Extensive system	Evidence of lemur traps, bird hunting	RAP Camp in large clearing, cattle	45 km from Morarano along large logging road	Plants (some degradation), Birds	Lemurs, Mammals	Average priority 4
Didy (south of Ivondro River) 960 m	Only local firewood collection, large operation north of river	Extensive system	None	Many small settlements growing corn	2 hour hike from Didy on established trail	Plants, Lemurs, Mammals, Birds, Amphibians, Reptiles	Insects, Ants	High priority 3
Mantadia 895 m	None	Some old research and recent tourist trails	None	None	15 km from Andasibe along main road	Lemurs, Mammals, Birds, Amphibians,	Plants, Reptiles, Insects	High priority (already protected)
Andriantantely 530 m	Only local firewood collection	None within forest	Evidence of lemur traps at edge of forest	Surrounds all forest edges	8 hours in boat and 3 hours hike from river	All	None	Highest priority 1
Sandranantitra 450 m	Large trees harvested for boats, firewood collection	Some but not extensive	Evidence of lemur traps throughout	Scattered throughout forest	2 day hike from village to the east	Mammals, amphibians, Reptiles, Insects, Ants	Plants, Lemurs, Birds	High priority 2

- **Form a biological corridor that will maintain the region's high biodiversity.** The important sites identified here should be linked with other remaining blocks of forest and with the existing protected areas (PN d'Andasibe-Mantadia and RNI Zahamena) to form a biological corridor. A corridor facilitates the movement of animals across inhospitable terrain and promotes dispersal between disjunct patches of habitats. A corridor is needed to maintain gene flow and species exchange between the forest fragments of this region.

- **Limit human impacts and prevent the further introduction of exotic species.** Species of rodents such as *Rattus rattus* and *Suncus murinus,* and the ant species *Technomyrmex albipes* and *Strumigenys rogeri* have already colonized some of the sites. Actions must be taken to limit their further spread of these species and the introduction of other species.

- **Expand the existing protected area network to include a range of elevations and habitat types.** Species turnover and faunal similarity measures demonstrated divisions in communities between lowland and mid-elevation forests suggesting that both elevation habitats need to be protected in order to preserve the biodiversity in the region. Management of the unprotected forests is also required to prevent the progress of forest fragmentation and habitat destruction.

- **Promote the coexistence of humans and biological diversity.** Biodiversity conservation can only be successful if we find ways to integrate local human communities into conservation plans. Tree plantations could provide fire wood, fruit, honey and building material for people as well as suitable habitat for various animals. These plantations would remove the pressure from the natural forests.

- **Establish community education programs and conduct socio-economic research** to promote alternative uses of the forests.

- **Establish sites of eco-tourism** in places that are easy accessible and where preexisting trail systems are available. Managed properly, this would help to promote the conservation of the unique ecosystem diversity.

- **Train national scientists to communicate effectively about the importance of maintaining Madagascar's natural habitats** to the Malagasy public and government institutions. Workshops and seminars undertaken by Malagasy and international experts should train individuals in data collection and analysis, database management, and geographic information systems (GIS).

- **Conduct additional biological inventories** to increase our knowledge of the high diversity of the Mantadia-Zahamena corridor. Further research on all taxonomic groups will help to determine the types of conservation activities needed to preserve the unique biota.

- **Promote financial and technical assistance from international organizations and institutions.** Assistance is needed in order to take immediate action to successfully conserve the three sites of high biological importance identified by this RAP survey.

LITERATURE CITED

Alonso, L.E., T. S. Schulenberg, S. Radilofe, and O. Missa (eds). 2002. A Biological Assessment of the Réserve Naturelle Intégrale d'Ankarafantsika, Madagascar. RAP Bulletin of Biological Assessment 23. Conservation International, Washington, DC.

Ganzhorn, J. U., B. Rakotosamimanana, L. Hannah, J. Hough, L. Iyer, S. Olivieri, S. Rajaobelina, C. Rodstrom and G. Tilkin. 1997. Priorities for Biodiversity Conservation in Madagascar. Primate Report 48-1. Göttingen.

Goodman, S. M. and B. D. Patterson(eds). 1997. Natural change and human impact in Madagascar. Smithsonian Institution Press. Washington, D.C.

Green, G. M. G. and R. W. Sussman. 1990. Deforestation history of the eastern rain forests of Madagascar from satellite images. Science 248: 212-215.

Jenkins, M. D. 1987. Madagascar: an environmental profile. IUCN, Gland.

Langrand, O. and L. Wilmé. 1997. Effects of Forest Fragmentation on Extinction Patterns of the Endemic Avifauna on the Central High Plateau of Madagascar. *In* Goodman, S. M. and B. D. Patterson (eds.) Natural Change and Human Impact in Madagascar. Smithsonian Institution Press. Washington D.C. Pp 280-305.

Mittermeier, R. A. 1988. Primate diversity and the tropical forest. *In* E. O. Wilson (ed.) Biodiversity. National Academy Press. Washington, D.C. Pp 145-154.

Mittermeier, R. A., I. Tattersall, W. R. Konstant, D. M. Meyers and R. B. Mast. 1994. Lemurs of Madagascar. Conservation International. Washington, D.C.

Myers, N., R. A. Mittermeier, C. G. Mittermeier, G. A. B. da Fonseca and J. Kent. 2000. Biodiversity hotspots for conservation priorities. Nature 403: 853-858.

Nelson, R. and N. Horning. 1993. AVHRR-LAC estimates of forest area in Madagascar. International Journal of Remote Sensing 14: 1463-1475.

Nicoll, M. E. and O. Langrand. 1989. Madagascar: Revue de la Conservation et des Aires Protégées. World Wildlife Fund for Nature, Gland. Switzerland.

Ramarokoto, S., B. Rakotosamimanana and B. M. Raharivololona. 1999. Situation actuelle des aires protégées à Madagascar. Plan stratégique de l'ANGAP (Association Nationale pour la Gestion des Aires Protégées) de 1998 à 2000. Lemur News 4: 5-7.

Smith, A. P. 1997. Deforestation, fragmentation, and reserve design in western Madagascar. *In* Lawrence, W. F. and R. O. Bieregaard (eds.) Tropical Forest Remnants, Ecology, Management and Conservation of Fragmented Communities. University of Chicago Press. Chicago. Pp 415-441.

Tattersall, I. 1982. The Primates of Madagascar. Columbia University Press. New York.

Chapitre 1

La diversité floristique du corridor Mantadia-Zahamena, Madagascar

Lanto Herilala Andriambelo, Michèle Andrianarisata, Marson Lucien Randrianjanaka, Richard Razakamalala et Rolland Ranaivojaona

RÉSUMÉ

Dans le cadre du programme d'inventaire biologique rapide de la biodiversité, Conservation International a organisé une expédition dans la partie est de Madagascar, dans la forêt dense humide. Deux variances de ce type de forêt ont fait l'objet des études : la forêt dense humide de moyenne altitude et la forêt dense humide de basse altitude. Cinq sites ont été inventoriés: trois dans la forêt de moyenne altitude (Iofa, Didy et Mantadia) et deux dans la forêt de basse altitude (Andriantantely et Sandranantitra). L'inventaire de la richesse floristique de ces sites a été réalisé suivant la méthode des transects. Un nombre constant de tiges à inventorier pour chaque classe de diamètre a été fixé.

Comme résultats, 18 types d'habitats ont pu être inventoriés dans les cinq sites. D'autres types d'habitats ont pu être identifiés dans le site de Didy mais, compte tenu du temps imparti, ils n'ont pas fait l'objet d'inventaire. Ces 18 types d'habitats sont tous basés sur la topographie, c'est-à-dire que les habitats varient en fonction de l'altitude (bas-fond, versant ou crête) sauf à Iofa où l'existence de *Eugenia* sp. dans tous ces secteurs ont entraîné une sorte "d'uniformisation" des bas-fonds, des versants et des crêtes. Un total de 435 espèces a pu être identifié dans les transects appartenant à 224 genres et 72 familles. Parmi ces dernières, quatre sont endémiques: il s'agit de Asteropeiaceae, Melano-Phyllaceae, Sarcolaenaceae et Sphaerosepalaceae. Avec les espèces hors-transects le nombre d'espèces identifiées est de 460. Cette expédition a permis de mieux connaître la richesse de Madagascar.

INTRODUCTION

Le Rapid Assessment Program (RAP), un programme du Center for Applied Biodiversity Science (CABS) de Conservation International, a pour but d'obtenir une évaluation globale des ressources biologiques d'une région donnée à partir d'inventaires biologiques rapides. Une première expédition RAP a eu lieu dans la Réserve Naturelle Intégrale (RNI) d'Ankarafantsika en février 1997. Pour ce deuxième RAP à Madagascar, l'étude a été menée dans le corridor Mantadia-Zahamena.

Une équipe multidisciplinaire a été mise en place pour réaliser le programme en collectant des données dans différents sites du corridor. Deux expéditions sur terrain ont été effectuées. Quatre sites ont été visités durant la première expédition (7 novembre au 10 décembre 1998) et un site lors de la seconde (15 au 26 janvier 1999). Les objectifs de la section " Flore et Végétation " sont d'obtenir des informations sur:

- les types de formation rencontrés dans le site d'étude,
- l'identification des espèces qui existent dans ces types de formation,
- les caractéristiques écologiques des habitats rencontrés (physionomie, structure, faciès),

- les relations sol-végétation,
- la structure horizontale au niveau de chaque site sélectionné au point de vue abondance relative et diversité floristique.

MATÉRIEL ET MÉTHODES

Déroulement des études

Cinq sites étudiés ont été choisis (Site 1: Iofa, 835 m; Site 2: Didy, 960 m; Site 3: Mantadia, 895 m; Site 4: Andriantantely, 530 m; Site 5: Sandranantitra, 450 m) et chaque site a été visité pour six jours effectifs. Pour l'équipe " Flore et Végétation ", ces six jours sont organisés comme suit: la première journée consiste en une visite de reconnaissance effectuée en général avec les autres équipes des autres disciplines; de la seconde à la cinquième journée, les inventaires par l'intermédiaire d'une méthode d'inventaire utilisant un transect sont réalisés. Un transect est en général effectué en une journée. La dernière journée consiste à faire une récapitulation et une visite dans les endroits non inventoriés pour identifier des espèces qui n'ont pas été rencontrées dans les transects et recueillir des herbiers.

La méthode du transect

Après la visite de la première journée, des habitats particuliers ont été identifiés et le programme établi pour pouvoir faire un inventaire de quatre habitats éventuels. Le choix des habitats à inventorier se base surtout sur la topographie du terrain, son exposition par rapport au soleil et la présence de populations caractéristiques observées. Pour chaque habitat, nous avons établi une ligne de milieu de transect qui, généralement débute près d'un layon établi par les autres groupes taxinomiques. Le transect est composé de trois transects superposés.

Les transects utilisés ont les largeurs de 4, 10 et 20 mètres (Figure 1.1).

Pour les individus d'arbre à inventorier, trois classes de diamètre ont été prises en considération respectivement dans les trois types de transect: 1 à 5 cm, 5 à 15 cm et supérieur à 15 cm. Le nombre d'individus pour chaque classe de diamètre est fixé à 150 pour chacun des transects. Le nom de l'espèce (nom scientifique et nom vernaculaire), le diamètre à hauteur de poitrine et la hauteur totale ont été les paramètres observés pour chaque individu dans les transects. S'il y a une hésitation sur le nom scientifique de l'espèce, des échantillons stériles (sans fleurs et/ou fruits) ou des échantillons fertiles (avec fleurs et/ou fruits) ont été prélevés pour constituer un herbier. Les échantillons ont été ensuite identifiés au Parc Botanique et Zoologique de Tsimbazaza (PBZT). Pour faciliter la tâche, l'équipe avance par groupe de dix individus et recommence à la distance la plus éloignée où s'arrête le dixième individu d'une des classes de diamètre.

Parallèlement à l'inventaire floristique, des observations visuelles ont été effectuées concernant la physionomie, la structure, le faciès de chaque habitat en relation avec la topographie, les types de sols sous chaque formation et l'exposition par rapport au soleil. Durant ce RAP, un simple inventaire des herbacées existantes a été effectué. Leur importance a été considérée par rapport à des observations visuelles de l'ensemble du transect le plus large.

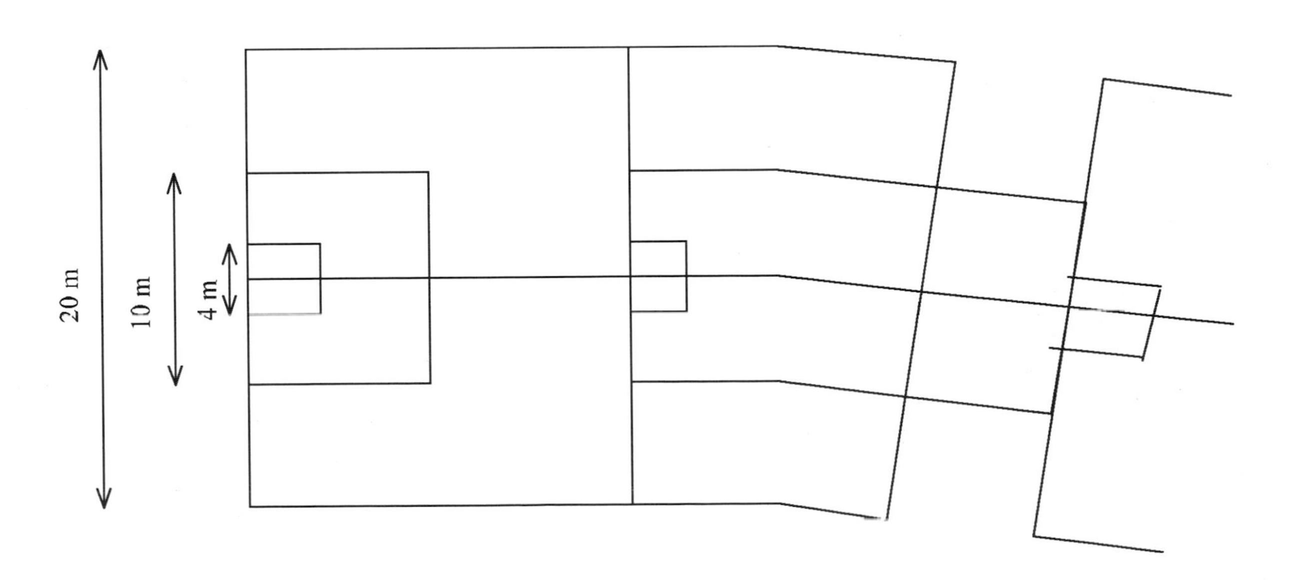

Figure 1.1. Dispositif d'inventaire floristique dans le corridor du Mantadia-Zahamena, Madagascar. Le transect pouvait être courbé pour pouvoir rester dans le même type d'habitat.

RÉSULTATS

Les forêts de la région étudiée sont du type dense humide de l'Est. Elles peuvent être divisées en deux types: forêts denses humides de moyenne altitude (Iofa, Didy et Mantadia) et forêts denses humides de basse altitude (Andriantantely et Sandranantitra). La région est caractérisée par sa topographie très accidentée, ce qui rend les travaux d'inventaires assez difficiles. Au point de vue physionomie et structure, en général pour la forêt de Iofa, Didy, Mantadia et Andriantantely, la hauteur de la canopée et les dimensions des arbres diminuent à mesure qu'on monte en altitude (Annexe 2). Par conséquent, l'éclairage augmente avec l'altitude et favorise le développement de la végétation des sous-bois et des lianes. Dans les vallées et les bas-fonds où le sol est plus riche, les arbres sont de grande taille et la voûte plus fermée. Le sous-bois est plus clair et représenté notamment par des régénérations naturelles. Sur les versants ou sur les stations les plus exposées, le ruissellement favorise le lessivage entraînant l'appauvrissement du sol en nutriment.

Pour la forêt de Sandranantitra, la hauteur de la canopée et les dimensions des arbres diminuent au fur et à mesure qu'on monte en altitude. Cette différence est cependant moindre par rapport aux sites de moyenne altitude. L'ouverture de la canopée varie beaucoup dans un même habitat, ce qui peut entraîner le développement des espèces de lumières comme les lianes et les fougères. Concernant la diversité floristique, les trois sites, Iofa, Didy et Mantadia présentent en général des similitudes mais diffèrent en terme d'abondance (Annexe 3, 4). Il en est de même pour la forêt d'Andriantantely et celle de Sandranantitra.

Pour le sol, Iofa, Didy, Mantadia et Andriantantely présentent des sols semblables au point de vue structure. Dans les crêtes, il y a une grande proportion de limon et de sable qui évolue en limon et argile au fur et à mesure qu'on va vers les vallées et bas-fonds. Didy présente un sol caillouteux (affleurement de roche). Andriantantely présente également des affleurements de roche mais de plus grande dimension. Le sol de la forêt de Sandranantitra est caractérisé par un faible humus qui est compensé par une richesse en litière peu décomposée. Sous la litière, le sol est limono-sableux au sommet pour devenir sableux dans les bas-fonds. Dans les bas-fonds, il y a des affleurements de roche qui limitent le développement de la végétation au profit des ruissellements. Le Tableau 1.1. résume les différents types d'habitats rencontrés dans les sites visités.

Iofa

Située sur une altitude de 835 mètres, elle peut être considérée comme une formation de moyenne altitude (voir Annexe 3, 4 pour les espèces dans les transects). C'est une formation naturelle perturbée sujette à une exploitation. Le sol est généralement sablo-limoneux. La caractéristique de ce site est la présence de l'espèce *Eugenia* sp. dans toute la forêt. Trois formations peuvent ainsi être distinguées:

Tableau 1.1. Les habitats identifiés dans les cinq sites visités.

Site	Habitats
Iofa	Forêt à Eugenia sp.; versant; forêt ripicole
Didy	Bas-fonds; versant; forêt de crête
Mantadia	Versant 1; versant 2; bas-fonds; crête
Andriantantely	Crête; versant 1; versant 2; bas-fonds
Sandranantitra	Crête 1; versant; bas-fonds; crête 2

- la première est la formation à dominance d'*Eugenia* sp.,
- la seconde est une formation sur le versant sud, caractérisée par l'abondance de *Domohinea perrieri* (Euphorbiaceae) au coté de *Eugenia* sp. (Myrtaceae),
- la troisième est la formation le long des ruisseaux.

Formation à dominance *d'Eugenia* sp.

Diversité floristique et structure

Deux transects ont été inventoriés pour cette formation qui domine la forêt d'Iofa. Elle se trouve aussi bien dans les crêtes que dans les versants et les vallées sans eau (sans écoulement de ruisseau). Toutes les strates, surtout la strate supérieure de la forêt sont dominées par *Eugenia* sp. (formant jusqu'à 9 à 10 % des individus recensés dans le transect; Tableau 1.2.). Trois strates ont été observées:

- la strate supérieure à une hauteur de 14 mètres en moyenne avec une fréquence d'autres espèces comme *Pandanus concretus* (Pandanaceae) avec 21 % dans un transect et 12,5 % dans l'autre. D'autres espèces existent mais en faible proportion, il s'agit de *Protorhus ditimena* (Anacardiaceae) respectivement 8,5 % et 6 % des individus dans les deux transects inventoriés.
- la strate intermédiaire est occupée par *Protorhus ditimena* (Anacardiaceae) et *Eugenia* sp. (Myrtaceae). Elle est haute d'environ 10 m dans les versants mais diminue dans les crêtes et replats sommitaux.
- la strate des sous-bois est de 3 m en hauteur et augmente au fur et à mesure que nous descendons les versants. Elle est composée d'espèces comme *Lautembergia coriacea* (Euphorbiaceae) ou encore *Mapouria* sp. (Rubiaceae) pour le transect 1 et *Symphonia fasciculata* (Clusiaceae) ou encore *Apodocephala pauciflora* (Asteraceae). *Eugenia sp* (Myrtaceae), comme dans toutes les strates est également l'espèce abondante dans cette strate; *Canthium* sp. (Rubiaceae) est la particularité de cette strate (présente dans les deux transects).

Cependant, environ 16 espèces sur 112 et 14 espèces sur 97 (soit respectivement 14,3 % et 14,4 % des espèces inventoriées) dominent les 50 % des individus recensés (Tableau 1.4.). La diversité des espèces est de 25 % et 21,6 % pour les deux transects inventoriés. C'est à dire que pour cent individus recensés, on a pu identifier 25 espèces pour le premier transect et 21 espèces pour le second transect.

Le nombre élevé de tiges de sous-bois indique un dynamisme du peuplement qui tendent à remplacer les espèces mortes et coupées. La strate de sous-bois est caractérisée par un nombre élevé de tiges mais non constant au fur et à mesure que nous montons en hauteur : dans le versant, ce nombre peut atteindre jusqu'à 10 000 tiges par hectare tandis que dans les crêtes, il est d'environ 6 000. Les grosses tiges sont également abondantes (entre 440 et 684 tiges par hectares; Tableau 1.3.).

Sol et litière
Le sol est limono-sableux avec une augmentation du taux de sable au fur et à mesure que nous montons en hauteur. Le sol est couvert de débris de végétation peu décomposée mais peut quelquefois être nu le long des pistes créées pour le débardage des produits exploités. La litière est en général moyennement épaisse (moins de 5 cm).

Versant
Physionomie et structure
Cette formation est caractérisée par l'abondance de *Domohinea perrieri* (Euphorbiaceae) et de *Eugenia* sp. dans toutes les strates. Deux strates sont à distinguer:

- la strate supérieure a une hauteur moyenne de 14 mètres avec des arbres de 25 cm de diamètre. A part les deux principales espèces, on trouve également *Erythroxylum nitidulum* (Erythroxylaceae).

- la strate des sous-bois est dominée également par les deux principales espèces. On peut également y distinguer *Dombeya lucida* (Sterculiaceae), *Oncostemon reticulatum* (Myrsinaceae), *Psychotria sp* ou encore *Canthium* sp. (Rubiaceae) (Tableau 1.5.).

- la strate de sous-bois compte plus de 9 000 tiges par hectares. Cette abondance est presque semblable à l'abondance des tiges dans la formation à *Eugenia* sp. Ce qui indique un dynamisme du peuplement. Les grosses tiges de plus de 15 cm de diamètre sont également abondantes (540 tiges par hectares; Tableau 1.6.).

Diversité floristique
Onze espèces sur 99 (11 % des espèces) dominent les individus que nous avons recensés dans cet habitat. (Tableau 1.7.). Parmi ces 11 espèces, *Domohinea perrieri* compte 19 % des individus. La diversité spécifique est de 22 %, c'est à dire un peu moins que la diversité des espèces dans la forêt à *Eugenia* sp. Ceci peut être expliqué par la présence en abondance de *Domohinea perrieri* et *Eugenia* sp.

Sol et litière
Le sol est semblable à la formation à *Eugenia sp.* Il est sablo-limoneux. Les débris végétaux sont moins abondants que dans la formation précédente. La litière est moyennement épaisse (5 cm).

Formation ripicole
Physionomie et structure
Elle est caractérisée par son emplacement le long des ruisseaux existants dans quelques vallées d'Iofa. La composition en espèces est présentée dans le Tableau 1.8. Trois strates ont été observées:

- la strate supérieure est dominée par le palmier *Pandanus concretus* (Pandanaceae) avec 20 % des individus. D'autres espèces sont également présentes comme *Canarium madagascariense* (Burseraceae) représentée par 8,5 % des individus.

- dans la strate intermédiaire, on peut distinguer des espèces comme *Dypsis utilis* (Dypsinideae), *Protorhus ditimena* (Anacardiaceae) ou encore *Symphonia fasciculata* (Clusiaceae).

- la strate de sous-bois rare le long des ruisseaux mais abondent sur les rives. Le genre *Ravensara* y est bien représenté (surtout par *Ravensara acuminata*, Lauraceae) ainsi que des régénérations des espèces des deux autres strates.

Les espèces de gros diamètres sont abondantes avec plus de 520 tiges à l'hectare. Il en est de même pour les arbres de diamètre moyen qui comptent plus de 2000 tiges à l'hectare. Les arbres de petit diamètre comptent plus de 6600 tiges à l'hectare (Tableau 1.9.). Ce nombre peut s'expliquer par le fait que les sous-bois ne se trouvent que le long des rives. L'eau compte beaucoup dans le dynamisme de ce peuplement.

Diversité floristique
Pandanus concretus (Pandanaceae) domine les individus de cette formation, seulement avec 6,67 % des individus inventoriés (Tableau 1.10). Vingt espèces sur les 129 recensées dominent la moitié des individus, soit un taux de diversité de 28,67 %. C'est l'habitat le plus diversifié parmi ceux que nous avons vu dans le site d'Iofa.

Sol et litière
Le long des ruisseaux, le sol est argileux et humide, ce qui permet le développement des palmiers comme le *Pandanus concretus.* L'humus est faible et souvent absent offrant un sol nu. Le caractéristique de ces sols de bas-fonds est leur couleur noire. Dans les rives, nous avons les mêmes formations de sol que celles recensées dans les autres habitats.

Didy

C'est une forêt du type humide de l'Est de moyenne altitude (960 m; voir Annexe 3, 4 pour les espèces dans les transects). Nous avons pu voir différentes sortes d'exploitation: l'exploitation de bois, l'exploitation minière et l'exploitation de *Pygeum africanum* (Rosaceae). Des parties de la forêt ont été aussi défrichées pour le *tavy*. Une zone située à l'ouest a été secondarisée après avoir été défrichée et laissée en jachère. Dans les endroits de passage des bœufs, le sous-bois est clairsemé.

Le sol est généralement sablo-limoneux avec quelques affleurements de roche au fur et à mesure que nous nous rapprochons de la rivière. A part les anciennes ou les actuelles zones de *tavy*, trois types d'habitats ont été identifiés:

- les bas-fonds,
- les versants. et
- les crêtes.

Bas-fonds

Physionomie et structure

Ce type de formation se trouve dans une vallée traversée par un petit cours d'eau. On y trouve beaucoup de grands arbres. La canopée est très fermée. Trois strates sont à distinguer:

- la strate supérieure est haute et peut atteindre 17 m avec des émergeants de 20 m. Le genre *Ravensara* est le plus représenté avec *Eugenia pluricymosa* (Myrtaceae). Des individus de *Aphloia theaeformis* (Flacourtiaceae) sont parmi les émergeants.
- la strate intermédiaire est de 6 à 8 m avec comme espèces abondantes, *Drypetes capuronii* (Euphorbiaceae) et *Ravensara acuminata* (Lauraceae).
- les Rubiaceae comme *Canthium* sp. et *Coffea* sp. sont présentes dans la strate des sous-bois au côté de *Drypetes capuronii* (Euphorbiaceae) et *Symphonia fasciculata* (Clusiaceae). Cette dernière est bien représentée dans toutes les strates de la formation (Tableau 1.11.).

Les tiges de faible diamètre sont abondantes et compte plus de 7 800 tiges à l'hectare. Les gros arbres comptent plus de 500 tiges par hectares. C'est un signe de dynamisme de la population comme c'est le cas pour les formations humides de l'Est (Tableau 1.12.).

Diversité floristique

Parmi les 450 individus inventoriés dans cet habitat, nous avons pu identifier 101 espèces sans compter les herbacées, soit une diversité d'espèce de 22,4 %. Parmi ces 101 espèces, la moitié des individus est constituée par 13 espèces (Tableau 1.13.).

Sol et litière

Le sol a une structure généralement sablo-limoneuse, peu profonde reposant sur un socle granitique qui sert de passage pour les ruisseaux. L'humus est peu profond avec des matières organiques moyennement décomposées.

Forêt de crête

Physionomie et structure

Cette formation est caractérisée par les espèces *Uapaca thouarsii*, *Uapaca densifolia* (Euphorbiaceae) et *Asteropeia micraster* (Asteropeaceae) qui sont présentes dans toutes les strates dont on a pu identifier trois:

- 45 % des individus de la strate supérieure sont composés par ces trois espèces. On peut y observer en faible proportion *Brachylaena merana* (Asteraceae).
- la strate intermédiaire est, quant à elle aussi marquée par la présence de plusieurs espèces comme *Leptolaena multiflora* (Sarcolaenaceae) et *Canthium* sp. (Rubiaceae).
- la strate des sous-bois est souvent dominée par la régénération des espèces de la strate supérieure (*Uapaca spp*). On peut voir des espèces comme *Drypetes capuronii* (Euphorbiaceae) ou encore *Vernonia* sp. (Asteraceae). (Voir Tableau 1.14.).

La partie herbacée est clairsemée. On note cependant la présence des espèces comme *Ruellia* sp. et *Medinella* sp. Les bambous lianes sont également abondants surtout quand on commence à descendre vers les versants. La strate supérieure est basse par rapport aux autres habitats (9 à 10 m). Des émergeants apparaissent par l'intermédiaire des individus de *Ravenala madagascariensis* (Strelitziaceae).

Les individus du sous-bois (individus de diamètre entre 1 à 5 cm) sont abondants (plus de 9 200 individus par hectares). Ce taux est semblable aux autres habitats que nous avons recensés jusqu'ici. Le taux des individus dans la strate supérieure est également élevé (Tableau 1.15.).

Diversité floristique

Les *Uapaca thouarsii* et *Uapaca densifolia* abondent dans la formation et représentent plus de 25 % des individus recensés. La plupart d'entre eux sont des grands arbres. De ce fait, huit espèces seulement sur les 94 identifiées forment plus de 50 % des individus de la formation (Tableau 1.16.). La diversité floristique est de 21 %.

Sol et litière

Le sol est sablo-limoneux avec quelques affleurements de roche. Le sol est blanc avec un faible taux d'humus et une matière organique peu décomposée sous les arbres et la végétation.

Versant

Physionomie et structure

Trois strates sont à distinguer:

- la strate des émergeants pouvant atteindre jusqu'à 17-18 m avec des individus de *Beilschmiedia oppositifolia* (Lauraceae), *Dalbergia monticola* (Papilonaceae) et *Ocotea cymosa* (Lauraceae).
- la strate supérieure, haute de 15 m est dominée par *Domohinea perrieri* (Euphorbiaceae) et *Ocotea cymosa*. C'est la principale strate de la formation.
- dans la strate des sous-bois, nous remarquons la présence de *Drypetes capuronii*, *Drypetes madagascariensis* et *Drypetes haplostylis* (Euphorbiaceae), ainsi que quelques individus de *Trichillia tavaratra* (Meliaceae). (Voir Tableau 1.17.).

L'espèce *Domohinea perrieri* est la plus représentée dans les trois strates. Remarquons que le taux de cette espèce dans le transect 4 est plus élevé que le taux dans le transect 2 parmi les arbres de grands diamètres tandis qu'avec les tiges de petit diamètre, le taux est supérieur pour le transect 2.

Les individus de faible diamètre sont abondants (plus de 8 500 tiges à l'hectare en moyenne). Les arbres de gros diamètre comptent plus de 650 tiges à l'hectare. Nous pouvons dire que le peuplement est dynamique comme tous les peuplements de la forêt dense humide d'ailleurs (Tableau 1.18.).

Diversité floristique
Pour la formation en versant, *Domohinea perrieri* (Euphorbiaceae) occupe plus de 15 % des individus. Il s'avère alors que seules 9 sur les 89 pour le transect 2 et 10 sur 90 pour le transect 4 des espèces recensées constituent 50 % des individus. La diversité floristique est d'environ 20 % pour les deux transects (Tableau 1.19.).

Il faut remarquer qu'il y a des espèces rencontrées dans l'un des transects mais absentes dans l'autre et vice versa. C'est le cas par exemple de *Antidesma petiolare* (Euphorbiaceae), *Ludia scolopioides* (Flacourtiaceae) et *Xylopia buxifolia* (Anonaceae) présentes dans le transect 2 mais absentes dans le transect 4 et *Ambavia gerardii* (Anonaceae), *Croton argyrodaphne* (Rubiaceae) et *Terminalia tetrandra* (Combretaceae) présentes dans le transect 4 et absentes du transect 2.

Sol et litière
Le sol est limono-sableux avec un humus moyennement épais (environ 3 cm). La matière organique est peu décomposée. L'humus augmente au fur et à mesure que nous nous rapprochons des bas-fonds. Proche de la rivière, les affleurements de roche sont de plus en plus fréquents dans les versants.

Mantadia
Mantadia est une forêt humide de l'Est de moyenne altitude (895 m; voir Annexe 3, 4 pour les espèces dans les transects). C'est une aire protégée qui fait partie du Parc National (PN) d'Andasibe-Mantadia. La zone inventoriée se trouve à l'intérieur du PN. Le sol est riche en limon. Quatre types d'habitats ont été remarqués dans le site:

- la formation dans les bas-fonds
- la formation de crête, et
- deux types de formation en versant.

Bas-fonds
Physionomie et structure
Ce type de formation se situe entre les versants. Trois strates sont à distinguer:

- la strate supérieure est haute d'environ 14 m et caractérisée par la présence de *Mascarenhasia arborescens* (Apocynaceae). Quelques individus émergent et peuvent atteindre 18 à 20 m (exemple: des individus de *Aspidostemon scintillans* et de *Ocotea cymosa* (Lauraceae)).
- la strate des sous-bois se trouve à environ 5 m. Elle est formée de régénération des espèces de la strate supérieure. On y a recensé surtout *Ravensara acuminata* et *Ravensara floribunda* (Lauraceae), ainsi que *Symphonia tanalensis* (Clusiaceae). On trouve également mais en moindre proportion *Ocotea cymosa* (Lauraceae) et *Dombeya laurifolia*, *D. lucida* et*D. mollis* (Sterculiaceae).
- entre ses deux strates se trouve une strate intermédiaire de 8 m de hauteur formée également par de jeunes arbres constitués entre autres de *Symphonia tanalensis*, *Nastus sp* (Poaceae), *Mascarenhasia arborescens* (Apocynaceae) et *Tambourissa thouvenotii* (Monimiaceae). (Voir Tableau 1.20.).

Par rapport aux autres habitats des autres sites, la densité du sous-bois est la plus faible (4 802 individus par hectare; Tableau 1.21.). Toutefois, les individus de la strate supérieure sont semblables aux autres. C'est dû probablement à la faible ouverture de la canopée (taux de couverture de la canopée: 90 %) qui limite la pénétration de la lumière et donc la régénération d'espèces sous les gros arbres.

Diversité floristique
Cent quatre espèces ont été identifiées dans cet habitat, dont14 qui forment plus de 50 % des individus du transect (Tableau 1.22.). La diversité floristique est de 23,11 %.

Sol et litière
Le sol est sablo-limoneux avec des grumeaux sous la végétation. L'humus est faible et les débris végétaux sont faiblement décomposés.

Crête

Physionomie et structure

Située dans les crêtes, cette formation offre une végétation haute de 10 m à dominance d'*Eugenia sp* (Myrtaceae), de *Schizolaena elongata* (Sarcolaenaceae), de *Uapaca densifolia* et *Uapaca thouarsii* (Euphorbiaceae). (Voir Tableau 1.23.). Des individus de ces espèces peuvent atteindre plus de 13 m et constitue les émergeants de la population. On peut noter la présence de régénération d'espèces de la canopée dans les sous-bois. On y remarque également quelques Rubiaceae comme *Gaertnera* sp., et *Schysmatoclada farahimpensis*. En résumé, on peut dire que la formation présente deux strates principales avec une strate supérieure et une strate de sous-bois.

Les arbres de petit diamètre compte plus de 4500 tiges par hectare et les arbres de gros diamètre plus de 390 tiges à l'hectare (Tableau 1.24.), ce qui indique le dynamisme du peuplement de la formation sur crête.

Diversité floristique

50 % des individus sont constituées d'*Eugenia sp* (Myrtaceae) et 10 % de *Uapaca thouarsii* et *Uapaca densifolia* (Euphorbiaceae). Plus de 50 % des espèces sont ainsi constituées par 12 espèces (Tableau 1.25.). Ce cas nous montre une tendance vers la domination de ces trois espèces qui forment plus de 25 % des individus dans le type de formation. Nous avons pu identifier 86 espèces dans ce type d'habitat, soit une diversité floristique de 19,11 %.

Sol et litière

Le sol est sableux avec des granules sous les arbres. L'humus est épais et avec la mousse, son épaisseur peut quelquefois atteindre 40 cm. Les matières organiques sont bien décomposées.

Versant 1

Physionomie et structure

Cette formation comporte trois strates:

- la strate supérieure se distingue par une hauteur de 13 m environ mais qui a tendance à diminuer au fur et à mesure que l'on monte en altitude. On y distingue les espèces *Eugenia sp* (Myrtaceae), *Pandanus concretus* (Pandanaceae), *Uapaca thouarsii* et *Uapaca densifolia* (Euphorbiaceae).
- la strate intermédiaire est haute de 7 m et composée entre autres de *Protorhus ditimena* (Anacardiaceae) et de *Lingelsemia ambingua* (Euphorbiaceae).
- la strate des sous-bois est constituée en général par des régénérations des espèces de la strate supérieure. Les espèces *Mammea perrieri* (Clusiaceae) et *Protorhus ditimena* (Anacardiaceae) sont les mieux représentées (Tableau 1.26.).

La strate herbacée est fréquente et dominée par des espèces de Poaceae, ainsi que quelques *Ruellia* et fougères. Les plantules sont également présentes. On remarque une présence dans toutes les classes de diamètre de *Protorhus ditimena* tandis que *Eugenia* sp. (Myrtaceae) est représentée dans les deux classes de diamètres supérieurs.

Les petites tiges sont également abondantes avec plus de 5900 tiges à l'hectare pour 418 tiges à l'hectare pour les arbres de gros diamètre (Tableau 1.27.), indiquant que les gros arbres de ce versant sont plus nombreux que dans les crêtes. Il faut également remarquer la présence en abondance des épiphytes comme les *Medinella* et *Rhipsalis* à partir de 3 m.

Diversité floristique

Seize espèces sur les 97 recensées constituent la moitié des individus dans ce peuplement. Aucune espèce ne domine vraiment au point de vue diversité (Tableau 1.28.). La diversité floristique est alors de 21,6 %. *Protorhus ditimena* (Anacardiacae) et *Uapaca thouarsii* (Euphorbiaceae) sont les espèces les plus rencontrées dans la formation.

Sol et litière

Le sol est sableux présentant quelques granules superficiels. L'humus est plus ou moins épais pouvant atteindre 10 cm à certains endroits sous les arbres. Les matières organiques sont bien décomposées.

Versant 2

Physionomie et structure

Ce second type de versant est semblable à l'autre au point de vue physionomie.

- La strate supérieure peut atteindre 15 mètres mais ce sont les émergeants qui sont rares. Ce sont les espèces *Eugenia pluricymosa* (Myrtaceae) et *Chrysophyllum boivinianum* (Sapotaceae) qui sont les plus représentées dans cette strate.
- Une strate intermédiaire peut alors être distinguée avec une hauteur de 8 m et composée des jeunes arbres de la strate supérieure (*Eugenia pluricymosa* et *Chrysophyllum boivinianum*) et notamment des *Domohinea perrieri* et *Lautembergia coriacea* (Euphorbiaceae) qui sont les plus représentées dans cette strate.
- La strate des sous-bois est dominée par des jeunes *Domohinea perrieri* (Euphorbiaceae). Cette espèce est cependant présente dans toutes les strates. Il en est de même pour *Lautembergia coriacea* (Tableau 1.29.).

Les tiges de petits diamètres sont abondantes (plus de 5700 à l'hectare). Il en est de même pour les arbres de gros diamètre qui compte plus de 380 tiges à l'hectare (Tableau 1.30.).

Remarquons que dans les stations les plus dégradées à cause de l'exploitation de graphite, le sous-bois est dense et presque inaccessible surtout dans les hauts-versants et la ligne de crête. La végétation lianescente y est en effet abondante.

Diversité floristique
Eugenia pluricymosa (Myrtaceae) est la plus abondante des espèces présentes. Elle représente 10 % des individus recensés dans ce versant. Les Euphorbiaceae sont bien représentées par *Domohinea perrieri* et *Lautembergia coriacea* avec respectivement 7,11 et 6,67 % des individus recensés. La moitié des individus est composée de 14 espèces (Tableau 1.31.). 121 espèces ont pu être identifiées. La diversité floristique est alors de 26,9 %.

Sol et litière
Le sol est limono-argileux, ce qui le diffère également de la formation de versant précédent. L'humus est moyennement décomposé est atteint quelquefois les 6 cm surtout sous les pieds des arbres.

Andriantantely
Comme les sites précédents, la forêt d'Andriantantely est une forêt humide de l'Est. Sa particularité réside dans le fait qu'elle est une variante de ce type de forêt en se formant dans une zone de basse altitude (voir Annexe 3, 4 pour les espèces dans les transects). Elle se situe en effet à 530 m au-dessus du niveau de la mer. Elle est la moins perturbée des forêts que nous avons visitées. Les grands arbres sont encore abondants et la forêt est encore très dense.

Les locaux l'exploitent uniquement pour le bois de chauffe. On peut cependant noter des pièges pour lémuriens à la lisière de la forêt. Il y a également de la culture sur brûlis à la limite de cette lisière. Le relief est fortement accidenté. De tous les sites visités, c'est le moins perturbé. Quatre types d'habitats ont été observés:

- une formation de bas-fonds
- une formation de crête
- deux types de formation de versant

Bas-fonds
Physionomie et structure
Trois strates ont été observées:

- la strate supérieure est assez haute de 15 m composée en général de *Garcinia pauciflora* (Clusiaceae) et de *Dillenia triquetra* (Dilleniaceae).
- la strate intermédiaire est composée d'arbres hauts de 12 m avec des espèces comme *Gaertnera sp* (Rubiaceae), *Garcinia pauciflora* (Clusiaceae), *Grisollea mirianthea* (Icacinaceae) et *Breonia madagascariensis* (Rubiaceae).
- la strate des sous-bois est composée essentiellement de *Garcinia pauciflora* (Clusiaceae) et de quelques Rubiaceae comme *Gaertnera sp* et *Mapouria* sp. On peut également y distinguer *Dracaena reflexa* (Agavaceae). (Voir Tableau 1.32.).
- *Garcinia pauciflora* est donc l'espèce la mieux représentée dans toutes les strates.

La densité des arbres de petit diamètre est assez faible par rapport aux autres habitats (seulement plus de 2 200 tiges à l'hectare; Tableau 1.33.). La densité des gros arbres est cependant semblable à celles des autres habitats (414 tiges à l'hectare).

Diversité floristique
La moitié des individus recensés est composée de 20 espèces (Tableau 1.34.). On a pu identifier 126 espèces. Ce qui montre une variété assez importante des espèces présentes dans la formation. La diversité floristique est de 28 %.

Sol et litière
Le sol est limoneux et les matières organiques moyennement décomposées. L'humus est rare et absent à certains endroits.

Crête

Physionomie et structure
Trois strates sont à distinguer dans cet habitat :

- la strate supérieure est haute de 15 m avec quelques émergeants pouvant atteindre 20 m (des individus de *Rhopalocarpus lucidus* - Sphaerocepalaceae, *Ocotea leavis* - Lauraceae, *Manistipula tamenaka* – Chrysobalanaceae, *Potameia thouarsii* – Lauraceae). Dans cette strate, on peut voir les mêmes espèces qui émergent et d'autres comme *Ravensara acuminata* ou *Ocotea cymosa* (Lauraceae).
- la strate intermédiaire haute de 7 m constituée de jeunes arbres de la strate supérieure en général. *Drypetes capuronii* (Euphorbiaceae) est la plus représentée avec *Garcinia madagascariensis* (Clusiaceae) et *Eugenia* sp. (Myrtaceae).
- la strate des sous-bois haute de 3 m au maximum et qui est formée en général des régénérations des espèces des deux strates précédentes ainsi que quelques Rubiaceae (*Canthium* sp., *Mapouria* sp., et *Ixora* sp.). L'espèce la plus représentée est *Diospyros subsessifolia* (Ebenaceae). (Voir Tableau 1.35.).

La strate des herbacées est pauvre, due à l'ouverture assez faible de la canopée (taux de couverture de 90 %). On peut cependant remarquer les espèces comme *Crossandra* sp., *Asparagus* sp. et *Dypsis* spp., ainsi que quelques fougères.

Les arbres de petits diamètres comptent plus de 5 700 tiges à l'hectare (Tableau 1.36.). Les arbres de diamètre moyen comptent plus de 1 200 tiges à l'hectare et les gros diamètres 480 à l'hectare. Ce qui montre, comme c'est le cas dans les autres sites, un dynamisme du peuplement. Les mousses sont présentes sur les troncs d'arbres (signe d'humidité du climat). Les épiphytes sont présents à partir de cinq mètres de hauteur.

Diversité floristique
La moitié des individus est constituée de 24 espèces sur les 141 identifiées dans ce transect (Tableau 1.37.). Ce nombre d'espèces identifiées nous donne une diversité de 31,3 %.

Sol et litière
Le sol est grumeleux et généralement limoneux. L'humus peut atteindre 10 cm. La décomposition de la matière organique est d'environ 75 %.

Versant 1
Physionomie et structure
Trois strates sont à distinguer dans cette formation:

- la strate supérieure haute d'environ 15 m et dans laquelle nous notons *Dillenia triquetra* (Dilleniaceae) et *Diospyros haplostylis* (Ebenaceae) comme espèces les mieux représentées. Les arbres ont un diamètre de 27 cm en moyenne. Il y a des individus qui émergent du lot et peuvent atteindre une hauteur de 20 m. On peut distinguer les espèces comme *Phylloxylon perrieri* (Papillonaceae), *Canarium madagascariense* (Burseraceae), *Dialium unifoliolatum* (Cesalpinaceae) et *Manistipula tamenaka* (Chrysobalanceae).

- la strate intermédiaire qui est haute de 8 m et un diamètre moyen de 9 cm. Elle est constituée des espèces comme *Eugenia sp* (Myrtaceae) et *Garcinia longipedicelata* (Clusiaceae).

- La strate des sous-bois qui est bien représentée par le genre *Garcinia*, ainsi que *Sorendeia madagascariensis* (Anacardiaceae) et *Excoecaria sp* (Euphorbiaceae). Notons toutefois l'abondance de *Garcinia spp* dans les strates de sous-bois et dans la strate intermédiaire (Tableau 1.38.).

La mousse est abondante à partir de 10 m de hauteur, témoin de l'humidité de l'atmosphère. La strate des herbacées est présente malgré le taux de couverture de la canopée qui atteint 85 %. On peut y distinguer, à part les régénération des espèces des strates citées ci-dessus, des plantes comme *Asplenium nidus*, *Crossandra* sp., *Dypsis* spp., et *Selaginella* sp.

Les arbres de gros diamètre sont plus ou moins abondants. Ils ont une densité de plus de 400 tiges à l'hectare. Les arbres de petits diamètres, c'est-à-dire les jeunes tiges sont abondantes avec plus de 6 000 tiges à l'hectare. (Tableau 1.39.).

Diversité floristique
Le genre *Garcinia* est le plus représenté avec plus de 10 % des individus recensés. La moitié des individus est représentée par 24 espèces, ce qui témoigne de la diversité de la formation (Tableau 1.40.). Sur les 450 individus inventoriés, on a pu identifier 135 espèces, soit une diversité floristique de 30 %.

Sol et litière
Le sol est argilo-limoneux qui tend à être limoneux au fur et à mesure que nous montons en altitude. Les matières organiques sont moyennement décomposées. L'humus a une épaisseur d'environ 3 cm.

Versant 2
Physionomie et structure
Trois strates sont également à distinguer:

- la strate supérieure qui est haute d'environ 16 m avec des espèces comme *Streblus dimepate* (Moraceae), *Brochoneura vourii* (Myristiaceae) ou *Canarium madagascariense* (Burseraceae). Notons la présence d'espèces émergeantes comme le *Garcinia pauciflora* (Clusiaceae), *Ocotea cymosa* (Lauriaceae), et *Mammea bongo* (Clusiaceae).

- dans la strate intermédiaire haute de 9 m se trouvent les espèces comme *Diospyros haplostylis* (Ebenaceae).

- la strate des sous-bois est caractérisée par la régénération des espèces dans les autres strates. Ce qui fait que *Diospyros haplostylis* est parmi les espèces les plus représentées dans cette strate. On peu noter également des régénérations d'espèces comme *Streblus dimepate* (Moraceae), *Brochoneura vourii* (Myristicaceae) ou *Canarium madagascariense* (Burseraceae). (Tableau 1.41.).

Les *Asplenium nidus, Crossandra* et les fougères lianescentes sont les plus représentées dans la strate des herbacées. Les arbres de petits diamètres sont abondants avec 5 443 tiges à l'hectare; il en est de même pour les arbres des gros diamètres avec plus de 400 tiges à l'hectare (Tableau 1.42.).

Diversité floristique
Les espèces identifiées sont plus ou moins uniformément représentées dans la formation. La moitié des individus est constituée de 23 espèces (Tableau 1.43.). Sur les 450 individus, on a pu recenser 126 espèces de bois sur pied, soit une diversité floristique de 28 %. *Diospyros haplostylis* (Ebenaceae) représente 5,33 % des individus recensés, et le plus fort taux de représentation dans la formation.

Sol et litière
Le sol est limono-argileux et a tendance à évoluer en argile au fur et à mesure qu'on descend en altitude.

Sandranantitra
La Forêt Classée (FC) de Sandranantitra est une forêt de type dense humide de basse altitude (450 m au-dessus du niveau de la mer; voir Annexe 3, 4 pour les espèces dans les transects). La topographie est très accidentée avec des versants abrupts pouvant parfois atteindre une pente de 120 %. Dans ce site nous avons pu inventorier quatre habitats:

- une formation de bas-fonds,
- deux formations en crête, et
- une formation de versant.

Bas-fonds
Physionomie et structure
Trois strates sont observées:

- la strate supérieure qui, par rapport aux bas-fonds d'Andriantantely, ont des arbres plus gros mais moins grands (13 m). Ils sont constitués entre autre de *Dombeya pentandra* (Sterculiaceae), *Dypsis lastelliana* (Dypsidineae), *Faucherea parvifolia* (Sapotaceae) et *Ravensara floribunda* (Lauraceae). Quelques émergeants sont à distinguer parmi les individus de *Antidesma petiolare* (Euphorbiaceae), *Symphonia fasciculata* (Clusiaceae) ou encore *Chrysophyllum boivinianum* (Sapotaceae).
- la strate intermédiaire est de 7 m de hauteur environ. *Dracaena reflexa* (Agavaceae) et *Diospyros sphaerosepala* (Ebenaceae) sont les mieux représentées parmi les espèces.
- la strate de sous-bois est occupée par des jeunes tiges des deux strates précédentes. *Eugenia pluricymosa* (Myrtaceae), *Garcinia madagascariensis* (Clusiaceae), *Gaertnera sp* (Rubiaceae) et *Faucherea thouvenotii* (Sapotaceae) sont les espèces les mieux représentées dans cette strate. (Tableau 1.44.)

La strate des herbacées est pauvre le long des ruisseaux mais riche sur les rives. On y trouve surtout des jeunes régénérations d'arbres ainsi que des *Crossandra* sp. et *Asparagus* sp. Les jeunes arbres sont abondants et peuvent atteindre plus de 5 400 tiges à l'hectare (Tableau 1.45.). Les gros arbres le sont également avec plus de 350 tiges à l'hectare.

Diversité floristique
On ne distingue pas d'espèce dominante ni abondante dans cette formation. *Eugenia pluricymosa* et *Garcinia madagascariensis* sont les mieux représentées mais ne présentent que 4,22 % des individus chacune (Tableau 1.46.). Dans cette formation, nous avons pu identifier 128 espèces, soit une diversité floristique de 28,44 %.

Sol et litière
Le sol est peu épais et a une structure limono-sableuse. L'humus est seulement présent sous la végétation et mesure environ 2 cm. Beaucoup de matières organiques sont observées avec une décomposition moyenne.

Crête 1
Physionomie et structure
Trois strates ont été observées:

- la strate supérieure est haute de 10 m. Les espèces les plus représentées sont *Dombeya laurifolia* (Sterculiaceae) et *Polyalthia ghesqueriana* (Anonaceae). *Ravenala madagascariensis* (Strelitziaceae) constitue la principale émergeante avec des individus de *Ocotea laevis* (Clusiaceae) entre autres.
- la strate intermédiaire est 6,5 m de hauteur avec comme espèces les plus représentées, *Dicoryphe stipulacea* (Hamamelidiaceae), *Canthium* sp. (Rubiaceae), ainsi que *Noronhia* sp. (Oleaceae).
- la strate des sous-bois est formée de régénération d'espèces des strates précédentes dont les plus représentées sont *Eugenia* sp. (Myrtaceae), *Diospyros megasepala*, *Diospyros* sp. (Ebenaceae), *Mapouria*sp., *Psychotria* sp. (Rubiaceae), et *Protorhus ditimena* (Anacardiaceae). (Tableau 1.47.).

La strate herbacée est pauvre et inexistante. Toutefois, nous avons pu voir quelques *Crossandra* sp. et des *Asparagus* sp. Les mousses et lichens sont présents sur les tiges des arbres à partir de 2 m.

Les arbres de petit diamètre sont abondants avec plus de 7 300 tiges à l'hectare (Tableau 1.48.). Il en est de même pour les autres classes de diamètre : plus de 2 000 tiges à l'hectare pour les arbres entre 5 et 15 cm et une abondance de 414 tiges à l'hectare pour les arbres de gros diamètre.

Diversité floristique
Il n'y a pas d'espèces qui abondent réellement dans cette formation. En effet, *Polyalthia ghesqueriana* est la mieux représentée, et cependant elle ne forme que 3,33 % des individus recensés. La moitié des individus est formée par 25 espèces sur les 127 identifiées lors de l'inventaire (Tableau 1.49.). La diversité est de 28,22 %, c'est à dire que sur 100 individus inventoriés, il y a environ 28 espèces.

Sol et litière
Le sol de cette formation est limono-sableux. L'humus est faible ; le sol est cependant couvert de matières organiques moyennement décomposées. Il est grumeleux et présente une couleur claire.

Crête 2

Physionomie et structure

Deux strates sont observées:

- la strate supérieure, haute de 11,5 m est composée d'espèces comme *Anthostema madagascariensis* (Euphorbiaceae), *Ocotea cymosa* (Lauraceae) ou encore *Ravenala madagascariensis* (Strelitziaceae). Des individus de cette dernière émergent du lot avec des individus de *Symphonia fasciculata* (Clusiaceae) et *Ravensara acuminata* (Lauraceae).

- la strate des sous-bois est occupée par des régénérations de la strate supérieure sans pour autant une abondance relative d'une ou de plusieurs espèces. Les plus représentées sont toutefois *Astrotrichilia elegans* (Meliaceae), *Eugenia* sp. (Myrtaceae), *Garcinia madagascariensis* (Clusiaceae) et *Oncostemon* sp. (Myrsinaceae). (Tableau 1.50.).

Les tiges des sous bois sont particulièrement abondantes car elles comptent plus de 10000 tiges à l'hectare (Tableau 1.51.). Les arbres de grand diamètre sont nombreux avec 464 tiges à l'hectare. Les arbres de diamètre moyen ne sont pas en reste avec un peu moins de 2000 tiges à l'hectare. Cette formation est dynamique.

Diversité floristique

Dans cette formation, aucune espèce n'abonde par rapport aux autres. Nous pouvons cependant remarquer un nombre important de *Anthostema madagascariensis* (7 % des individus totaux). Cent dix-sept espèces ont pu être identifiées dans cette formation, ce qui nous donne une diversité floristique de 26 % (Tableau 1.52.).

Sol et litière

Le sol est semblable au premier type de formation de crête. Il a cependant une tendance à être plus limoneux. Les matières organiques sont abondantes mais sont peu décomposées. L'humus est présent mais est peu épais. Le sol est de couleur marron plus foncé que la formation précédente.

Versant

Physionomie et structure

Trois strates ont été observées:

- la strate supérieure, haute de 12 m environ est composée à 10 % de *Ocotea laevis* (Lauraceae). Les autres espèces sont peu abondantes et chacune représente moins de 6 % des individus inventoriés. Quelques individus de *Ravenala madagascariensis* (Strelitziaceae) et *Eugenia* sp. (Myrtaceae) forment des émergeants.

- la strate intermédiaire haute de 8 m est formée de plusieurs espèces comme *Dypsis utilis* (Dypsidinae), *Gaertnera* sp. et *Canthium* sp. (Rubiaceae) en faible proportion. Remarquons dans cette strate l'apparition de *Domohinea perrieri* (Euphorbiaceae).

- la strate des sous-bois est haute de 3 m et est formée de *Garcinia madagascariensis* (Clusiaceae) pour 11 % des individus et de diverses régénérations des espèces des deux strates précédentes (Tableau 1.53.).

La strate des herbacées est présente. Elle est plus ou moins abondante à cause de l'ouverture de la canopée en certain endroit. Le taux de couverture de la canopée est de 75 %.

Les arbres des sous-bois sont plus de 7000 tiges à l'hectare; il y a plus de 1500 arbres de diamètre moyen à l'hectare et une densité à l'hectare de 479 gros arbres (Tableau 1.54.).

Diversité floristique

Aucune espèce ne domine pas au point de vue diversité. *Eugenia pluricymosa* et *Garcinia madagascariensis* sont les deux espèces les mieux représentées mais elles n'occupent chacune que 4,67 % des individus inventoriés. La moitié des individus est formée de 23 espèces sur les 142 identifiées (Tableau 1.55.). La diversité floristique est de 31,55 %.

Sol et litière

Le sol est sablo-limoneux. Il est peu profond et quelquefois, nous constatons une apparition de roche granitique. Les matières organiques sont présentes et abondantes, sont assez bien décomposées et l'humus qui en résulte est épais d'environ quatre cm. Le sol et plus ou moins noir.

DISCUSSION

Comparaison par site

Dans ce paragraphe, nous allons essayer de mener des comparaisons au niveau des habitats identifiés dans chaque site. Nous essayerons de voir l'importance de chaque site au niveau de l'endémicité des espèces, genres et familles (Annexe 5). Nous essayerons également de relever les autres observations faites en dehors des transects inventoriés, ainsi que les espèces caractéristiques et/ou uniques à chaque site.

Iofa

Iofa est une formation caractérisée par une exploitation forestière de grande échelle. Malgré l'absence d'engins pour des raisons d'accessibilité, les bûcherons sont très expérimentés et viennent dans la forêt dans l'intention d'exploiter tous les bois qu'ils jugent intéressants.

Le Tableau 1.56. résume la densité des arbres par classe de diamètre dans chaque habitat inventorié. Dans les crêtes et les bas-fonds, les arbres de petit diamètre ont une densité de plus de 6 000 tiges à l'hectare. Dans les versants, cette densité peut atteindre plus de 9 000 tiges à l'hectare, ce qui laisse supposer que les arbres dans les versants sont plus dynamiques que ceux des crêtes et bas-fonds.

Les arbres de diamètre moyen ont une densité semblable sauf dans les crêtes où elle est plus faible. Les arbres de gros diamètre ont une densité semblable. Toutefois, dans les crêtes, la densité est plus élevée. Ce résultat démontre le dynamisme des peuplements dans le site, un dynamisme qui est dû probablement à l'exploitation des arbres qui crée des ouvertures de canopée pour permettre aux régénérations de se développer le plus rapidement possible.

Dans le site d'Iofa, 60 familles dont une endémique à Madagascar ont pu être identifiées. La famille endémique est celle des Melanophyllaceae représentée par le genre Melanophylla. Ce genre fait partie des 21 endémiques sur les 144 genres identifiés dans le site d'Iofa (soit un taux de 14,6 %; Annexe 5). Au niveau des espèces, le taux d'endémicité est de 50,5 %. Les espèces les plus représentées dans le site d'Iofa sont entre autres *Eugenia* sp., *Pandanus concretus* et *Protorhus ditimena*.

Didy

Didy est une FC qui est plus ou moins épargnée par l'exploitation forestière. Cependant, on peut y noter les autres types d'exploitation comme le *tavy* (culture sur défriche-brûlis), et l'utilisation de la forêt comme parc à bœufs.

Dans les parties d'habitats inventoriées, on a pu constater une densité plus ou moins élevée des arbres de petit diamètre (environ 8 600 en moyenne pour tous les types d'habitats). Les arbres de diamètre moyen ont une densité moyenne de 2300 tiges à l'hectare. Pour les gros arbres, cette densité est de 630 tiges par hectare environ (Tableau 1.57.),ce qui est un peu plus élevé que la densité des gros arbres dans le site d'Iofa. Le dynamisme des arbres dans tous les types de formation est plus ou moins équivalent.

Dans le site de Didy, 55 familles ont pu être identifiées, dont 3 endémiques. Il s'agit de Asteropeaceae (avec *Asteropeia micraster*), Melanophyllaceae (avec *Melanophylla humbertiana*) et Sarcolaenaceae (avec les espèces *Leptolaena multiflora, Leptolaena pauciflora, Sarcolaena multiflora*). Vingt-quatre sur les 129 genres identifiés sont endémiques, soit une proportion de 18,6 %. Pour ce qui est des espèces, 187 ont pu être identifiées, 88 d'entre eux sont endémiques (soit un taux de 47 %; Annexe 5).

Les espèces les plus représentées dans le site de Didy sont les *Uapaca densifolia, Uapaca thouarsii, Domohinea perrieri, Symphonia fasciculata, Ravensara acuminata* et *Drypetes capuronii*. Remarquons que ces espèces les plus représentées dans les strates supérieures le sont également dans les strates des sous-bois.

Mantadia

Mantadia est caractérisé par le fait que c'est une aire protégée. Elle ne fait l'objet d'aucune exploitation. La densité dans les différents types de formation est semblable pour toutes les classes de diamètre (Tableau 1.58.). Toutefois notons qu'elle est plus élevée dans les versants pour les arbres de petits diamètres. En effet, la pénétration de la lumière est plus élevée par rapport à celle dans les crêtes et les bas-fonds même pour un même taux de couverture ce qui permet un développement plus intéressant de la régénération.

Dans le site de Mantadia, les espèces inventoriées appartiennent à 57 familles dont 2 endémiques. Ils s'agit de Melanophyllaceae (avec *Melanophylla humbertiana*) et Sarcolaenaceae (avec *Leptolaena multiflora, Leptolaena pauciflora, Sarcolaena oblongifolia* et *Schizolaena elongata*). Les genres sont au nombre de 138 dont 23 endémiques (16,7 %). Deux cent deux espèces ont pu être identifiées. Cent cinq d'entre elles sont endémiques (soit un taux de 52 %; Annexe 5). Les espèces les plus communes pour le site sont *Eugenia* sp, *Ravensara acuminata, Uapaca densifolia, Uapaca thouarsii* et *Protorhus ditimena*. Dans la strate des sous-bois où la régénération se passe, nous pouvons remarquer l'abondance des espèces des strates supérieures (*Symphonia tanalensis, Ravensara acuminata, Protorhus ditimena*). Parfois, les espèces qui régénèrent ne sont pas les mêmes que les espèces de gros diamètre, ce qui tend à équilibrer les espèces.

Andriantantely

Dans le site d'Andriantantely, la forêt est une FC. Elle est pratiquement non exploitée. Son utilisation se limite à la collecte du bois de chauffe utile aux riverains. La densité des arbres de petits diamètres est plus faible dans les bas-fonds que dans les autres types de formation (2 259 contre une moyenne de 5 730 environ pour les trois autres types d'habitats – Tableau 1.59.). Le peuplement est trop fermé pour permettre un développement des régénérations.

Deux cent quarante-quatre espèces ont été identifiées, 118 d'entre elles sont endémiques (soit 48,36 %). Ces espèces appartiennent à 150 genres dont 26 endémiques. Elles sont composées de 60 familles dont 3 endémiques (Annexe 5). Ce sont les familles des Melanophyllaceae (*Melanophylla humbertiana*), Sarcoleanaceae (*Ermolaena* sp.) et Sphaerocepalaceae (*Rhopalocarpus lucidus, Rhopalocarpus coriaceus var trichopetalus, Rhopalocarpus louvelii*).

Les espèces les plus communes dans le site d'Andriantantely sont les *Garcinia* spp. (*G. pauciflora, G. madagascariensis*). La régénération d'espèces est composée des différentes espèces des strates supérieures. Quelquefois, les espèces de régénération diffèrent plus ou moins des espèces dans les strates supérieures. C'est le cas dans les crêtes où les *Diospyros* spp. abondent alors que le strate supérieure est occupée par *Drypetes capuronii, Garcinia madagascariensis* et *Eugenia plurицymosa* entre autres. Il en est de même pour une formation de versant (versant 1) ou les arbres de petit diamètre et les arbres de gros diamètre ne sont pas des mêmes espèces.

Sandranantitra

Sandranantitra est une FC très perturbée par des gens qui braconnent les lémuriens.

La densité des arbres de petit diamètre varie beaucoup en fonction du type d'habitat. C'est dans les bas-fonds qu'elle est la plus faible (5 482 tiges à l'hectare) et dans les crêtes la plus élevée (plus de 7 800 tiges à l'hectare). Ce cas se répète dans le cas des arbres dans les autres classes de diamètre. Ce taux est dû probablement à la présence des cours d'eau dans les bas-fonds ainsi que le sol trop rocailleux. Remarquons dans la formation de crête, que si les arbres dans la classe de diamètre entre 1 et 5 ont une densité élevée, moins il y a d'arbres d'un diamètre entre 5 et 15 et plus la densité est élevée dans la classe de diamètre supérieur à 15 (Tableau 1.60.).

A Sandranantitra, 242 espèces ont été inventoriées. Elles appartiennent à 152 genres qui sont repartis en 58 familles. Au point de vue endémicité, on a pu dénombrer 122 espèces (soit 50,4 %), 32 genres (soit 21 %) et 3 familles endémiques (Annexe 5). Les familles endémiques sont Melanophylaceae (avec *Melanophylla humbertiana* et *Melanophylla*sp.), Sarcolaenaceae (avec *Schizolaena rosea*) et Sphaerosepalaceae (avec *Rhopalocarpus coriaceus var trichopetalus*, *Rhopalocarpus louvelii*, *Rhopalocarpus lucidus* et *Rhopalocarpus pseudothouarsianum*).

Les espèces les plus représentées dans le site de Sandranantitra sont *Eugenia pluricymosa* et *Eugenia* sp. ainsi que *Garcinia madagascariensis* et *Anthostema madagascariensis*. Les espèces en régénération diffèrent pour la plupart du temps des espèces abondantes dans les strates supérieures.

Comparaison des sites selon leur caractéristique

Forêt de moyenne altitude

Les forêts de moyenne altitude sont les forêts d'Iofa, de Didy et de Mantadia. Dans ces trois sites, nous avons pu identifier divers types d'habitats qui se trouvent dans les bas-fonds, versants et crêtes qui donnent différents types de formation. Néanmoins, dans le site d'Iofa, nous avons pu remarquer une abondance caractéristique de *Eugenia* sp.,ce qui le diffère des deux autres sites et qui a entraîné un type d'habitat présent aussi bien dans les crêtes que dans les versants et les bas-fonds. Au point de vue abondance des arbres, il faut remarquer le fait qu'ils soient moins abondants dans la forêt de Mantadia que dans les deux autres (Iofa et Didy).

Notons que nous avons divers types de dégradation dans les trois sites visités. Dans celle d'Iofa, nous avons une dégradation causée par une exploitation des arbres de gros diamètre; dans celle de Didy, la forêt est utilisée comme parc à bœufs et comme terrain de culture. Le peuplement est alors très dynamique et offre une opportunité à la régénération des arbres. Cependant, si l'exploitation continue, les jeunes tiges ne pourront pas bien se développer. La présence d'*Eugenia* sp. en abondance dans le site d'Iofa peut être expliquée par le fait que cette espèce peut agir comme un cicatrisant à la forêt sujette à des exploitations sélectives. Elle prend la place des individus coupés et permet, à long terme la régénération de celui-ci si l'habitat n'est plus perturbé. Une bonne gestion de la forêt à abondance d'*Eugenia* sp permettrait alors de redonner à la forêt sa forme initiale.

Les sites diffèrent peu pour ce qui de leur composition floristique respective. C'est l'abondance de chaque espèce qui fait que les habitats ont leur propre caractéristique. Si on note une abondance de *Pandanus concretus* aux côtés d'*Eugenia* sp. à Iofa, *Ravensara acuminata* est très bien représentée dans les bas-fonds de Didy et de Mantadia, ainsi que *Uapaca densifolia* et *Uapaca thouarsii* dans les crêtes et *Domohinia perrieri* dans les versants. Cette dernière espèce est d'ailleurs commune avec un des versants d'Iofa.

Il est également à remarquer la présence en abondance de *Domohinea perrieri* dans un des versants d'Iofa et ceux de Didy. On pourrait penser que cette espèce agit comme *Eugenia* sp mais une étude plus approfondie est à faire.

Nous avons également pu remarquer le nombre élevé d'espèces identifiées dans le site d'Iofa par rapport aux deux autres sites de moyenne altitude (Tableau 1.61.). La perturbation a permis à beaucoup d'espèces de se développer. Notons toutefois qu'à Didy, comme deux types d'habitats n'ont pas pu être inventoriés, les espèces qui existent dans ce site n'ont pas pu être documentées.

Forêt de basse altitude

Deux sites ont été visités pour ce type de forêt: Andriantantely et Sandranantitra. Les gros arbres ont une densité semblable pour les deux sites, cependant, la densité des arbres des sous-bois est plus abondante à Sandranantitra (Tableau 1.62.). La forêt de Sandranantitra est plus exploitée que celle d'Andriantantely qui n'est utilisée que pour le bois de chauffe. Il s'avère alors que la canopée dans la forêt de Sandranantitra est plus ouverte que celle de la forêt d'Andriantantely, ce qui permet une régénération plus rapide des espèces.

Notons que la famille endémique des Sphaerosepalaceae (représentée par le genre *Rhopalocarpus*) n'est présente que dans ces deux sites. C'est en effet une famille qui est caractéristique des forêts de basse altitude.

La composition floristique des deux sites est plus ou moins semblable, c'est la densité de chaque espèce qui diffère. Si dans les bas-fonds d'Andriantantely, nous avons surtout les espèces comme *Garcinia pauciflora*, *Dillenia triquetra* et *Melanophylla humbertiana*, dans ceux de Sandranantitra, nous avons observé *Eugenia pluricymosa*, *Garcinia madagascariensis* et *Dombeya pentandra*. *Eugenia pluricymosa* est d'ailleurs bien représentée dans tous les types d'habitats de Sandranantitra. Pour Andriantantely, elle est présente aux côtés des *Drypetes capuronii* et *Garcinia madagascariensis* dans les crêtes. C'est le genre *Garcinia* qui est le mieux représenté dans tous les types d'habitat dans ce site. Toutefois, ce genre est bien représenté dans les deux sites.

Comparaison avec les autres forêts

Lors du RAP, nous avons utilisé la méthode du transect tandis que pour les autres inventaires, la méthode de parcelle de la forme et de dimension variables a été adoptée. Nous avons utilisé trois classes de diamètre: 1 - 4,9 cm; 5 - 14,9 cm, et 15 cm et plus. Pour les autres inventaires, on a recensé les arbres qui ont un diamètre supérieur ou égal à 10 cm à hauteur de poitrine. Malgré ces conditions différentes de mesure, nous avons pu comparer les résultats concernant la densité en nombre de pieds par hectare, la surface terrière et la diversité floristique en reclassant les arbres qui ont un diamètre supérieur ou égal à 10 cm le long des transects et en faisant des extrapolations. Toutefois, ces comparaisons doivent être considérées avec précaution; en l'absence d'information sur la précision statistique de notre inventaire, il est impossible de se prononcer sur le seuil de signification des comparaisons.

Densité par hectare

Forêts denses humides sempervirentes de basse altitude (0-800m)

Dans la FC d'Andriantantely, la densité en nombre de pieds par hectare est de 730 et dans la FC de Sandranantitra, elle est de 901. Dans la forêt de Nosy Mangabe qui est aussi une forêt de basse altitude, la densité en nombre de pieds par hectare est de 1600 (Gentry 1993). D'après les résultats de l'IEFN en 1996, les forêts denses humides sempervirentes de basse altitude présentent en moyenne quelque 1400 tiges par hectare.

Forêts denses humides sempervirentes de moyenne altitude (800-1200m)

Dans la FC de Iofa la densité est de 960/ha, dans la FC de Didy elle est de 1283/ha et dans le PN de Mantadia, elle est de 759/ha. Dans la RNI d'Andringitra, la densité est de 1070 à 810 m et elle est de 1400 à 1210 m (Goodman 1996). Dans la forêt de Vohiparara dans le PN de Ranomafana la densité est de 1093/ha (Schatz et Malcomber *in press*), à Perinet elle est de 1220/ha (Gentry 1993) et dans la forêt de moyenne altitude en Afrique elle est de 590/ha (Gentry 1993). Dans la FC d'Ankeniheny, elle est de 886/ha et 940/ha (Gauthier 1995). D'après les résultats de l'IEFN en 1996, les forêts denses humides sempervirentes de moyenne altitude présentent en moyenne une densité de 1400 tiges par hectare.

Surface terrière

Forêts denses humides sempervirentes de basse altitude (0-800m)

Dans la FC d'Andriantantely la surface terrière est de 40,45m^2/ha et dans la FC de Sandranantitra elle est de 32,9m^2/ha. D'après les résultats de l'IEFN en 1996, la surface terrière moyenne est de 45m^2/ha pour ce type de forêt.

Forêts denses humides sempervirentes de moyenne altitude (800-1200m)

Dans la FC d'Iofa la surface terrière est de 36,74m^2/ha, dans la FC de Didy elle est de 45,45m^2/ha et enfin dans le PN de Mantadia, elle est de 27,06m^2/ha. Dans la RNI d'Andringitra la surface terrière est de 43,4m^2/ha vers 810m d'altitude et elle est de 49,1m^2/ha à 1210m (Goodman 1996). Dans la forêt de Vatoharanana dans le PN de Ranomafana la surface terrière est de 35m^2/ha (Schatz et Malcomber *in press*). D'après les résultats de l'IEFN en 1996, la surface terrière moyenne est de 44m^2/ha pour ce type de forêt.

Diversité floristique

Forêt de basse altitude

Dans la FC d'Andriantantely, on a recensé 244 espèces le long des quatre transects, toutes classes de diamètre confondues. Dans la FC de Sandranantitra on a recensé 242 espèces. Dans la forêt de Nosy Mangabe, le nombre moyen d'espèces qui possèdent un diamètre à hauteur de poitrine (dhp) supérieur ou égal à 10cm, recensé à l'intérieur d'une parcelle de 0,1 ha est de 80. Lors de l'inventaire réalisé par l'IEFN en 1996, on a recensé 286 espèces dans les forêts denses humides sempervirentes de basse altitude de l'Est.

Forêt de moyenne altitude

Dans la FC de Iofa, on a recensé 214 espèces le long des 4 transects, toutes classes de diamètre confondues. Dans la FC de Didy on a recensé 187 espèces et dans le PN de Mantadia on a recensé 202 espèces. Pour les autres forêts, le nombre moyen d'espèces qui possèdent un dhp supérieur ou égal à 10 cm, recensé à l'intérieur d'une parcelle de 0,1 ha est de 74 dans la RNI d'Andringitra à 810 m d'altitude et 76 à Périnet.

Lors de l'inventaire réalisé par l'IEFN en 1996, on a recensé 435 espèces dans les forêts denses humides sempervirentes de moyenne altitude. Lors de l'inventaire d'exploitation portant sur les arbres de dhp supérieur ou égal à 30 cm, 206 espèces ont été dénombrées pour 6130 placettes réparties sur 7000ha de la forêt de Fierenana.

Dans les forêts de moyenne altitude comme dans les forêts de basse altitude les familles les mieux représentées sont: Myrtaceae, Euphorbiaceae, Lauraceae, Anacardiaceae, et Clusiaceae. A Ranomafana, les familles les mieux représentées sont: Monimicaceae, Lauraceae, Myrtaceae, Eleocarpaceae, Steculiaceae, et Clusiaceae.

Dans la RNI d'Andringitra, la famille de Monimiaceae est peu représentée ; par contre la famille de Lauraceae et celle d'Euphorbiaceae sont bien représentées.

CONCLUSION

Cette expédition a été une opportunité pour mener des études dans deux variantes de la forêt dense humide de l'Est. Elle a permis de mieux connaître la région du point de vue biologique. Elle a également permis de voir les différents types de forêts dans différents stades de dégradation et de développement. Les différents sites ont chacun leur intérêt et ce, pour chacun de leurs habitats.

Iofa est la forêt la plus exploitée. Une piste carrossable pour camion mène jusque dans la forêt et permet un déchargement facile des bois exploités. Les personnes qui y travaillent sont pour la plupart des immigrants venus seulement pour exploiter du bois pour le compte d'une tierce personne. La conservation de la forêt doit donc être une conservation dynamique suivant un bon plan de gestion qui inclut entre autres la recherche de meilleurs moyens pour utiliser rationnellement et durablement le bois.

Pour Didy, l'exploitation revêt une autre forme: la forêt est surtout utilisée pour le *tavy* (culture sur défriche-brûlis) et comme parc à bœufs. L'exploitation du bois est rare et la diminution de la valeur de la forêt serait due au *tavy*. Cependant, le site est intéressant comme site touristique pour les touristes en quêtes d'aventures. Plusieurs opportunités sont en effet offertes par la forêt de Didy. On peut citer entre autres la rivière pour la navigation, les lémuriens, les oiseaux, le relief et tout simplement la nature et les différents habitats et espèces identifiées dans le site. Des pistes de visites existent déjà, il suffit de les améliorer. Toutefois, pour tout projet à entreprendre dans le site, il faut une coopération avec les villageois qui se sentent propriétaires de la forêt.

Andriantantely est la forêt la moins perturbée des forêts visitées. Il faut cependant déjà réfléchir sur une gestion rationnelle et à long terme des ressources forestières afin d'éviter une dégradation d'Andriantantely dans le futur. On peut citer en exemple pour la flore, les différentes espèces de *Diospyros* qu'on a pu identifier seulement dans le site: *Diospyros brachyclada*, *D. buxifolia*, *D. laevis* entre autres. Nous y avons trouvé le plus grand nombre de variété de Diospyros, soit douze espèces. On peut également citer l'espèce *Eremolaena* sp. de la famille endémique des Sarcolaenaceae qui a été seulement trouvée dans le site. Le site peut alors offrir des intérêts touristiques qui d'après nous ne doivent pas être exploités pour le moment.

Sandranantitra est une forêt de basse altitude comme celle d'Andriantantely mais elle est plus perturbée. Le principal problème de cette forêt est la présence de pièges à lémuriens qui entraînent une grande perturbation au niveau de l'habitat. Les lignes de pièges sont en effet très larges, pouvant atteindre jusqu'à 3 mètres et créent ainsi une grande ouverture au niveau de l'habitat causant une grande perturbation de celui-ci. A la limite, il peut entraîner la disparition d'espèces jusqu'ici encore inconnues.

En guise de conclusion, nous pouvons dire que chaque site visité a sa particularité et son intérêt au point de vue végétation. Il est alors important de penser à faire des études plus approfondies pour essayer d'associer le souci de conservation et les intérêts des riverains des forêts.

En faisant la comparaison de la densité par hectare, de la surface terrière, de la diversité floristique des forêts à l'intérieur du corridor avec celles des autres forêts, on constate que:

- pour les forêts de basse altitude à l'intérieur du corridor, la densité par hectare est vraiment inférieure par rapport à celle de la forêt de Nosy Mangabe. Nosy Mangabe a une densité exceptionnelle qu'il est difficile d'interpréter sans autres données, notamment la surface terrière.

- la densité des arbres à l'intérieur de la FC de Sandranantitra est supérieure par rapport à celle d'Andriantantely, même si la forêt de Sandranantitra est déjà plus perturbée. Par contre, la surface terrière de la FC d'Andriantantely est supérieure à celle de Sandranantitra.

- si la densité par hectare est inférieure et la surface terrière est supérieure, on peut dire que la forêt est assez primaire, peu perturbée et en équilibre.

- en comparant la surface terrière d'Andriantantely avec les résultats de l'IEFN, on voit qu'il n'y a pas beaucoup de différence.

- pour les forêts de moyenne altitude à l'intérieur du corridor, la densité par hectare est à peu près similaire à celles des autres forêts de moyenne altitude sauf pour la forêt de Mantadia. Il en est de même pour la surface terrière.

- pour la diversité floristique, en comparant les résultats obtenus avec ceux de l'IEFN et des autres forêts, on voit que il n'y a pas beaucoup de différence. Il y a également beaucoup de similitudes au niveau des familles.

RÉFÉRENCES BIBLIOGRAPHIQUES

Gauthier, M. 1995. Présentation des résultats de l'inventaire sylvicole de la Forêt Classée d'Ankeniheny.

Gentry, A. H. 1993. Diversity and floristic composition of lowland tropical forest in Africa and South America. *In* Goldblatt, P. (ed.) Biological relations between Africa and South America. Yale University Press, New Haven, Connecticut. Pp 500-547.

Goodman, S. M. 1996. A floral and faunal inventory of the eastern slopes of the Réserve Naturelle Intégrale d'Andringitra, Madagascar: with reference to elevational variation. Fieldiana: Zoology, New Series N°85.

IEFN. 1996a. Instructions pour l'inventaire d'aménagement. Directions des Eaux et Forêts, DFS Deutsche Forestservice GmbH, Entreprise d'Etudes de Développement Rural "Mamokatra". Foiben-Taosarintanin'i Madagascar.

IEFN. 1996b. Problématique, objectifs, méthodes, résultats, analyses et recommandations. Directions des Eaux et Forêts, DFS Deutsche Forestservice GmbH, Entreprise d'Etudes de Développement Rural "Mamokatra". Foiben-Taosarintanin'i Madagascar.

Schatz, G. et Malcomber. *In press*. Floristic composition of one hectare plots in Ranomafana National Park. *In* Wright, P. (ed.) Biodiversity in Ranomafana National Park, Madagascar. State University of New York Press, Albany.

Tableau 1.2. Dominance des espèces par classe de diamètre et par transect dans la formation dominée par *Eugenia* sp. dans le site d'Iofa.

Transect	Classe de diamètre (cm)	Espèce	Pourcentage
1	1 à 5	*Lautembergia coriacea*	7,33
		Eugenia sp.	5,33
		Canthium sp.	4,67
		Mapouria sp.	4,67
	5 à 15	*Eugenia* sp.	8,00
		Canthium sp.	5,33
		Lautembergia coriacea	4,00
		Protorhus ditimena	4,00
	15 et +	*Pandanus concretus*	12,67
		Eugenia sp.	12,00
		Protorhus ditimena	8,67
		Erythroxylum nitidulum	5,33
2	1 à 5	*Canthium* sp.	5,33
		Eugenia sp.	5,33
		Symphonia fasciculata	4,67
		Apodocephala pauciflora	4,00
	5 à 15	*Eugenia* sp.	10,00
		Protorhus ditimena	6,00
		Apodocephala pauciflora	5,33
		Dombeya laurifolia	4,00
	15 et +	*Pandanus concretus*	21,33
		Eugenia sp.	13,33
		Uapaca densifolia	6,67
		Xylopia buxifolia	6,67
		Protorhus ditimena	6,00

Tableau 1.3. Diamètre moyen (D moy; en cm), hauteur moyenne (H moy; en m), dominance (G/ha; en m/ha) et densité (D/ha, en nombre de tige/ha) dans la formation à *Eugenia* sp. d'Iofa.

Transect	Classe de diamètre (cm)	D moy	H moy	G/ha	D/ha
1	1 à 5	1,92	3,75	4,01	10 684
	5 à 15	8,31	9,10	12,34	2 073
	15 et +	25,36	14,91	26,04	440
2	1 à 5	2,08	4,03	2,70	6 378
	5 à 15	8,42	9,42	8,67	1 434
	15 et +	23,02	15,79	31,06	684

Tableau 1.4. Densité (en nombre de tiges/ha) par espèce dans la formation à *Eugenia* sp. d'Iofa (transect 1 et 2).

Nom scientifique	Famille	Densité
Eugenia sp.	Myrtacea	8,44
Protorhus ditimena	Anacaridacea	5,11
Canthium sp.	Rubiaceae	4,44
Pandanus concretus	Pandanacea	4,22
Ocotea cymosa	Lauraceae	4,00
Lautembergia coriacea	Euphorbiaceae	3,78
Erythroxylum nitidulum	Erythroxylaceae	3,33
Memecylon bakerianum	Melastomaceae	2,67
Noronhia sp.	Oleaceae	*2,22*
Ravensara acuminata	Lauraceae	2,22
Mammea bongo	Clusiaceae	2,00
Syzygium emirnensis	Myrtaceae	2,00
Coffea sp.	Rubiaceae	1,78
Symphonia fasciculata	Clusiaceae	1,78
Mapouria sp.	Rubiaceae	1,56
Macaranga alnifolia	Euphorbiaceae	1,33
Eugenia pluricymosa	Myrtaceae	9,56
Pandanus concretus	Pandanaceae	7,11
Protorhus ditimena	Anacardiaceae	4,89
Symphonia fasciculata	Clusiaceae	4,22
Xylopia buxifolia	Anonaceae	3,33
Apodocephala pauciflora	Asteraceae	3,11
Uapaca densifolia	Euphorbiaceae	2,89
Canthium sp.	Rubiaceae	2,67
Dombeya laurifolia	Steruliaceae	2,44
Gaertnera sp.	Rubiaceae	2,44
Syzygium emirnensis	Myrtaceae	2,44
Tambourissa thouvenotii	Monimiaceae	2,44
Garcinia pauciflora	Clusiaceae	2,00
Tinopsis phelocarpa	Sapindaceae	2,00

Tableau 1.5. Dominance des espèces par classe de diamètre dans la formation versant Sud du site d'Iofa.

Classe de diamètre (cm)	Espèce	Pourcentage
	Domohinea perrieri	11,33
	Eugenia sp.	8,67
1 à 5	*Oncostemon reticulatum*	8,00
	Psychotria sp.	6,67
	Canthium sp.	4,87
	Drypetes capuronii	4,00
	Domohinea perrieri	26,67
5 à 15	*Eugenia gavoala*	5,33
	Nastus sp.	5,33
	Canthium sp.	4,00
	Domohinea perrieri	19,73
	Eugenia sp.	9,33
15 et +	*Erythroxylum nitidulum*	8,67
	Dombeya lucida	6,67
	Tambourissa thouvenotii	6,00

Tableau 1.6. Diamètre moyen (D moy; en cm), hauteur moyenne (H moy; en m), dominance (G/ha; en m/ha) et densité (D/ha, en nombre de tiges/ha) dans le versant Sud d'Iofa.

Classe de diamètre (cm)	D moy	H moy	G/ha	D/ha
1 à 5	1,93	3,17	3,46	9 422
5 à 15	7,62	7,90	11,03	2 101
15 et +	25,89	14,39	46,90	540

Tableau 1.7. Densité (en nombre de tiges/ha) par espèce dans le versant Sud d'Iofa.

Nom scientifique	Famille	Densité
Domohinea perrieri	Euphorbiacea	19,11
Eugenia sp.	Myrtaceae	7,11
Erythroxylum nitidulum	Erythroxylaceae	4,89
Oncostemon reticulatum	Myrsinaceae	4,00
Canthium sp.	Rubiaceae	2,89
Eugenia gavoala	Myrtaceae	2,44
Dombeya lucida	Sterculiaceae	2,22
Psychotria sp.	Rubiaceae	2,22
Streblus dimepate	Moraceae	2,22
Tambourissa thouvenotii	Monimiaceae	2,22
Canarium madagascariense	Burseraceae	2,00

Tableau 1.8. Dominance des espèces par classe de diamètre dans la formation ripicole du site Iofa.

Classe de diamètre (cm)	Espèce	Pourcentage
	Mapouria sp.	4,00
1 à 5	*Ravensara acuminata*	4,00
	Chrysophyllum boivinianum	2,67
	Ravensara acuminata	6,67
	Dypsis utilis	5,33
5 à 15	*Protorhus ditimena*	5,33
	Eugenia sp.	4,67
	Symphonia fasciculata	4,67
	Pandanus concretus	20,00
15 et +	*Canarium madagascariense*	8,67
	Eugenia sp.	5,33

Tableau 1.9. Diamètre moyen (D moy; en cm), hauteur moyenne (H moy; en m), dominance (G/ha; en m/ha) et densité (D/ha, en nombre de tiges/ha) dans la formation ripicole d'Iofa.

Classe de diamètre (cm)	D moy	H moy	G/ha	D/ha
1 à 5	1,91	3,43	2,40	6 602
5 à 15	7,62	7,73	10,23	2 041
15 et +	22,40	14,11	22,96	524

Tableau 1.10. Densité (en nombre de tiges/ha) par espèce dans la formation ripicole d'Iofa.

Nom scientifique	Famille	Densité
Pandanus concretus	Pandanaceae	6,67
Eugenia sp.	Myrtaceae	4,00
Canarium madagascariense	Burseraceae	3,78
Protorhus ditimena	Anacardiaceae	3,78
Ravensara acuminata	Lauraceae	3,78
Symphonia fasciculata	Clusiaceae	3,56
Dypsis utilis	Dipsidinae	3,11
Erythroxylum nitidulum	Erythroxylaceae	2,44
Canthium sp.	Rubiaceae	2,22
Tambourissa thouvenotii	Monimiaceae	2,22
Burasaia madagascariensis	Menispermaceae	2,00
Streblus dimepate	Moraceae	1,78
Antirrhea borbonica	Rubiaceae	1,56
Mapouria sp.	Rubiaceae	1,56
Allophylus cobbe arboreus	Sapindaceae	1,33
Beilschmiedia velutina	Lauraceae	1,33
Chrysophyllum boivinianum	Sapotaceae	1,33
Dracaena reflexa	Agavaceae	1,33
Nastus sp.	Poaceae	1,33
Ocotea cymosa	Lauraceae	1,33

Tableau 1.11. Dominance des espèces par classe de diamètre dans la formation de bas-fonds de Didy.

Classe de diamètre (cm)	Espèce	Pourcentage
	Drypetes capuronii	8,00
1 à 5	*Symphonia fasciculata*	7,33
	Canthium sp.	4,67
	Coffea sp.	4,67
	Drypetes capuronii	10,67
	Ravensara acuminata	9,33
5à 15	*Symphonia fasciculata*	7,33
	Canthium sp.	6,67
	Croton sp.	5,33
	Ravensara acuminata	10,67
	Symphonia fasciculata	1067
15 et +	*Dombeya lucida*	9,33
	Eugenia sp.	6,67
	Aphloia theaeformis	6,00

Tableau 1.12. Diamètre moyen (D moy; en cm), hauteur moyenne (H moy; en m), dominance (G/ha; en m/ha) et densité (D/ha, en nombre de tiges/ha) dans la formation de bas-fonds de Didy.

Classe de diamètre (cm)	D moy	H moy	G/ha	D/ha
1 à 5	1,97	3,21	3,09	7 845
5 à 15	8,81	8,10	12,31	1 834
15 et +	24,94	13,95	28,99	526

Tableau 1.13. Densité (en nombre de tiges/ha) par espèce dans la formation de bas-fonds de Didy.

Nom scientifique	Famille	Densité
Symphonia fasciculata	Clusiaceae	8,44
Ravensara acuminata	Lauraceae	7,33
Drypetes capuronii	Euphorbiaceae	6,22
Eugenia pluricymosa	Myrtaceae	4,67
Erythroxylum nitidulum	Erythroxylaceae	3,78
Canthium sp.	Rubiaceae	3,33
Dombeya lucida	Sterculiaceae	3,33
Aphloia theaeformis	Flacourtiaceae	2,89
Ravensara floribunda	Lauraceae	2,89
Croton sp.	Euphorbiaceae	2,44
Canthium sp.	Rubiaceae	2,22
Tambourissa thouvenotii	Monimiaceae	2,22
Antidesma petiolare	Anacardiaceae	2,00

Tableau 1.14. Dominance des espèces par classe de diamètre dans la formation de crête de Didy.

Classe de diamètre (cm)	Espèce	Pourcentage
	Uapaca densifolia	8,67
	Uapaca thouarsii	6,00
1 à 5	*Asteropeia micraster*	5,33
	Drypetes capuronii	4,00
	Vernonia sp.	4,00
	Uapaca thouarsii	12,67
5 à 15	*Asteropeia micraster*	10,67
	Leptolaena multiflora	8,00
	Uapaca densifolia	4,67
	Uapaca thouarsii	24,00
15 et +	*Uapaca densifolia*	21,33
	Asteropeia micraster	10,00
	Brachylaena merana	6,67

Tableau 1.15. Diamètre moyen (D moy; en cm), hauteur moyenne (H moy; en m), dominance (G/ha; en m/ha) et densité (D/ha, en nombre de tiges/ha) dans la formation de crête de Didy.

Classe de diamètre (cm)	D moy	H moy	G/ha	D/ha
1 à 5	1,88	2,91	3,20	9 259
5 à 15	8,84	7,07	17,62	2 613
15 et +	22,00	9,72	30,37	701

Tableau 1.16. Densité (en nombre de tiges/ha) par espèce dans la formation de crête de Didy.

Nom scientifique	Famille	Diversité
Uapaca thouarsii	Euphorbiaceae	14,22
Uapaca densifolia	Euphorbiaceae	11,56
Asteropeia micraster	Asteropeaceae	8,67
Leptolaena multiflora	Sarcolaenaceae	4,22
Canthium sp.	Rubiaceae	3,56
Brachylaena merana	Asteraceae	3,11
Protorhus ditimena	Anacardiaceae	3,11
Oncostemon reticulatum	Mysinaceae	2,00

Tableau 1.17. Dominance des espèces par classe de diamètre et par transect dans les versants de Didy.

Transect	Classe de diamètre (cm)	Espèce	Pourcentage
2	1 à 5	*Domohinea perrieri*	16,00
		Trichillia tavaratra	9,33
		Drypetes capuronii	6,00
		Canthium sp.	4,00
	5 à 15	*Domohinea perrieri*	15,33
		Eugenia sp.	9,33
		Drypetes capuronii	8,67
		Trichillia tavaratra	7,33
	15 et +	*Domohinea perrieri*	10,67
		Ocotea cymosa	8,67
4	1 à 5	*Canthium* sp.	6,67
		Domohinea perrieri	5,33
		Lautembergia coriacea	5,33
		Mammea punctata	4,67
		Suregada boiviniana	4,67
	5 à 15	*Domohinea perrieri*	28,67
		Rothmannia talangnigna	7,33
		Drypetes capuronii	5,33
		Domohinea perrieri	24,67
	15 et +	*Ocotea cymosa*	10,67
		Ravensara acuminata	6,00

Tableau 1.18. Diamètre moyen (D moy; en cm), hauteur moyenne (H moy; en m), dominance (G/ha; en m/ha) et densité (D/ha, en nombre de tiges/ha) dans les versants de Didy.

Transect	Classe de diamètre (cm)	D moy	H moy	G/ha	D/ha
	1 à 5	1,72	2,84	2,39	8 242
2	5 à 15	7,86	7,19	10,24	1 951
	15 et +	29,21	14,07	50,68	639
	1 à 5	1,74	2,91	2,69	9 102
4	5 à 15	8,56	8,24	17,68	2 863
	15 et +	25,34	15,36	41,99	673

Tableau 1.19. Densité (en nombre de tiges/ha) par espèce dans la formation des versants de Didy (deux transects).

Nom scientifique	Famille	Diversité
Domohinea perrieri	Euphorbiaceae	14,00
Trichillia tavaratra	Meliaceae	6,67
Eugenia sp.	Myrtaceae	5,33
Drypetes capuronii	Euphorbiaceae	4,89
Canthium sp.	Rubiaceae	4,67
Ravensara acuminata	Lauraceae	4,44
Ocotea cymosa	Lauraceae	3,78
Chrysophyllum boivinianum	Sapotaceae	3,33
Streblus dimepate	Moraceae	2,89
Domohinea perrieri	Euphorbiaceae	19,56
Canthium sp.	Rubiaceae	4,67
Lautembergia coriacea	Euphorbiaceae	3,78
Rothmannia talangnigna	Rubiaceae	3,78
Eugenia sp.	Myrtaceae	3,56
Ocotea cymosa	Lauraceae	3,56
Ravensara acuminata	Lauraceae	3,56
Chrysophyllum boivinianum	Sapotaceae	3,11
Drypetes capuronii	Euphorbiaceae	2,67
Erythroxylum nitidulum	Erythroxylaceae	2,67

Tableau 1.20. Dominance des espèces par classe de diamètre dans la formation des bas-fonds de Mantadia.

Classe de diamètre (cm)	Espèce	Pourcentage
1 à 5	*Ravensara acuminata*	8,00
	Symphonia tanalensis	6,67
	Ravensara floribunda	4,00
5 à 15	*Symphonia tanalensis*	10,67
	Nastus sp.	8,00
	Mascarenhasia arborescens	6,00
	Tambourissa thouvenotii	5,33
15 et +	*Mascarenhasia arborescens*	10,00
	Chrysophyllum boivinianum	7,33
	Dombeya lucida	7,33
	Ravensara acuminata	7,33
	Symphonia tanalensis	7,33

Tableau 1.21. Diamètre moyen (D moy; en cm), hauteur moyenne (H moy; en m), dominance (G/ha; en m/ha) et densité (D/ha, en nombre de tiges/ha) dans la formation de bas-fonds de Mantadia.

Classe de diamètre (cm)	D moy	H moy	G/ha	D/ha
1 à 5	2,24	2,41	2,28	4 802
5 à 15	8,96	8,15	8,16	1 169
15 et +	26,30	13,51	26,35	417

Tableau 1.22. Densité (en nombre de tiges/ha) par espèce dans la formation de bas-fonds de Mantadia.

Nom scientifique	Famille	Diversité
Symphonia tanalensis	Clusiaceae	8,22
Ravensara acuminata	Lauraceae	6,44
Mascarenhasia arborescens	Sapindaceae	6,00
Chrysophyllum boivinianum	Sapotaceae	4,00
Tambourissa thouvenotii	Monimicaceae	4,00
Dombeya lucida	Sterculiaceae	3,78
Ravensara floribunda	Lauraceae	3,78
Eugenia sp.	Myrtaceae	3,33
Nastus sp.	Poaceae	2,67
Aphloia theaeformis	Flacourtiaceae	1,78
Drypetes capuronii	Euphorbiaceae	1,78
Lautembergia coriacea	Euphorbiaceae	1,78
Ocotea trichophlebia	Lauraceae	1,78
Dichaetanthera crassinodis	Melastomaceae	1,56

Tableau 1.23. Dominance des espèces par classe de diamètre dans la formation de crête de Mantadia.

Classe de diamètre (cm)	Espèce	Pourcentage
1 à 5	*Apodocephala pauciflora*	6,00
	Gaertnera sp.	4,67
	Protorhus ditimena	4,67
5 à 15	*Eugenia* sp.	13,33
	Campnosperma micrantheia	4,00
	Protorhus ditimena	4,00
	Uapaca thouarsii	4,00
15 et +	*Eugenia* sp.	27,33
	Schizolaena elongata	11,33
	Uapaca thouarsii	11,33
	Uapaca densifolia	10,67

Tableau 1.24. Diamètre moyen (D moy; en cm), hauteur moyenne (H moy; en m), dominance (G/ha; en m/ha) et densité (D/ha, en nombre de tiges/ha) dans la forêt de crête de Mantadia.

Classe de diamètre (cm)	D moy	H moy	G/ha	D/ha
1 à 5	2,67	3,20	2,81	4 534
5 à 15	9,48	7,60	7,49	949
15 et +	25,28	10,86	22,12	393

Tableau 1.25. Densité (en nombre de tiges/ha) par espèce dans la formation de crête de Mantadia.

Nom scientifique	Famille	Diversité
Eugenia sp.	Myrtaceae	15,11
Uapaca densifolia	Euphorbiaceae	5,11
Uapaca thouarsii	Euphorbiaceae	5,11
Schizolaena elongata	Sarcolaenacea	4,89
Weinmannia rutembergii	Cunoniaceae	3,33
Protorhus ditimena	Anacardiaceae	3,11
Campnosperma micrantheia	Anacardiaceae	2,67
Sarcolaena oblongifolia	Sarcolaenaceae	2,44
Deuteromallotus macranthus	Euphorbiaceae	2,22
Faucherea laciniata	Sapotaceae	2,22
Gaertnera sp.	Rubiaceae	2,22
Xylopia buxifolia	Anonaceae	2,22

Tableau 1.26. Dominance des espèces par classe de diamètre dans la formation de versant 1 de Mantadia.

Classe de diamètre (cm)	Espèce	Pourcentage
	Mammea perrieri	5,33
	Protorhus ditimena	5,33
1 à 5	*Mapouria* sp.	4,37
	Dilobeia thouarsii	4,00
	Ocotea cymosa	4,00
	Ocotea laevis	4,00
	Protorhus ditimena	8,00
	Lingelsemia ambingua	4,67
5 à 15	*Enterospermum bernirianum*	4,00
	Eugenia sp.	4,00
	Symphonia fasciculata	4,00
	Eugenia sp.	15,33
	Pandanus concretus	9,33
15 et +	*Uapaca thouarsii*	9,33
	Uapaca densifolia	5,33
	Protorhus ditimena	4,67

Tableau 1.27. Diamètre moyen (D moy; en cm), hauteur moyenne (H moy; en m), dominance (G/ha; en m/ha) et densité (D/ha, en nombre de tige/ha) dans la formation de versant 1 de Mantadia.

Classe de diamètre (cm)	D moy	H moy	G/ha	D/ha
1 à 5	2,73	3,21	3,82	5 943
5 à 15	8,84	7,71	7,78	1 127
15 et +	23,36	11,59	19,77	418

Tableau 1.28. Densité (en nombre de tiges/ha) par espèce dans la formation de versant 1 de Mantadia.

Nom scientifique	Famille	Diversité
Protorhus ditimena	Anacaridaceae	6,00
Eugenia lokohensis	Myrtaceae	5,56
Eugenia pluricymosa	Myrtaceae	5,56
Uapaca thouarsii	Euphorbiaceae	4,00
Pandanus concretus	Pananaceae	3,78
Symphonia fasciculata	Clusiaceae	2,89
Uapaca densifolia	Euphorbiaceae	2,89
Xylopia buxifolia	Anonaceae	2,89
Enterospermum bernierianum	Rubiaceae	2,67
Apodocephala pauciflora	Asteraceae	2,44
Schizolaena elongata	Sarcolaenaceae	2,44
Dilobeia thouarsii	Proteaceae	2,00
Lingelsemia ambingua	Euphorbiaceae	2,00
Ravensara acuminata	Lauraceae	2,00
Mammea perrieri	Clusiaceae	1,78
Mapouria sp.	Rubiaceae	1,78

Tableau 1.29. Dominance des espèces par classe de diamètre dans la formation de versant 2 de Mantadia.

Classe de diamètre (cm)	Espèce	Pourcentage
	Domohinia perrieri	10,00
1 à 5	*Lautembergia coriacea*	6,00
	Psychotria sp.	4,00
	Eugenia pluricymosa	10,67
5 à 15	*Domohinia perrieri*	9,33
	Lautembergia coriacea	8,00
	Chrysophyllum boivinianum	6,87
	Eugenia pluricymosa	15,00
15 et +	*Chrysophyllum boivinianum*	6,87
	Lautembergia coriacea	6,00
	Ocotea cymosa	6,00

Tableau 1.30. Diamètre moyen (D moy; en cm), hauteur moyenne (H moy; en m), dominance (G/ha; en m/ha) et densité (D/ha, en nombre de tiges/ha) dans la formation de versant 2 de Mantadia.

Classe de diamètre (cm)	D moy	H moy	G/ha	D/ha
1 à 5	2,63	2,83	4,00	5 734
5 à 15	8,53	7,09	7,67	1 234
15 et +	24,97	13,07	21,80	385

Tableau 1.31. Densité (en nombre de tiges/ha) par espèce dans la formation de versant 2 de Mantadia.

Nom scientifique	Famille	Diversité
Eugenia pluricymosa	Myrtaceae	10,00
Domohinea perrieri	Euphorbiaceae	7,11
Lautembergia coriacea	Euphorbiaceae	6,67
Chrysophyllum boivinianum	Sapotaceae	5,33
Ocotea laevis	Lauraceae	3,33
Ravensara acuminata	Lauraceae	3,33
Ocotea cymosa	Lauraceae	2,44
Dicoryphe stipulacea	Hamamaelidaceae	2,22
Canthium sp.	Rubriaceae	1,78
Erythroxylum nitidulum	Erythroxylaceae	1,78
Noronhia sp.	Oleaceae	1,78
Protorhus ditimena	Anacardiaceae	1,78
Psychotria	Rubiaceae	1,56
Diospyros haplostylis	Ebenaceae	1,33

Tableau 1.32. Dominance des espèces par classe de diamètre dans la formation de bas-fonds d'Andriantantely.

Classe de diamètre (cm)	Espèce	Pourcentage
1 à 5	*Garcinia pauciflora*	10,00
	Dracaena reflexa	4,67
	Mapouria sp.	4,67
	Eugenia pluricymosa	4,67
5 à 15	*Gaertnera* sp.	8,00
	Garcinia pauciflora	6,67
	Grisollea miriantheia	6,67
	Melanophylla humbertiana	4,67
15 et +	*Garcinia pauciflora*	9,33
	Dillenia triquetra	8,67
	Ravensara acuminata	5,33
	Symphonia fasciculata	5,33

Tableau 1.33. Diamètre moyen (D moy; en cm), hauteur moyenne (H moy; en m), dominance (G/ha; en m/ha) et densité (D/ha, en nombre de tiges/ha) dans la formation de bas-fonds d'Andriantantely.

Classe de diamètre (cm)	D moy	H moy	G/ha	D/ha
1 à 5	2,81	2,64	1,56	2 259
5 à 15	8,75	8,78	7,87	1 222
15 et +	24,58	14,68	22,48	414

Tableau 1.34. Densité (en nombre de tiges/ha) par espèce dans la formation de bas-fonds d'Andriantantely.

Nom scientifique	Famille	Diversité
Garcinia pauciflora	Clusiaceae	8,67
Dillenia triquetra	Dilleniaceae	3,56
Melanophylla humbertiana	Melanophyllaceae	3,56
Grisollea miriantheia	Icacinaceae	3,33
Gaertnera sp.	Rubiaceae	3,11
Memecylon eduliforme	Melastomaceae	3,11
Ravensara acuminata	Lauraceae	2,67
Symphonia fasciculata	Clusiaceae	2,44
Dracaena reflexa	Agavaceae	2,22
Diospyros sphaerosepala	Ebenaceae	2,00
Aphloia theaeformis	Flacourticaceae	1,78
Eugenia pluricymosa	Myrtaceae	1,78
Mapouria sp.	Rubiaceae	1,78
Eugenia arthroopoda	Myrtaceae	1,56
Ficus torrentium	Moraceae	1,56
Mammea punctata	Clusiaceae	1,56
Symphonia tanalensis	Clusiaceae	1,56
Tambourissa thouvenotii	Monimicaceae	1,56
Antidesma petiolare	Euphorbiaceae	1,33
Chrysophyllum boivinianum	Sapotaceae	1,33

Tableau 1.35. Dominance des espèces par classe de diamètre dans la formation de crête d'Andriantantely.

Classe de diamètre (cm)	Espèce	Pourcentage
1 à 5	*Diospyros subsessifolia*	4,67
	Dypsis catatiana	4,00
	Garcinia madagascariensis	4,00
5 à 15	*Drypetes capuronii*	13,35
	Garcinia madagascariensis	8,00
	Eugenia sp.	5,33
	Eugenia gavoala	4,00
15 et +	*Manistipula tamenaka*	8,67
	Ocotea cymosa	6,00
	Protorhus ditimena	4,67
	Ravensara acuminata	4,67
	Rhopalocarpus lucidus	4,67

Tableau 1.36. Diamètre moyen (D moy; en cm), hauteur moyenne (H moy; en m), dominance (G/ha; en m/ha) et densité (D/ha, en nombre de tiges/ha) dans la formation de crête d´Andriantantely.

Classe de diamètre (cm)	D moy	H moy	G/ha	D/ha
1 à 5	2,48	3,26	3,36	5 716
5 à 15	8,09	7,32	7,25	1 285
15 et +	30,94	15,28	47,18	480

Tableau 1.37. Densité (en nombre de tiges/ha) par espèce dans la formation de crête d´Andriantantely.

Nom scientifique	Famille	Diversité
Drypetes capuronii	Euphorbiaceae	5,33
Garcinia madagascariensis	Clusiaceae	4,67
Eugenia pluricymosa	Myrtaceae	3,33
Manistipula tamenaka	Chrysobalanceae	3,11
Ravensara acuminata	Lauraceae	2,89
Ocotea cymosa	Lauraceae	2,67
Eugenia gavoala	Myrtaceae	2,22
Noronhia sp.	Oleaceae	2,22
Canarium madagascariense	Burseraceae	2,00
Protorhus ditimena	Anacardiaceae	2,00
Rhopalocarpus lucidus	Sphaerocepalaceae	2,00
Canthium sp.	Rubiaceae	1,78
Domohinea perrieri	Euphorbiaceae	1,78
Chrysophyllum boivinianum	Sapotaceae	1,56
Diospyros subsessifolia	Ebenaceae	1,56
Melanophylla humbertiana	Melanophyllaceae	1,56
Diospyros haplostylis	Ebenaceae	1,33
Dypsis catatiana	Dypsinideae	1,33
Scolopia madagascariensis	Flacourticaceae	1,33
Uapaca densifolia	Euphorbiaceae	1,33
Vepris fitoravina	Rutaceae	1,33
Aphloia theaeformis	Flacourticeae	1,11
Garcinia longipedicelata	Clusiaceae	1,11
Ocotea laevis	Lauraceae	1,11

Tableau 1.38. Dominance des espèces par classe de diamètre dans la formation de versant 1 d´Andriantantely.

Classe de diamètre (cm)	Espèce	Pourcentage
1 à 5	*Sorindeia madagascariensis*	4,67
	Excoecaria sp.	3,33
	Garcinia madagascariensis	3,33
	Garcinia pauciflora	3,33
	Mammea perrieri	3,33
	Potameia thouarsii	3,33
5 à 15	*Garcinia longipedicelata*	8,00
	Eugenia sp.	8,00
	Garcinia pauciflora	6,00
	Garcinia madagascariensis	6,00
	Drypetes capuronii	6,00
15 et +	*Dillenia triquetra*	6,00
	Diospyros haplostylis	4,67
	Ocotea cymosa	4,67
	Cleistanthus perrieri	4,00

Tableau 1.39. Diamètre moyen (D moy; en cm), hauteur moyenne (H moy; en m), dominance (G/ha; en m/ha) et densité (D/ha, en nombre de tiges/ha) dans la formation de versant 1 d´Andriantantely.

Classe de diamètre (cm)	D moy	H moy	G/ha	D/ha
1 à 5	2,65	3,15	3,90	6 039
5 à 15	9,24	8,03	11,11	1 252
15 et +	29,60	14,85	35,77	444

Tableau 1.40. Densité (en nombre de tiges/ha) par espèce dans la formation de versant 1 d'Andriantantely.

Nom scientifique	Famille	Diversité
Garcinia longipedicelata	Clusiaceae	4,22
Garcinia pauciflora	Clusiaceae	3,56
Garcinia madagascariensis	Clusiaceae	3,33
Drypetes capuronii	Euphorbiaceae	3,11
Cleistanthus perrieri	Euphorbiaceae	2,89
Diospyros haplostylis	Ebenaceae	2,89
Aspidostemon scintillans	Lauraceae	2,44
Eugenia arthroopoda	Myrtaceae	2,44
Dillenia triquetra	Dilleniaceae	2,00
Ocotea cymosa	Lauraceae	2,00
Potameia thouarsii	Lauraceae	2,00
Ravensara acuminata	Lauraceae	2,00
Sorindeia madagascariensis	Anacardiaceae	2,00
Eugenia pilulifera	Myrtaceae	1,78
Protorhus ditimena	Anacardiaceae	1,78
Canthium sp.	Oleaceae	1,56
Eugenia gavoala	Myrtaceae	1,56
Canarium madagascariense	Burseraceae	1,33
Chrysophyllum boivinianum	Sapotaceae	1,33
Diospyros megasepala	Ebenaceae	1,33
Mammea perrieri	Clusiaceae	1,33
Rhopalocarpus lucidus	Sphaerocepalaceae	1,33
Dypsis hildebrandtii	Euphorbiaceae	1,11
Excoecaria sp.	Rubiaceae	1,11

Tableau 1.41. Dominance des espèces par classe de diamètre dans la versant 2 d'Andriantantely.

Classe de diamètre (cm)	Espèce	Pourcentage
1 à 5	*Garcinia pauciflora*	6,67
	Sorindeia madagascariensis	5,33
	Diospyros haplostylis	4,67
	Oncostemon reticulatum	4,67
	Erythroxylum buxifolium	4,00
5 à 15	*Diospyros haplostylis*	7,33
	Drypetes capuronii	5,33
	Garcinia madagascariensis	5,33
	Trophis montana	5,33
	Ravensara acuminata	4,00
15 et +	*Streblus dimepate*	5,33
	Brochoneura vourii	4,67
	Canarium madagascariense	4,67
	Diospyros haplostylis	4,00

Tableau 1.42. Diamètre moyen (D moy; en cm), hauteur moyenne (H moy; en m), dominance (G/ha; en m/ha) et densité (D/ha, en nombre de tiges/ha) dans la formation de versant 2 d'Andriantantely.

Classe de diamètre (cm)	D moy	H moy	G/ha	D/ha
1 à 5	2,72	2,79	3,63	5 443
5 à 15	8,97	8,92	7,52	1 085
15 et +	29,37	16,07	38,88	423

Tableau 1.43. Densité (en nombre de tiges/ha) par espèce dans la formation de versant 2 d'Andriantantely.

Nom scientifique	Famille	Diversité
Diospyros haplostylis	Ebenaceae	5,33
Garcinia pauciflora	Clusiaceae	3,56
Drypetes capuronii	Euphorbiaceae	3,11
Garcinia madagascariensis	Clusiaceae	3,11
Brochoneura vourii	Myristaceae	2,89
Streblus dimepate	Moraceae	2,67
Domohinea perrieri	Euphorbiaceae	2,44
Oncostemon reticulatum	Myrsinaceae	2,44
Trophis montana	Moraceae	2,44
Sorindeia madagascariensis	Anacardiaceae	2,22
Ravensara acuminata	Lauraceae	2,00
Canarium madagascariense	Euphorbiaceae	1,78
Eugenia gavoala	Myrtaceae	1,78
Potameia thouarsii	Lauraceae	1,78
Uapaca densifolia	Euphorbiaceae	1,78
Albizzia gummifera	Mimoseae	1,56
Canthium sp.	Rubiaceae	1,56
Diospyros gracilipes	Ebenaceae	1,56
Grisollea miriantheia	Icacinaceae	1,56
Mammea punctata	Clusiaceae	1,56
Aphloia theaeformis	Flacourtiaceae	1,33
Aspidostemun scintillans	Lauraceae	1,33
Cleistanthus perrieri	Euphorbiaceae	1,33

Tableau 1.44. Dominance des espèces par classe de diamètre dans la formation de bas-fonds de Sandranantitra.

Classe de diamètre	Espèce	Pourcentage
1 à 5	*Eugenia pluricymosa*	6,67
	Garcinia madagascariensis	5,33
	Gaertnera sp.	4,67
	Faucherea thouvenotii	4,00
5 à 15	*Dracaena reflexa*	8,67
	Diospyros sphaerosepala	8,00
	Cabucala erythrocarpa	4,00
	Calophyllum inophyllum	4,00
	Dypsis utilis	4,00
15 et +	*Dombeya pentandra*	13,00
	Dypsis lastelliana	8,00
	Faucherea parvifolia	8,00
	Ravensara floribunda	8,00

Tableau 1.45. Diamètre moyen (D moy; en cm), hauteur moyenne (H moy; en m), dominance (G/ha; en m/ha) et densité (D/ha, en nombre de tiges/ha) dans la formation de bas-fonds de Sandranantitra.

Classe de diamètre (cm)	D moy	H moy	G/ha	D/ha
1 à 5	2,37	3,34	3,02	5 482
5 à 15	8,18	6,86	6,71	1 114
15 et +	25,82	12,16	22,59	351

Tableau 1.46. Densité (en nombre de tige/ha) par espèce dans la formation de bas-fonds de Sandranantitra.

Nom scientifique	Famille	Diversité
Eugenia pluricymosa	Myrtaceae	4,22
Garcinia madagascariensis	Clusiaceae	4,22
Dombeya pentandra	Sterculiaceae	4,00
Dracaena reflexa	Agavaceae	3,11
Diospyros sphaerosepala	Ebenaceae	2,89
Gaertnera sp.	Rubiaceae	2,67
Ravensara floribunda	Lauraceae	2,67
Chrysophyllum boivinianum	Sapotaceae	2,44
Mascarenhasia arborescens	Apocynaceae	2,22
Calophyllum inophyllum	Clusiaceae	2,22
Ravensara acuminata	Lauraceae	2,00
Cabucala erythrocarpa	Apocynaceae	2,00
Dypsis lastelliana	Dypsidinae	2,00
Faucherea thouvenotii	Sapotaceae	1,78
Dillenia triquetra	Dilleniaceae	1,78
Faucherea parvifolia	Sapotaceae	1,56
Potameia thouarsii	Lauraceae	1,56
Psychotria sp.	Rubiaceae	1,56
Sorindeia madagascariensis	Anacardiaceae	1,56
Diospyros subsessifolia	Ebenaceae	1,33
Dypsis utilis	Dypsidinae	1,33

Tableau 1.47. Dominance des espèces par classe de diamètre dans la formation de crête 1 de Sandranantitra.

Classe de diamètre (cm)	Espèce	Pourcentage
1 à 5	*Eugenia* sp.	4,00
	Diospyros megasepala	3,33
	Diospyros sp.	3,33
	Mapouria sp.	3,33
	Protorhus ditimena	3,33
	Psychotria sp.	3,33
5 à 15	*Canthium* sp.	4,67
	Noronhia sp.	4,67
	Syzygium emirnensis	4,67
	Cyathea sp.	4,00
	Dicoryphe stipulacea	4,00
15 et +	*Ravenala madagascariensis*	9,33
	Polyalthia ghesqueriana	6,67
	Dombeya laurifolia	4,67
	Uapaca densifolia	4,00
	Weinmannia rutembergii	4,00

Tableau 1.48. Diamètre moyen (D moy; en cm), hauteur moyenne (H moy; en m), dominance (G/ha; en m/ha) et densité (D/ha, en nombre de tiges/ha) dans la formation de crête 1 de Sandranantitra.

Classe de diamètre (cm)	D moy	H moy	G/ha	D/ha
1 à 5	2,41	3,76	3,99	7 310
5 à 15	8,97	7,94	14,28	2 063
15 et +	20,70	10,84	15,37	414

Tableau 1.49. Densité (en nombre de tiges/ha) par espèce dans la formation de crête 1 de Sandranantitra.

Nom scientifique	Famille	Diversité
Polyalthia ghesqueriana	Anonaceae	3,33
Eugenia sp.	Myrtaceae	3,11
Ravenala madagascariensis	Streludgiaceae	3,11
Syzygium emirnensis	Myrtaceae	3,11
Canthium sp.	Rubiaceae	2,67
Noronhia sp.	Oleaceae	2,67
Protorhus ditimena	Anacardiaceae	2,67
Weinmannia rutembergii	Cunoniaceae	2,67
Dombeya laurifolia	Sterculiaceae	2,22
Campnosperma micrantheia	Anacardiaceae	2,00
Brachylaena ramiflora	Asteraceae	1,78
Cyathea sp.	Cyatheaceae	1,78
Dicoryphe stipulacea	Hamamelidaceae	1,78
Ocotea laevis	Lauraceae	1,78
Ambavia gerrardii	Anonaceae	1,56
Symphonia fasciculata	Clusiaceae	1,56
Symphonia pauciflora	Clusiaceae	1,56
Uapaca densifolia	Euphorbiaceae	1,56
Uapaca thouarsii	Euphorbiaceae	1,56
Canarium madagascariense	Burseraceae	1,33
Dillenia triquetra	Dilleniaceae	1,33
Faucherea laciniata	Sapotaceae	1,33
Mapouria sp.	Rubiaceae	1,33
Tina chapelieriana	Sapindaceae	1,33
Xylopia buxifolia	Anonaceae	1,33

Tableau 1.50. Dominance des espèces par classe de diamètre dans la formation de crête 2 de Sandranantitra.

Classe de diamètre (cm)	Espèce	Pourcentage
1 à 5	*Astrotrichilia elegans*	5,33
	Eugenia sp.	5,33
	Garcinia madagascariensis	5,33
	Oncostemon sp.	5,33
	Dracaena reflexa	4,67
	Anthostema madagascariensis	3,33
	Garcinia pauciflora	3,33
	Noronhia sp.	3,33
5 à 15	*Dracaena reflexa*	5,33
	Deuteromallotus macranthus	4,67
	Eugenia sp.	4,67
	Canthium sp.	4,00
	Dombeya laurifolia	4,00
	Lautembergia coriacea	4,00
	Ocotea cymosa	4,00
15 et +	*Anthostema madagascariensis*	17,33
	Ravenala madagascariensis	8,67
	Faucherea thouvenotii	6,00
	Symphonia fasciculata	4,67
	Ocotea cymosa	4,67
	Ravensara acuminata	4,67

Tableau 1.51. Diamètre moyen (D moy; en cm), hauteur moyenne (H moy; en m), dominance (G/ha; en m/ha) et densité (D/ha, en nombre de tiges/ha) dans la formation de crête 2 de Sandranantitra.

Classe de diamètre (cm)	D moy	H moy	G/ha	D/ha
1 à 5	1,84	3,04	3,41	10 027
5 à 15	8,16	7,60	11,51	1 989
15 et +	26,88	11,93	39,40	464

Tableau 1.52. Densité (en nombre de tiges/ha) par espèce dans la formation de crête 2 de Sandranantitra.

Nom scientifique	Famille	Diversité
Anthostema madagascariensis	Euphorbiaceae	7,56
Eugenia sp.	Myrtaceae	3,56
Dracaena reflexa	Agavaceae	3,33
Ocotea cymosa	Lauraceae	3,33
Ravensara acuminata	Lauraceae	3,33
Garcinia madagascariensis	Clusiaceae	2,89
Ravenala madagascariensis	Streludgicaceae	2,89
Astrotrichilia elegans	Meliaceae	2,44
Lautembergia coriacea	Euphorbiaceae	2,44
Canthium sp.	Rubiaceae	2,22
Deuteromallotus macranthus	Rubiaceae	2,22
Dombeya laurifolia	Sterculiaceae	2,00
Faucherea thouvenotii	Sapotaceae	2,00
Symphonia fasciculata	Clusiaceae	2,00
Oncostemon reticulatum	Myrsinaceae	1,78
Tina chapelieriana	Sapindaceae	1,78
Xylopia buxifolia	Anonaceae	1,78
Garcinia pauciflora	Clusiaceae	1,56
Mapouria sp.	Rubiaceae	1,56

Tableau 1.53. Dominance des espèces par classe de diamètre dans la formation de versant de Sandranantitra.

Classe de diamètre (cm)	Espèce	Pourcentage
1 à 5	*Garcinia madagascariensis*	11,33
	Eugenia sp.	5,33
	Diospyros subsessifolia	4,67
	Blotia oblongifolia	3,33
	Cabucala erythrocarpa	3,33
	Excoecaria sp.	3,33
5 à 15	*Dypsis utilis*	5,33
	Canthium sp.	4,67
	Eugenia gavoala	3,33
	Eugenia sp.	3,33
	Gaertnera sp.	3,33
	Diospyros sphaerosepala	2,67
	Domohinea perrieri	2,67
	Dracaena reflexa	2,67
15 et +	*Ocotea laevis*	10,00
	Eugenia sp.	5,33
	Uapaca densifolia	4,67
	Ravenala madagascariensis	4,00
	Ravensara acuminata	4,00

Tableau 1.54. Diamètre moyen (D moy; en cm), hauteur moyenne (H moy; en m), dominance (G/ha; en m/ha) et densité (D/ha, en nombre de tiges/ha) dans la formation de versant de Sandranantitra.

Classe de diamètre (cm)	D moy	H moy	G/ha	D/ha
1 à 5	2,13	3,28	3,19	7 353
5 à 15	8,46	7,86	9,48	1 566
15 et +	26,28	12,37	31,90	479

Tableau 1.55. Densité (en nombre de tiges/ha) par espèce dans la formation de versant de Sandranantitra.

Nom scientifique	Famille	Diversité
Eugenia pluricymosa	Myrtaceae	4,67
Garcinia madagascariensis	Clusiaceae	4,67
Ocotea cymosa	Lauraceae	3,78
Dicoryphe stipulacea	Hamameldiaceae	2,44
Diospyros sphaerosepala	Ebenaceae	2,44
Canthium sp.	Rubiaceae	2,22
Ravensara acuminata	Lauraceae	2,22
Blotia oblongifolia	Euphorbiaceae	2,22
Uapaca densifolia	Euphorbiaceae	2,00
Gaertnera sp.	Rubiaceae	2,00
Polyalthia ghesqueriana	Anonaceae	2,00
Dombeya laurifolia	Sterculiaceae	1,78
Dypsis utilis	Dypsidinae	1,78
Donella fenerivensis	Sapotaceae	1,56
Cabucala erythrocarpa	Apocynaceae	1,33
Calophyllum inophyllum	Clusiaceae	1,33
Casearia nigrescens	Flacourtiaceae	1,33
Eugenia gavoala	Myrtaceae	1,33
Excoecaria sp.	Euphorbiaceae	1,33
Garcinia longipedicelata	Clusiaceae	1,33
Oncostemon brevipedatum	Myrsinaceae	1,33
Ravenala madagascariensis	Sterlutziaceae	1,33
Tambourissa thouvenotii	Monimiaceae	1,33

Tableau 1.56. Densité des arbres par classe de diamètre (en cm) dans le site d'Iofa.

Habitats - Transects	1 à 5	5 à 15	15 et +
Forêt à *Eugenia* sp. - Transect 1	10684	2073	440
Forêt à *Eugenia* sp. - Transect 2	6378	1434	684
Domohinea perrieri (versant)	9422	2101	540
Formation ripicole (crête)	6602	2041	524

Tableau 1.57. Densité des arbres par classe de diamètre (en cm) dans le site de Didy.

Habitats - Transects	1 à 5	5 à 15	15 et +
Formation de bas-fonds	7845	1834	526
Formation de crête	9259	2613	701
Formation de versant 1	8242	1951	639
Formation de versant 2	9102	2863	673

Tableau 1.58. Densité des arbres par classe de diamètre (en cm) dans le site de Mantadia.

Habitats	1 à 5	5 à 15	15 et +
Formation de bas-fonds	4802	1169	417
Formation de crête	4534	949	393
Formation de versant 1	5943	1127	418
Formation de versant 2	5734	1234	385

Tableau 1.59. Densité des arbres par classe de diamètre (en cm) dans le site d'Andriantantely.

Habitats	1 à 5	5 à 15	15 et +
Formation de bas-fonds	2259	1222	414
Formation de crête	5716	1285	480
Formation de versant 1	6039	1252	444
Formation de versant 2	5443	1085	423

Tableau 1.60. Densité des arbres par classe de diamètre (en cm) dans le site de Sandranantitra.

Habitats	1 à 5	5 à 15	15 et +
Formation de bas-fonds	5482	1114	351
Formation de crête 1	7310	2063	414
Formation de crête 2	10027	1989	464
Formation de versant	7353	1566	479

Tableau 1.61. Nombre d'espèces, genres et familles identifiés dans les transects des sites dans les forêts de moyenne altitude.

Site	Espèces	Genres	Familles
Iofa	214	144	60
Didy	187	129	55
Mantadia	202	138	57

Tableau 1.62. Nombre d'espèces, genres et familles identifiés dans les transects des sites dans les forêts de basse altitude.

Site	Espèces	Genres	Familles
Andriantantely	244	150	60
Sandranantitra	242	152	58

Chapitre 2

Lémuriens du corridor Mantadia-Zahamena, Madagascar

Jutta Schmid, Joanna Fietz et Zo Lalaina Randriarimalala Rakotobe

RÉSUMÉ

Conservation International (CI) a mené un Programme d'Evaluation Rapide (RAP) sur la biodiversité de la forêt tropicale située dans le corridor Mantadia-Zahamena à Madagascar. Le corridor de cette chaîne de montagnes située à l'est relie les zones protégées du Parc National (PN) de Mantadia et la Réserve Naturelle Intégrale (RNI) de Zahamena. Faisant partie de l'inventaire multi-taxa de l'expédition, le but de l'évaluation des lémuriens était de dresser une liste des espèces présentes dans le corridor en mettant l'accent sur les différences régionales en matière d'abondance et de diversité des espèces dans toute la région. Quatre camps ont été inspectés dans diverses forêts classées, ainsi qu'un site dans le PN de Mantadia. Dans chacun des sites, la présence et l'abondance relative des espèces de lémuriens ont été estimées au moyen de la méthode de transect.

Au total, 11 espèces de lémuriens (quatre espèces diurnes, deux mixtes et cinq nocturnes) ont été trouvées dans le corridor, y compris l'Aye-Aye, *Daubentonia madagascariensis*. Le nombre d'espèces varie entre dix espèces de lémuriens enregistrées à Didy (site 2, situé à 960 mètres d´altitude) et Mantadia (site 3, à 895 mètres), huit à Iofa (site 1, à 835 mètres) et à Andriantantely (site 4, à 530 mètres), pour finalement atteindre un minimum de six espèces à Sandranantitra (site 5, à 450 mètres). La déforestation et la colonisation dans le corridor tout entier représentent une menace et peuvent expliquer les densités relativement faibles et l'absence de certaines espèces de lémuriens. Il est absolument nécessaire d'empêcher l'avancée de la fragmentation de la forêt et la destruction de l'habitat; par conséquent, le système d'aires protégées a besoin d'être étendu.

INTRODUCTION

L'endémie dans le biote de Madagascar est extrêmement élevée, avec un taux par espèce bien supérieur à 90% pour la plupart des groupes taxinomiques (Jenkins 1987, Langrand et Wilmé 1987). Madagascar abrite plus d'information génétique par zone pour chaque espèce que probablement partout ailleurs sur terre et est considéré comme l'un des points les plus importants ou *hotspots* pour la biodiversité dans le monde (Myers 1988, 1990; Myers et al. 2000). Une des principales radiations d'adaptation à Madagascar se trouve parmi les primates. Les lémuriens malgaches (comprenant près de 33 espèces et 52 sous-espèces) sont complètement endémiques et installés dans une grande variété de types de forêts : forêts tropicales humides à l'est, forêts sèches à l'ouest et forêts d'épineux au sud (Harcourt et Thornback 1990, Mittermeier et al. 1994, Tattersall 1982). Cependant, on estime que 80% de ces forêts ont disparu il y a 1500 à 2000 ans, depuis l'arrivée des hommes qui ont exploité la terre à des fins agricoles, d'exploitation minière, d'extraction de matériaux de construction et de bois de chauffage et d'exploitation commerciale du bois. (Smith 1997, Nelson et Horning 1993)

Une planification efficace de la conservation pour les habitats uniques à Madagascar repose sur l'information sur la distribution et l'abondance de leur faune et de leur flore. Les données d'un inventaire de base pour comparer la biodiversité peuvent être obtenues au moyen d'évaluations rapides. Le Programme d'Evaluation Rapide (RAP) de la Conservation International (CI) a été conçu dans le but de fournir rapidement l'information nécessaire afin de catalyser l'activité pour la conservation et d'améliorer la protection de la biodiversité à une échelle régionale et nationale.

L'expédition RAP de Madagascar s'est déroulée dans le corridor non protégé qui relie la Réserve Naturelle Intégrale (RNI) de Zahamena (au nord) et le Parc National (PN) de Mantadia (au sud) dans la forêt tropicale humide à l'est de Madagascar (Nicoll et Langrand 1989). Cette région revêt une importance et un intérêt particulier car elle comprend aussi bien des forêts tropicales primaires et secondaires de basse altitude qu'une forêt montagneuse de moyenne altitude, et relie également deux zones protégées au nord et au sud. En conséquence, cette région sert de corridor, facilitant le déplacement des animaux dans un terrain inhospitalier et suscitant la création d'habitats dispersés. Les corridors ont pour fonction de contrôler le flux des gênes et vu le manque d'information sur les conséquences possibles d'une perturbation dans le flux des gênes, les corridors ont tout lieu d'être importants pour la survie des espèces dans les habitats dispersés. (Lindenmayer et al. 1993, Saunders et al. 1991, Tomiuk et al. 1998).

Dans le cadre de l'inventaire multi-taxa du RAP, des données ont été recueillies sur la richesse et l'abondance des espèces de primates dans quatre sites différents au sein du corridor, ainsi que dans un site situé dans le PN de Mantadia. L'information sur la distribution et la densité des espèces de lémuriens dans le corridor Mantadia-Zahamena et l'estimation de la menace qui pèse sur ces populations est primordiale si l'on veut gérer cette partie des forêts tropicales de Madagascar dans le cadre d'un projet de conservation et de développement intégrés.

MÉTHODES

Sites d'études

Le recensement des lémuriens a été effectué dans cinq sites de la forêt tropicale humide du corridor Mantadia-Zahamena. Quatre camps ont été installés dans des forêts d'altitude moyenne (site 1-Iofa, à 835 m ; site 2- Didy, à 960 m ; site 3-Mantadia, à 895 m). Les deux sites restants (site 4-Andriantantely, à 530 m et le site 5-Sandranantitra, à 450 m) ont été installés dans des forêts de basse altitude dans la partie est du corridor. La méthode de transect a été utilisée pour le recensement des lémuriens (National Research Council 1981). L'équipe, composée d'un chercheur sur le site 1-4 et deux chercheurs sur le site 5, a visité chacun des cinq sites pendant au moins 6 jours. Sur chacun des sites, nous avons utilisé des chemins préexistants laissés par les cochons sauvages, le bétail et les hommes, ainsi que de nouveaux chemins taillés pour servir de transects. Nous avons essayé de choisir des chemins qui couvraient d'importantes variétés d'habitats de lémuriens dans les forêts ainsi que sur les crêtes, les pentes, les vallées et les cours d'eau comme les ruisseaux et rivières. Une description générale du type de forêt trouvé le long de chaque transect est fournie en Annexe 6.

Transects

A chaque lieu d'observation, deux ou trois transects variant entre 750 et 2700 mètres ont été utilisés pour mener les enquêtes sur les lémuriens. Nous avons recensé les lémuriens en marchant lentement, environ 700 mètres à l'heure, le long des transects signalisés tous les 25 mètres par un ruban. Les échantillons diurnes ont été recueillis au moment où l'activité des lémuriens est la plus importante, entre 6 heures du matin et midi et l'après-midi, entre 15 et 18 heures. Les marches étaient toujours entrecoupées d'intervalles d'au moins six heures et les transects, recensés deux fois par jour. Pendant les marches de recensement diurne, nous nous sommes arrêtés régulièrement (tous les 50 mètres environ) pour observer et repérer les signes de présence de primates comme les manifestations vocales ou les mouvements dans la végétation. Les recensements nocturnes commençaient 10 à 30 minutes après la tombée de la nuit et duraient entre deux et quatre heures chaque nuit. La nuit, nous utilisions la faible lumière d'une lampe frontale pour réfléchir le reflet des yeux des lémuriens nocturnes. Une fois repérés, nous utilisions une lampe de poche plus puissante et des jumelles (7x40) pour pouvoir les identifier.

A chaque détection, les différentes espèces, le temps de contact, leur position sur le transect, l'élévation, la distance perpendiculaire au chemin, la hauteur par rapport au sol et le type d'habitat étaient répertoriés. Dans la mesure du possible, le nombre d'individus, l'âge, le sexe et le comportement général étaient également enregistrés. Pour chaque groupe de lémuriens, nous estimions la distance perpendiculaire au chemin pour le premier individu observé. Nous ne passions pas plus de dix minutes par individu. Les transects ont été utilisés aussi bien pour les marches de recensements diurnes que pour celles de nuit. Cependant, en raison d'une végétation dense et d'un terrain difficile, seules les premières sections des Transect 4 du site 2 et du Transect 6 du site 3 ont été utilisées pour les recensements de nuit (T4 et T6). Nous avons répété le recensement le long du transect entre une et trois fois sur les transects nocturnes et de deux à neuf fois sur les transects diurnes. Les marches pour le recensement n'ont pas été faites quand la visibilité était réduite à moins de 15 mètres à cause de fortes pluies.

En raison d'échantillons inadéquats (trop peu de vérifications effectuées pour chaque transect et d'une distance parcourue trop courte dans chaque site), la densité de population des lémuriens n'a pas pu être déterminée (Ganzhorn 1994, Schmid et Smolker 1997, Sterling et Ramaroson 1996, Whitesides et al. 1988). Cependant, nous avons calculé un nombre moyen d'observations de lémuriens par kilomètre de transect. De plus, nous avons estimé la distance moyenne à laquelle nous avons détecté des lémuriens perpendiculairement au transect, par espèce et par transect. Comme nous n'avons pas trouvé de différences flagrantes pour chaque transect, une distance d'évaluation moyenne fut calculée pour chaque espèce, ainsi qu'un nombre moyen d'individus pour les recensements diurnes et nocturnes. Les lémuriens entendus mais pas réellement observés pendant les marches de recensement ou bien aperçus en dehors de nos marches ou par d'autres chercheurs n'ont pas été inclus dans les chiffres de nos études diurnes et nocturnes sur leur population. Nous n'avons pas non plus inclus les lémuriens rencontrés qui ne purent être clairement classés dans une catégorie de par leur couleur ou leur forme. Dans chaque site, les courbes d'accumulation d'espèces ont été basées sur les constatations à vue et sur les observations vocales répertoriées pendant nos marches systématiques le long des transects.

Observations générales

Parallèlement à ces enquêtes systématiques, des observations d'ensemble ont également été faites en cours de journée. A chacun des sites, nous avons exploré la forêt à la recherche de signes secondaires montrant la présence de certains lémuriens, telles que les signes montrant que le *Daubentonia madagascariensis* venait s'alimenter (des marques de bois mort ou de branches vivantes rongés que nous avons dégagés, des graines de *Canarium madagascariense* ouvertes) ou des lieux de repos pour les espèces nocturnes (ex : les nids pour les *Daubentonia*, trois trous pour les *Cheirogaleus* ou les *Microcebus*). De plus, nous nous sommes particulièrement intéressés aux phénomènes vocaux (chants) des Indris (*Indri indri*) et des lémurs Vari (*Varecia variegata*). Nous avons demandé aux gens des communautés locales de recueillir des informations sur la présence d'espèces de lémuriens et sur l'impact de la chasse sur la faune des primates.

RÉSULTATS

Courbes d'accumulation des espèces

Pour les recensements diurnes sur le site d'enquête 1 (Iofa), aucune nouvelle espèce n'a été répertoriée après 15 heures d'observation (Fig.2.1a). Sur le site 2 de Didy, il nous a fallu seulement 11 heures, mais sur le site 3 à Mantadia, la courbe n'a atteint un palier qu'après 24 heures d'observation (Fig.2.1b, c). Sur le site 4 d'Andriantantely, la totalité des lémuriens diurnes a été répertoriée en 19 heures (Fig.2.1d). Nous n'avons enregistré que deux espèces diurnes après huit heures de recensement sur le site 5 de Sandranantitra, et bien que nous ayons marché au total 33 heures pour les recensements de jour, nous n'avons vu aucune autre espèce (Fig.2.1.e). La courbe d'accumulation des espèces pour les lémuriens nocturnes en résultant est moins variable. Sur les sites d'enquête 2 et 5, aucune nouvelle espèce nocturne n'a été rajoutée après cinq heures d'observation (Fig.2.1b., e), la courbe d'accumulation des espèces pour les lémuriens enregistrée au cours des recensements nocturnes a atteint son palier après seulement trois heures d'observation. (Fig.2.1.c). Sur le Site 1, il a fallu 8 heures de marche pour recenser toutes les espèces (Fig.2.1.a), tandis que sur le Site 4, seulement 7.

Diversité d'espèces

Au total, quatre espèces diurnes (*Indri indri*, *Prophitecus diadema diadema*, *Varieca variegata variegata*, et *Eulemur rubriventer*), deux espèces cathémérales (diurne et nocturne à la fois; *Eulemur fulvus fulvus* et *Hapalemur griseus griseus*) et cinq espèces typiquement nocturnes (*Microcebus rufus*, *Cheirogaleus Major*, *Avahi Laniger*, *Lepilemur mustelinus* et *Daubentonia madagascariensis*) ont été répertoriées sur les cinq sites d'enquête dans le corridor Mantadia-Zahamena (Tableau 2.1). Tous les taxa ont été enregistrés par une observation directe, sauf pour le *Daubentonia*, qui fut détecté suite à des signes indirects d'alimentation (Duckworth 1993, Erickson 1995). Aucun des cinq sites d'enquête ne contenait toutes les espèces. La plus grande diversité d'espèces fut observée sur les Sites 2 et 3, où on a identifié dix espèces de lémuriens: huit sur les Sites 1 et 4, et seulement six sur le Site 5. Sur tous les sites inventoriés, on a trouvé l'*Indri indri*, l'*E. f. fulvus*, le *M. rufus* et le *C. major*. L'*H.griseus*, le *V.v. variegata* et *l'A.laniger* étaient absents sur le Site 5 et le *L.mustelinus* a été recensé sur tous les sites sauf sur le site 4. Le *P. d. diadema* a été vu sur les Sites 2, 3 et 4. L'*E. rubriventer* n'était présent que dans les forêts d'altitude moyenne des sites 2 et 3, même si aucun signe n'a pu prouver sa présence sur le Site 1 (à 835 mètres). Le *D. madagascariensis* n'était présent que dans la forêt de Sandranantitra (Site 5). La longueur des transects, le nombre des marches de recensement ainsi que les espèces rencontrées sur les différents sites sont répertoriés dans le Tableau 2.2 pour les recensements de nuit et dans le Tableau 2.3 pour les recensements de jour. Nous avons parcouru au total 35,6 kilomètres pour les recensements de nuit et 98,7 kilomètres pour les recensements de jour.

Description des espèces

Les caractéristiques morphologiques et la couleur du pelage ainsi que les rapports sur l'activité et le comportement proviennent aussi bien d'observations systématiques que générales des lémuriens et sont incluses dans la description des espèces.

Microcebus rufus (Rufous Mouse Lemur, Microcèbe roux)

Le *Microcebus rufus* a été trouvé dans tous les sites enquêtés dans le corridor et constitue l'espèce la plus répandue de lémuriens nocturnes. Le taux moyen rencontré est resté plus ou moins constant pour les Sites 1, 2,3 et 5, mais a diminué sur le Site 4, où seulement un individu a été vu sur les 5,2 kilomètres de sentier parcouru (Tableau 2.2.). Les microcèbes roux ont des oreilles relativement petites et la tête est de couleur rousse. Leur pelage dorsal était brun, plus gris par endroits, et la partie ventrale blanche. Les caractéristiques de ce pelage correspondent au *M. rufus* typique (Tattersall 1982; Mittermeier et al. 1994). Les lémuriens ont montré leur façon de se déplacer caractéristique, par bonds successifs et furent observés dans les endroits où la végétation est très

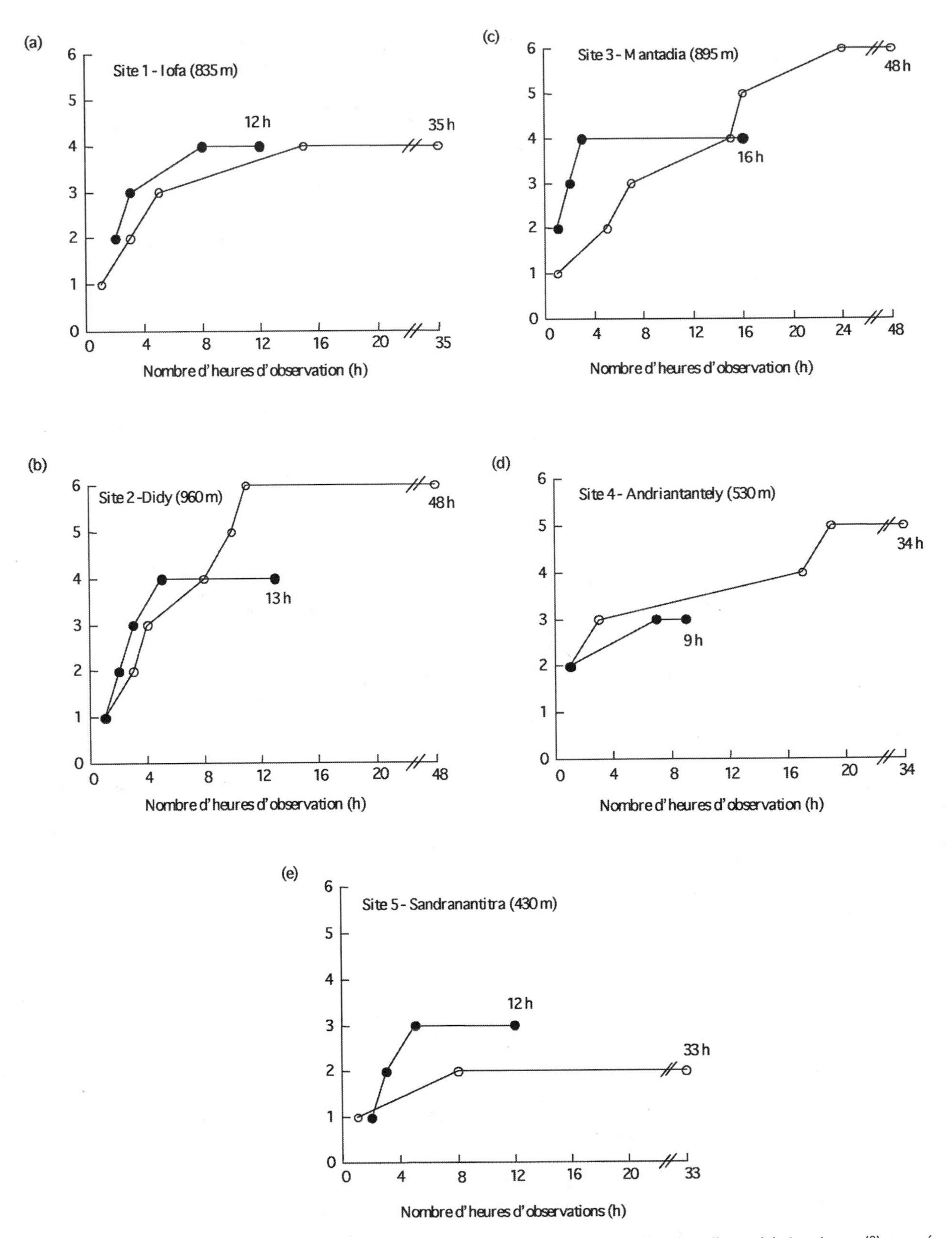

Figure 2.1. Courbes d'accumulation d'espèces en fonction des heures d'observation pour les espèces de lémuriens diurnes (•) et nocturnes (°) recensées sur cinq sites dans le corridor de Mantadia-Zahamena, Madagascar.

Tableau 2.1. Les espèces de lémuriens trouvées dans les forêts humides tropicales du corridor de Mantadia-Zahamena répertoriées par site de campement et altitude. Les espèces ont été enregistrées au cours de marches d'enquête ou lors d'observations supplémentaires. Voir l'Annexe 6 et l'Index Géographique pour la description de chaque site.

Espèces de lémuriens	Site 1 835 m	Site 2 960 m	Site 3 895 m	Site 4 530 m	Site 5 450 m
Microcebus rufus	+	+	+	+	+
Cheirogaleus major	+	+	+	+	+
Avahi laniger	+	+	+	+	
Lepilemur mustelinus	+	+	+		+
Daubentonia madagascariensis					fd
Indri indri	#	+	+	+	*
Propithecus diadema diadema		+	+	+	
Varecia variegata variegata	*	#	#	+	
Eulemur rubriventer		+	+		
Eulemur fulvus fulvus	#	+	+	+	+
Hapalemur griseus griseus	+	+	+	+	
Nombre total d'espèces	**8**	**10**	**10**	**8**	**6**

+ espèce présente
# espèce vue par d'autres participants
fd signes indirects d'alimentation
* vocalisations uniquement

Tableau 2.2. Nombre moyen d'observations par kilomètre de transect et distances de détection moyenne (± déviation standard) des espèces de lémuriens (individus) vus au cours des recensements nocturnes dans chacun des sites de campement dans le corridor de Mantadia-Zahamena. Les distances de détection sont perpendiculaires au transect; n = nombre d'individus. Voir l'Annexe 6 pour la description des transects.

Transect	Longueur du transect (m)	Nombre recensements	*Microcebus rufus*	*Cheirogaleus major*	*Avahi laniger*	*Lepilemur mustelinus*	Nombre d'espèces
1-T1	1300	2	0,6 (1,0)	0,6 (3,0)	-	0,6 (2,0)	3
1-T2	1000	2	0,5 (3,0)	4,5 (6,0±3,1)	1,0 (3,0)	1 (8,0)	4
1-T3	750	2					0
2-T4n	1400	3	2,4 (3,4±1,6)	1,0 (4,4±2,8)	0,5 (3,8±0,4)	0,2 (8,0)	4
2-T5	1400	2	1,4 (3,1±2,1)	1,1 (5,3±2,5)	-	0,7 (3,3±1,1)	3
3-T6n	1800	3	0,6 (0,8±0,6)	0,4 (3,0±1,4)	0,4 (3,3±1,1)	0,7 (2,3±1,4)	4
3-Tm	2500	2	1,4 (3,9±1,8)	1,2 (5,1±4,2)	0,4 (1,5±0,7)	0,8 (2,3±0,5)	4
4-T8	1700	2		0,3 (1,0)	0,3 (2,0)	-	2
4-T9	1800	1	0,6 (2,0)	0,6 (4,0)	0,6 (3,0)	-	3
5-T10	1800	3	1,3 (2,8±2,3)	1,3 (5,7±3,4)	-	0,2 (0,2)	3
5-T11	1500	1	1,3 (2,5±0,5)	-	-	-	1
Distances moyennes de détection (m)			3,0±1,8	5,1±3,1	3,0±1,3	3,1±2,3	
			n = 36	n = 34	n = 9	n = 14	

- espèce absente.

dense et broussailleuse ainsi que dans les arbres. En général, ils s'enfuyaient à notre approche.

Cheirogaleus major (Grand Cheirogale)
Cheirogaleus major a été observé du Site 1 au Site 5 par des observations directes au cours des marches de recensement (Tableau 2.2.) et était presque aussi commun que le *Microcebus*. Le pelage dorsal du *C. major* était gris brun avec une teinte brune tirant sur le roux au niveau des épaules. Leurs parties inférieures étaient plus pâles et très souvent presque blanches. La tête était aussi gris brun avec des taches entre les yeux cerclés d'anneaux foncés distinctifs. La queue du *C. major* était gris foncé et plus foncée au bout. La circonférence de la queue était variable et du Site 1 au Site 4, la plupart des *C. major* observés avaient des queues touffues, tandis que sur le Site 5, la majorité des individus observés ne montraient aucune véritable trace de gras sur la queue ou sur le corps. Tous les *Cheirogaleus* observés au cours de l'enquête répondent à la description précédente à l'exception de trois individus vus sur le Site 3. Leur pelage dorsal et celui de leur tête étaient gris sans trace brune ou rousse. De plus, leur taille était la moitié de celle du *C. major*.

C. major a été observé, en général, en solitaire, mais dans huit cas observés (23%) sur 34, deux individus ont été observés à proximité l'un de l'autre (moins de 5 mètres de distance). Les *C.major* ont été souvent observés en train de chercher des insectes sous les feuilles de grands arbres (hauteur moyenne ±déviation standard: 10,1±3,6 mètres)

Avahi laniger (Eastern Woolly Lemur, Avahi Laineux Oriental)
Avahi laniger a été répertorié dans les sites 1 à 4 (Tableau 2.2.) au cours d'observations directes, et son cri a été entendu à plusieurs reprises. Son pelage dorsal était gris brun tournant parfois au brun noisette et son ventre gris. La queue était d'apparence laineuse d'une couleur rouge remarquable. Une bande blanche entourant la tête marron des lémuriens ainsi que des taches blanches autour des yeux ont été constatées. Sur un total de neuf observations, deux adultes avec un seul enfant ont été observés. Les deux enfants étaient portés sur le dos des adultes. Sur le Site 4, deux adultes ont été trouvés blottis l'un contre l'autre dans leur position verticale de repos caractéristique au cours d'une enquête de jour.

Lepilemur mustelinus (Weasel Sportive Lemur, Lépilémur)
En général, le *Lepilemur mustelinus* fut observé en abondance sur le Site 3, mais n'a été détecté que deux fois sur les Sites 1 et 2, une seule fois sur le Site 4, et il n'a pas été trouvé sur le Site 5. (Tableau 2.2.). Le pelage ventral et dorsal était marron, la tête et les épaules grisâtres et sur le menton, quelques taches blanches. La queue était marron foncé. Seulement à deux occasions une rayure de taille moyenne et a été trouvée sur les lémuriens.

Daubentonia madagascariensis (Aye-Aye)
Daubentonia madagascariensis n'a pas été observé directement, mais un type des dégâts attribués à cette espèce a été enregistré dans la forêt de basse altitude de Sandranantitra (Site 5; Tableau 2.2.). Nous avons trouvé des graines de *Canarium madagascariense* (Famille des Burseraceae), qui est une nourriture de base chez les *D. madagascariensis* (Iwano et Iwakawa 1988, Sterling et al. 1994, Goodman et Sterling 1996). Dix grains (83%) sur les 12 trouvés et ramassés avaient été ouverts pas des *Daubentonia*, et seulement deux portaient la trace caractéristique des rongeurs. De plus, un de nos guides locaux a rapporté qu'il avait trouvé un Aye-Aye mort , pris dans un piège il y a deux ans.

Indri indri (Indri)
Des traces de la présence de l'*Indri indri* ont été trouvées sur tous les sites (Table 2.3). D'après toutes les informations recueillies, y compris celles sur les animaux vus en dehors des marches de recensement prédéterminées ou vus par des membres autres que les chercheurs, cette espèce a été vue directement sur les Sites 1, 2, 3 et 4. Sur le Site 5, la présence de l'Indri a été enregistrée seulement de manière indirecte en écoutant leurs chants caractéristiques. L'Indri était l'espèce la plus répandue sur le Site 3, mais également relativement abondante sur les Sites 1, 2 et 4 (si on prend en considération les chants de l'Indri).

Un groupe d'Indris composé de 4 individus a été vu à une occasion par un membre de notre équipe sur le Site 1, mais aucune description de sa couleur n'a été donnée. Au cours de plusieurs observations sur le Site 2, un groupe composé de trois individus a été vu. La couleur du pelage de ces trois animaux n'était pas fondamentalement différente. La couleur prédominante de la fourrure était le noir. La tête était noire avec un pelage plus pâle autour de la bouche. Les oreilles touffues étaient très visibles et complètement noires. Quelques petites taches plus claires apparaissaient autour de la queue, la gorge, les flancs, et à l'intérieur des membres antérieurs et postérieurs. Ces taches étaient d'une couleur plutôt blanche marquée de jaune et de marron. Sur le Site 3, un groupe de trois individus ayant une couleur de pelage variable a été vu au cours de 11 marches de recensement. Le pelage dorsal des deux animaux était noir, mais d'importantes taches blanches ont été trouvées sur le collier, autour du cou, sur les flancs, la queue ainsi que sur la partie extérieure des membres antérieurs et postérieurs. La fourrure ventrale et dorsale du troisième individu de ce groupe était principalement noire, et quelques taches blanches ont été seulement trouvées autour des membres postérieurs et de la queue. La taille du corps de l'individu 'noir' était bien plus petite que celle du 'blanc et noir'. Au total, nous avons observé deux autres groupes sur le site 3, les deux étant composé d'un individu à la couleur "blanc noir". Sur le Site 4, un total de quatre groupes d'Indris a été détecté par des observations directes. Un groupe était composé de quatre individus, et les deux autres d'un seul individu. Le premier groupe de trois individus avait une coloration de pelage très similaire à celle du type "blanc et noir" décrite pour le site 3, à l'exception des parties noires qui présentaient des nuances marron. De plus, de la fourrure marron a été notée sur les épaules et la

Tableau 2.3. Nombre moyen (± déviation standard) d'espèces de lémuriens (individus et groupes respectivement) vus pendant les recensements diurnes. Les distances de détection sont perpendiculaires au transect, n = nombre de groupes. Voir l'Annexe 6 pour la description des transects.

Transect	Longeur du transect (m)	Nombre recens.	*Indri indri*	*Propithecus diadema diadema*	*Varecia variegata variegata*	*Eulemur rubriventer*	*Eulemur fulvus fulvus*	*Hapalemur griseus griseus*	Nombre d'espèces
1-T1	1300	5	*	-	*	-	*	0,3 (4,5±3,5)	4
1-T2	1000	6	*	-	-	-	-	0,3 (4,5±3,4)	2
1-T3	750	5	*	-	-	-	-	-	1
2-T4	2600	7	*	0,1 (6,0)	*	0,1 (1,5±0,7)	0,1 (4,0)	0,2 (5,3±3,3)	6
2-T5	1400	4	*	-	*	-	0,2 (10,0)	-	3
3-T6	2700	9	0,1 (5,3±4,5)	0,1 (2,0±1,4)	*	0,04 (12,0)	-	0,1 (5,0±1,7)	5
3-Tm	2500	2	*	0,2 (12,0)	*	-	0,2 (8,0)	-	4
4-T8	1700	5	0,4 (9,7±9,1)	-	1,6 (6,0±3,1)	-	*	*	4
4-T9	1800	4	0,1 (1,0)	0,1 (5,0)	0,8 (6,2±4,4)	-	-	0,3 (8,0±9,9)	4
5-T10	1800	6	*	-	-	-	0,2 (6,5±2,1)	-	2
5-T11	1500	3	*	-	-	-	*	-	2
Distances de détection moyennes (m)			6,6±6,7	5,4±4,2	6,1±3,4	5,0±6,1	7,0±2,4	5,4±3.9	
			n = 7	n = 5	n = 20	n = 3	n = 5	n = 13	

- espèce absente.
* espèce observée ou entendue en dehors des transects

nuque. Le quatrième membre du groupe était à dominante noire et plus petit en taille. Deux des groupes individuels solitaires contenaient des animaux noir et blanc, et le dernier groupe consistait en un individu au pelage noir.

Des cris d'Indris ont été entendus quotidiennement sur les Sites 1, 2, 3 et 4 jusqu'à un total de six groupes entendus chaque jour sur le site 1, trois par jour sur le Site 2, et quatre par jour sur les Sites 3 et 4. En général, on les entendait très tôt le matin et en fin d'après-midi, et les animaux faisaient souvent chorus avec les cris d'alerte commencés par le *Varecia variegata variegata*. Sur le Site 5, les chants d'Indris n'ont été enregistrés que trois fois pendant toute la période passée au campement. Deux des chants entendus provenaient d'animaux appelant de très loin de notre site de campement (un ou deux kilomètres au minimum, en sachant que leurs cris portent très loin). Cinq fois sur sept, l'Indri a pu être observé directement, notre présence entraînait quelques cris d'alerte, (appel perdu) mais on ne l'a vu se sauver qu'une seule fois.

***Propithecus diadema diadema* (Propithèque à diadème)**

Propithecus diadema a été vu sur les Sites 2, 3 et 4 à plusieurs reprises (Table 2.3). Les habitants nous ont également dit que cette espèce se trouvait aussi dans la région de Iofa (site 1), mais cette information n'a pu être confirmée. L'espèce était plus nombreuse sur le site 3, où trois groupes différents ont été enregistrés. Deux groupes étaient composés de quatre individus, et le troisième groupe de trois animaux. Sur les Sites 2 et 4, un groupe de deux individus a été vu. La couleur du pelage était la même d'un individu et d'un site à l'autre. Le pelage du corps était principalement de couleur blanche sur le dos et le ventre avec des taches gris argenté aux épaules et sur le dos. Les membres antérieurs et postérieurs étaient dorés tournant parfois orange clair, les mains et les pieds étaient noirs et la queue, blanche. La tête, le haut de la tête et la nuque étaient de couleur noire.

Le Propithèque à diadème sur tous les sites ne semblait pas avoir peur de l'homme et demeurait la plupart du temps 5 à 10 minutes à sa place initiale ou sur un arbre avant de s'éloigner. Ils ont cependant, à plusieurs reprises, lancé un cri d'alerte proche d'un éternuement quand ils rencontraient des êtres humains.

***Varecia variegata variegata* (Lémur Vari)**

Varecia variegata variegata (Lémur Vari)a été observé sur les Sites 2, 3 et 4 par des observations directes, et sur le Site 1, sa présence a été enregistrée uniquement par des vocalisations. (Tableau 2.3). Aucune trace de sa présence n'a été trouvée sur le Site 5. Cette espèce était extrêmement abondante sur le Site 4 avec 20 observations enregistrées au cours de neuf recensements diurnes. Une description détaillée du pelage du *Varecia* n'a été possible que pour les animaux vus sur le Site 4 parce que sur les autres sites, les observations ont été faites par d'autres membres qui n'ont pas porté une attention particulière aux caractéristiques morphométriques des animaux. Le *V. v. variegata* montrait sa couleur blanche et noire caractéristique avec fourrure noire sur le ventre, un important pelage noir sur le dos, une bande blanche d'un coté à l'autre de son dos et sur sa croupe, s'étendant vers l'extérieur, sur la partie distale des cuisses et des pattes de derrière. Les membres antérieurs étaient blancs et la queue noire. Les mains et les pieds étaient noirs et les oreilles, blanches et touffues.

La taille du groupe allait d'un à quatre individus. Dans 10 observations sur 20 (50%), seulement quelques individus ont été vus, mais souvent les vocalisations indiquaient la présence d'autres membres du groupe. Leurs vocalisations étaient audibles tout au long de la journée et parfois, en début de soirée. Sur le Site 4, nous avons enregistré au moins six groupes, composés d'un à quatre individus. Le *Varecia* a été le plus souvent trouvé dans une végétation dense, sous les feuilles de grands arbres. Aucun comportement agressif n'a été observé entre les individus. Les animaux ont témoigné peu de peur vis-à-vis des hommes, et aucun exemple de fuite évidente ou immédiate n'a été constaté en leur présence.

Eulemur rubriventer (Lémur à ventre rouge)

Elemur rubriventer a été trouvé sur les Sites 2 et 3 (Tableau 2.3.) et les résultats du recensement ont montré qu'il constituait l'espèce de lémuriens diurnes la plus rare dans le corridor Mantadia-Zahamena. D'après les guides locaux, cette espèce se rencontre également sur le Site 1. Les mâles étaient marron foncé sur le dos, avec des parties inférieures brun roux, une tête sombre avec une tache blanche facilement identifiable sous chaque oeil. Les femelles étaient d'un marron plus pâle sur le dos et d'un brun roux sur la partie ventrale, avec des taches blanches autour du menton et de la poitrine. Les deux genres avaient une queue marron qui devenait plus foncée au bout.

Sur le Site 2, deux groupes ont été identifiés. Le premier groupe consistait de deux mâles, une femelle et un jeune. La composition du deuxième groupe n'a pas pu être déterminée à cause de la densité de la végétation et de l'importante distance qui séparait les observateurs des animaux. Un groupe vu sur le Site 3 était composé de trois femelles et d'un mâle. Bien que le *E. rubriventer* n'ait montré aucune réaction de fuite, cette espèce était plus craintive et restait toujours dans de grands arbres essayant de maintenir une distance de protection lors de nos rencontres.

Eulemur fulvus fulvus

D'après toutes les observations obtenues pendant et en dehors des marches de recensement prédéterminées, l'*Eulemur fulvus fulvus* était présent sur tous les sites (Tableau 2.3). Cette espèce a été détectée deux fois sur les Sites 2 et 5, mais fut rare aux Sites 1, 2 et 3 où on n'a enregistré qu'une seule observation. Aucun dichromatisme évident n'a été enregistré entre les deux sexes. Ils étaient tous les deux marron à marron gris sur le dos et légèrement plus clairs sur le ventre. Leur tête était foncée, et les mâles avaient une barbe blanche plus visible que les femelles. Comparé à l'*E. f. fulvus* vu sur les Sites 1 à 4, nous avons observé une légère variation dans la couleur du pelage pour cette espèce sur le Site 5. Les individus vus sur le Site 5 étaient considérablement plus petits que l'*E. f. fulvus* typique et un pelage un peu plus clair. De plus, les mâles avaient deux taches blanches très distinctes sur le museau, ressemblant à de petites gouttes de pluie.

Le peu d'apparitions de l' *E .f. fulvus* rendent impossible à déterminer le nombre de groupes par site de même que la taille précise du groupe. Cependant, en résumant toutes les observations répertoriées sur cette espèce, la taille des groupes observés varie de un (Site 2) à 10 (Site 5) adultes. Dans un seul groupe (site 3), trois jeunes ont été vus déjà capables de bouger de manière indépendante. Nous n'avons pas vu de bébés portés par les adultes.

Des lémuriens d'un marron commun ont été entendus criant à la tombée de la nuit et parfois pendant la nuit (Site 5). D'une manière générale, l'*E.fulvus* tolérait remarquablement la présence d'humains et faisait preuve de plus de curiosité que de peur. Un groupe d'*E. fulvus* détecté sur le Site 5 s'est approché des observateurs, a passé plus de 10 minutes à crier et s'est pressé autour des observateurs (plusieurs groupes se sont approchés à un mètre) avant de repartir. Par contraste, sur le Site 2, on n'a observé qu'un seul exemple d'*E. fulvus*, et les animaux n'étaient pas approchables et s'enfuyaient immédiatement.

Hapalemur griseus griseus (Petit Hapalémur)

Hapalemur griseus griseus a été trouvé sur les Sites 1 à 4 à l'intérieur du corridor (Table 2.3) et était plus abondant sur les Sites 1 et 2. Son pelage dorsal était gris, légèrement tacheté marron à marron foncé, les parties inférieures étaient d'une couleur marron plus clair, et le collier était roux à marron roux. Les oreilles étaient presque invisibles en raison d'un pelage abondant. La taille des groupes allait de 1 à 5 individus, et aucun enfant ou jeune n'ont été observés. A trois reprises, des vocalisations de l' H. *g. griseus* ont été enregistrées, deux au lever du soleil et une dans l'après-midi. Les cris typiques entendus commençaient par des grognements stridents et de brefs ronronnements pour finir enfin par un hurlement explosif. Les Hapalémurs se révélèrent peu craintifs vis-à-vis de l'homme sur tous les sites, et la réaction typique à notre présence était de remuer la queue et de crier, mais jamais une fuite immédiate.

DISCUSSSION

Le corridor entre les zones protégées de la RNI et du PN de Mantadia représente un espace important pour les lémuriens; la diversité des espèces ainsi que leur abondance relative y est remarquable aussi. On a pu confirmer la présence de onze espèces dans le corridor et dans le PN de Mantadia: dix de ces espèces ont été identifiées par des observations directes pendant les marches de recensement et la présence de l'Aye-Aye, *Daubentonia madagascariensis*, peut être déduite des traces de nourriture caractéristiques trouvées. D'autre part, il y a de grandes chances qu'au moins une autre espèce de lémuriens soit découverte dans le corridor, avec un travail plus poussé sur le terrain. Le lémurien nain aux oreilles poilues *Allocebus trichotis* a été récemment découvert au nord du corridor dans les forêts tropicales montagneuses de Zahamena (Rakotoarison 1995) et au sud du corridor à Vohidrazana (Rakotoarison et al. 1996). Aucune des espèces enregistrées n'est limitée à cette zone et on peut également les rencontrer dans des zones adjacentes protégées et non protégées (Tableau 2.4.)

Les espèces de lémuriens nocturnes, *Microcebus rufus* et *Cheirogaleus major* étaient relativement abondantes sur tous les sites enquêtés, ce qui ne fait que confirmer leur capacité à vivre dans des forêts primaires et secondaires (Harcourt et Thornback 1990, Martin 1972, Petter-Rousseaux 1980, Tattersall 1982). Cependant, les deux observations sur le Site 3 (Mantadia) du *Cheirogaleus*, qui n'ont pas permis une identification sans équivoque, sont difficiles à évaluer. Les deux plus petits *Cheirogaleus* vus étaient peut-être des sub-adultes du *C. major*. Dans la forêt de Kirindy, à l'ouest de Madagascar, Fietz (1999) a montré que les jeunes du *C. medius* n'atteignent pas leur poids d'adulte avant l'âge de 18 mois et c'est pourquoi il nous a été facile de les identifier sur le terrain. Cela pourrait également être le cas du *C. major* car la période des naissances se situe entre décembre et janvier (Petter et al 1977). Par conséquent, les animaux vus au début

Tableau 2.4. Lémuriens présents dans différentes zones des forêts humides de l'Est à proximité relative du corridor de Mantadia-Zahamena

	RS Analamazaotra (1)	PN Mantadia (2)	FC Anjozorobe (3)	FC Corridor (2)	RNI Betampona (1)	FC Tampolo (4)	RNI Zahamena (5)	RS Ambatovaky (6)
Domaine	**Haute altitude**	**Haute altitude**	**Haute altitude**	**Haute et basse altitude**		**Forêt du littoral**	**Haute altitude**	**Basse altitude**
Microcebus rufus	+	+	+	+	+	+		+
Microcebus rufus spp. 1							+	
Microcebus rufus spp. 2							+	
Allocebus trichotis							+	
Cheirogaleus major	+	+	+	+	+	+	+	+
Phaner furcifer					+		+	
Lepilemur sp.								+
Lepilemur mustelinus	+	+	+	+	+	+	+	
Avahi laniger	+	+	+	+	+	+	+	+
Daubentonia madagascariensis	+		?	+	+		+	+
Hapalemur griseus ssp.			+			+		
Hapalemur griseus griseus	+	+		+	+		+	+
Eulemur fulvus ssp.			+			+		+
Eulemur fulvus fulvus	+	+		+			?	
Eulemur fulvus albifrons					+		+	
Eulemur rubriventer	+	+	+	+			+	+
Varecia variegata variegata	+	+	?	+	+		+	+
Propithecus diadema diadema		+	+	+	+		+	+
Propithecus diadema ssp.								
Indri indri	+	+	+	+	+		+	+
Nombre total d'espèces	**10**	**10**	**9 (11)**	**11**	**11**	**6**	**14 (15)**	**11**

(1) Mittermeier et al. (1992); (2) Cette étude RAP; (3) Rakotondravony & Goodman (1998); (4) Ratsirarson & Goodman (1998); (5) Goodman, Schulenberg & Daniels (1991); Rakotoarison et al. (1996); (6) Evans, Thompson & Wilson (1993/94)

(FC = Forêt Classée; PN = Parc National; RS = Réserve Spéciale; RNI = Réserve Naturelle Intégrale).

décembre pourraient être le fruit de la dernière saison des accouplements. Les descriptions du pelage et de la taille du corps indiquaient cependant que les deux plus petits individus vus ressemblaient davantage à des *C. medius* qu'à des *C. major*. Bien que Tattersall (1982) rapporte que les deux espèces de *Cheirogaleus* (*C. major* et *C. medius*) se trouvent dans la forêt humide de l'Est de Madagascar, ils n'ont jamais été observés ensemble. Cependant, dans la RS d'Anjanaharibe-Sud, Schmid et Smolker (1998) ont trouvé un *Cheirogaleus* d'un état taxinomique inconnu, et l'identification des espèces de *Cheirogaleus* est apparue plus complexe que ce que nous pensions initialement. Ces constatations et les récentes descriptions des espèces de *Microcebus* (Rasoloarison et al, en prép) montrent que le genre *Cheirogaleus* aurait dû depuis longtemps être soumis à une étude aussi vaste qu'intensive, ainsi qu'à une éventuelle révision taxinomique.

L'absence du *Lepimur mustelinus* sur le Site 5 pourrait bien être due à une erreur de prélèvement. En règle générale, toutes les espèces nocturnes présentes ont été enregistrées entre les premières trois et neuf heures de recensement. Il est possible que les neuf heures de prélèvement nocturne n'aient pas été suffisantes pour enregistrer ces espèces. De plus, sur tous les sites, le nombre de taux de *L. mustelinus* était faible (14 observations) et par conséquent, la faible densité pourrait bien être le facteur justifiant le manque d'observations. Cette raison pourrait également expliquer l'absence d'*A. laniger* sur le Site 5, même si douze heures de marches pour le recensement ont été effectuées. En général, cette espèce est largement distribuée le long de la forêt humide située à l'est et est commune sur les sites de haute altitude aussi bien que de basse altitude (Mittermeier et al. 1994, Schmid et Smolker 1998, Tattersall 1982).

Le nombre d'espèces de lémuriens à la fois nocturnes et diurnes et diurnes était différent d'un site à l'autre de même que l'abondance relative de chacune des espèces. Digne d'attention est le taux extrêmement élevé de *Varecia v. variegata* sur le site d'Andriantantely (Site 4), où nous avons trouvé au moins six groupes différents le long du transect de 2,5 kilomètres. La taille du groupe variait entre 1 et 4 individus, correspondant aux tailles des groupes de deux à cinq individus précédemment rapportés (Petter et al. 1977) bien que Morland ait constaté des groupes de 8 à 16 individus dans l'île de Nosy Mangabe. Par contraste, dans l'autre forêt de terre basse de Sandranantitra (Site 5), le *V.variegata* n'a jamais été entendu ni vu pendant les marches de recensement diurnes et nocturnes. Dans presque tous les défrichements pour le *tavy* (agriculture sur brûlis) à Sandranantitra, nous avons trouvé des pièges spécialement conçus pour capturer des espèces de lémuriens quadrilipèdes, tel que le *V. variegata* ou l'*E. fulvus*. La chasse, principale menace pour la survie des lémuriens, peut être très intensive à l'échelle locale et pourrait entraîner l'élimination de certaines des plus grandes espèces dans un endroit donné (Rigamonti 1996, Vasey 1997). Cependant, la pression de la chasse et celle des pièges ne peuvent expliquer à elles seules l'absence de *V. variegata* parce que l' *Eulemur f. fulvus* était très commun et approchable à ce site. Une explication plus vraisemblable est qu'il n'existe aucun site connu où les lémuriens marron à collerette sont communs en même temps. Par exemple, dans certains sites enquêtés à la RNI de Zahamena (Goodman et al. 1991) ainsi qu'à la RS d'Ambatovaky (Evans et al. 1993-1994) les lémuriens marron étaient fréquents tandis que les lémuriens à collerette étaient rares. Cela expliquerait également la situation trouvée dans les forêts d'Andriantantely (Site 4) où *E. f. fulvus* a été rarement vu tandis que le taux de *V.v.variegata* était élevé. En même temps, cependant, l' *E. f. fulvus* à Andriantantely était méfiant et montrait une réaction de fuite à la vue d'humains, montrant par là la pression de la chasse et l'infraction de l'homme sur son territoire. Par conséquent, les faibles densités de lémuriens marron et à collerette sur un site, respectivement, pourraient être le fait d'une rivalité entre les deux espèces ainsi qu'un comportement d'éloignement vis à vis des hommes.

Des preuves de la présence d'*Indri indri* ont été trouvées sur tous les sites dans le corridor Mantadia-Zahamena. Cependant, un faible taux sur le Site 1, et seulement des signes acoustiques sur le Site 5, nous font présumer que cette espèce est localement rare, probablement à cause de la chasse et la peur des hommes. En général, l'Indri est protégé par des coutumes locales et le chasser ou le tuer représente un tabou (Harcourt et Thornback 1990). Cependant les personnes qui vivent dans ou à la limite de la forêt du corridor ont une approche différente. Sur les Sites 2, 3 et 4, l'Indri semble être protégé par le tabou, mais sur les Sites 1 et 5, ce tabou n'existe plus et l'Indri était chassé pour sa viande. Au cours de l'enquête, nous avons remarqué de légères différences de couleur parmi les individus. Les animaux vus sur le Site 2, qui se situe dans la partie nord du corridor, avaient un pelage presque entièrement noir, tandis que la majorité dans la partie sud (Site 3) avaient des taches blanches sur le collier, les flancs, les pattes antérieures et postérieures. Selon Thalmann et al. (1993), les Indris sont principalement de couleur noire au nord du territoire de distribution de l'espèce (limite nord : RN d'Anjanaharibe-Sud), comparés à des couleurs plus claires avec plus de taches blanches trouvées vers le sud (limite sud : la rivière Mangoro).

Propithecus d. diadema n'a pas été trouvé sur les Sites 1 et 5, bien que nos guides locaux aient mentionné que cette espèce se trouvait dans les deux endroits. Une explication possible est que cette espèce est l'une des espèces de lémuriens préférées pour sa chair et par conséquent, la chasse et la peur des hommes sont en partie responsable de leur absence. Il a également été rapporté que *P. d. diamena* est fréquemment mangé dans la RNI de Zahamena (Simons 1984). Une autre menace majeure sur cette espèce est la destruction de l'habitat due à l'agriculture sur brûlis, le *tavy*, ou à l'abattage des arbres (Duckworth et al. 1995). Même quand le *P. d. diadema* était présent sur le site enquêté, sa présence était remarquablement faible. Pollock (1975) et Tattersall (1982) font remarquer que cette sous-espèce n'est jamais trouvée en grande densité.

L'*Eulemur rubriventer* préfère les hautes altitudes (Overdorff 1992, Petter et al. 1977, Mittermeier 1994, Tattersall 1982) et son absence dans les forêts de terre basse altitude observée dans le corridor (Sites 4 et 5) n'est pas surprenante. La raison pour laquelle nous n'avons pas trouvé d'*E. rubriventer* sur le site 1 à 835 mètres, cependant, est certainement le déboisement intensif trouvé à cet endroit. Les gens qui travaillent sur les concessions de déboisement vivent dans la forêt et chassent le lémurien pour se nourrir. Considérant que nos guides locaux ont mentionné que l'*E. rubriventer* se trouve dans des endroits adjacents au campement du Site 1, l'absence d'*E. rubriventer* sur le site est probablement due à cette nuisance.

On trouve l'*Hapalemur griseus griseus* dans toutes les autres forêts tropicales à l'est, situées autour du corridor (Tableau 2.4). Il existe une différence considérable dans la coloration du pelage parmi cette espèce selon les endroits et souvent, des données morphométriques et génétiques sont nécessaires pour confirmer le statut taxinomique (Feistner et Schmid 1999, Petter et Peyrieras 1970, Pollock 1986, Tattersall 1982). Les individus vus pendant l'enquête dans le corridor Mantadia-Zahamena n'étaient pas différents de l'*H. g. griseus* typique (Tattersall 1982, Mittermeier et al. 1994). Cependant, pendant le voyage de reconnaissance (du 18 au 26 septembre 1998), nous avions identifié trois Hapalémurs le long de la forêt en pente sur le coté nord de la rivière Ivondro, proche du campement du site 2 de Didy, situé au sud de la rivière Ivondro. Les trois animaux vus étaient bien plus grands que le *H. g. griseus* typique; le pelage du corps était plus foncé et plus marron que gris. La forme du corps et de la tête était plus ronde, et le pelage paraissait plus couvrant que celui du *H. g. griseus* ordinaire. On peut penser qu'ils représentent les lémuriens bambous du lac Alaotra, l'*Hapalemur griseus alaotrensis* (Mittermeier et al. 1994, Tatttersall 1982). Cette espèce est actuellement connue seulement sur les lits de roseaux du lac Alaotra, situés à 70 kilomètres au nord du village de Didy (Mittermeier et al. 1994, Pollock 1986), bien que des informations récentes montrent que cette espèce avait existé dans des forêts adjacentes au nord du lac Alaotra, mais s'était éteinte (Mutschler et Feistner 1995, Mutschler et al. 1996). Des discussions avec nos guides locaux ont montré qu'il existe une seconde espèce de bambou hormis le *H. griseus*, qui est plus grand et plus foncé que le *H. griseus*. Cependant, nous n'avons reçu aucune information supplémentaire sur son apparence ou ses habitudes, et par conséquent, la présence de deux lémuriens bambous dans les forêts autour de Didy demeure vague. En fin de compte, la confirmation du statut taxinomique des lémuriens bambous que nous avons observés dans les forêts situées au nord et au sud de la rivière Ivondro n'est pas possible sans des données morphométriques et génétiques supplémentaires.

MENACES ET IMPORTANCE DE LA CONSERVATION

Selon les critères de l' IUCN, on considère que six sur les onze espèces enregistrées dans le corridor sont menacées d'extinction (Harcourt et Thornback 1990), bien qu'aucune évaluation quantitative sur les densités de la population des lémuriens n'ait été réalisée, le nombre total comme l'abondance relative des espèces était différent d'un site à l'autre. Le nombre d'espèces enregistrées est tombé de dix sur les Sites 2 et 3 à huit sur les Sites 1 et 4, et a atteint finalement le nombre de six sur le Site 5. Nous estimons que le déboisement ainsi que l'installation des hommes sur le corridor tout entier sont les menaces principales et qu'ils peuvent expliquer les densités relativement faibles de même que l'absence d'espèces particulières de lémuriens. On notera particulièrement la faible diversité et abondance d'espèces de lémuriens dans les forêts de basse altitude de Sandranantitra en comparaison avec les autres sites enquêtés. De nombreux défrichements et des sentiers ont déjà fait des trouées dans la forêt et des pièges à lémuriens, bien que toujours inactifs, furent fréquemment rencontrés, indiquant ainsi que la pression de la chasse est une menace majeure pour cet endroit et ses populations de lémuriens. Par contraste, dans des endroits situés dans le corridor Mantadia-Zahamena où le déboisement, et par conséquent la pression de la chasse sur les lémuriens, étaient relativement faibles (Sites 2, 3 et 4), les espèces de lémuriens diurnes présentes étaient incroyablement tolérantes à l'égard des humains, essayant de s'en approcher d'assez près ou tout simplement en les ignorant.

Le corridor enquêté est bordé au nord par la RNI de Zahamena, et au sud par le PN de Mantadia. Ce corridor contient un vaste réseau de forêts classées, des zones commerciales pour la sylviculture, une exploitation forestière locale et deux autres réserves, Mangerivola et Betampona. Le corridor tout entier dans et entre ces zones protégées est extrêmement important pour la conservation de la biodiversité. Mittermeier et al. (1992) ont mis en lumière la protection de ces forêts de basse altitude comme étant la priorité dans la mise en place immédiate d'une action de conservation. Cependant, la conservation de zones protégées avec notamment une population diverse et dense de lémuriens, telle que dans la RNI de Zahamena (14 espèces de lémuriens) et dans le PN de Mantadia (dix espèces de lémuriens, tableau 2.4), ne pourra fonctionner que si les zones et les corridors transfrontaliers entre les zones protégées sont comprises dans le projet de conservation. Une biodiversité exceptionnelle ne peut pas être maintenue dans des endroits où l'échange génétique est impossible à cause de l'isolation géographique et d'une forêt fragmentée. (Ganzhorn et al. 1996/1997, Lindenmayer et al. 1993, Rabarivola et al. 1996, Saunders et al. 1991). Les effets provoqués par la fragmentation de la forêt peuvent être ressentis à travers une variabilité génétique réduite dans des populations isolées de certaines espèces de lémuriens.

RECOMMANDATIONS POUR LA CONSERVATION

Une population humaine en augmentation constante, un déboisement incessant et une chasse non réglementée menacent en général la forêt principale de Madagascar et sa biodiversité. En terme de densité et de diversité des espèces de lémuriens, le corridor Mantadia-Zahamena doit être considéré comme une priorité. Le besoin fondamental et urgent est d'arrêter la fragmentation de la forêt et la destruction de son habitat, avec pour toute première priorité la conservation des forêts de basse altitude restantes.

1. La conservation des lémuriens ne peut être un succès que si nous trouvons les moyens de promouvoir la cohabitation entre les hommes et les lémuriens. Des plantations d'arbres pourraient fournir du bois, des fruits, du miel et des matériaux de construction pour les gens ainsi qu'un habitat adéquat pour les lémuriens, et mettrait un terme à la pression présente dans les forêts.

2. Les primatologues de Madagascar devraient être formés pour représenter et communiquer l'importance des lémuriens et de leur habitat naturel au public de Madagascar et aux institutions gouvernementales. Cela est particulièrement important considérant qu'il semble y avoir un manque de sensibilisation du public au problème de la conservation de la biodiversité parmi les organisations de développement gouvernementales et non gouvernementales. Des ateliers et des séminaires dirigés par des malgaches ainsi que des experts internationaux devraient former des individus à la collecte de données et à l'analyse, à la gestion d'une banque de données et aux systèmes d'informations géographiques (SIG).

3. Des programmes d'éducation au sein de la communauté et des recherches socio-économiques devraient être mis en place pour promouvoir l'utilisation alternative des forêts.

4. Un corridor non fragmenté qui relie la RNI de Zahamena et le PN de Mantadia est essentiel pour maintenir des populations de lémuriens génétiquement variables et en pleine santé dans la région.

RÉFÉRENCES CITÉES

Duckworth, J. W., M. I. Evans, A. F. A. Hawkins, R. J. Safford et R. J. Wilkinson. 1995. The lemurs of Marojejy Strict Nature Reserve, Madagascar: A status overview with notes on ecology and threats. International Journal of Primatology 16: 545-559.

Erickson, C. J. 1995. Feeding sites for extractive foraging by the aye-aye, *Daubentonia madagascariensis*. American Journal of Primatology 35: 235-240.

Evans, M. I., P. M. Thompson et A. Wilson. 1993-1994. A survey of the lemurs of Ambatovaky Special Reserve, Madagascar. Primate Conservation 14-15: 13-21.

Feistner, A. T. C. et J. Schmid. 1999. Lemurs of the Réserve Naturelle Intégrale d'Andohahela, Madagascar. *In* Goodman, S. M. (ed.) A Floral and Faunal Inventory of the Réserve Naturelle Intégrale d'Andohahela, Madagascar: With Reference to Elevational Variation. Fieldiana:Zoology, New Series, N° 94. Pp 269-283.

Fietz, J. 1999. Monogamy as a rule rather than exception in nocturnal lemurs: the case of the Fat-tailed Dwarf Lemur, Cheirogaleus medius. Ethology 105: 259-272.

Ganzhorn , J. U. 1994. Les lémuriens. *In* Goodman, S. M., and O. Langrand (eds.). Recherches pour le Developpement: Inventaire Biologique de la Forêt de Zombitse. Antananarivo.. Centre d'Information et de Documentation Scientifique et Technique. Pp 70-72

Ganzhorn, J. U., O. Langrand, P. C. Wright, S. O'Connor, B. Rakotosamimanana, A. T. C. Feistner et Y. Rumpler. 1996/1997. The state of lemur conservation in Madagascar. Primate Conservation 70-86.

Goodman, S. M., T. S. Schulenberg, et P. S. Daniels. 1991. Report on the Conservation International 1991 zoological expedition to Zahamena, Madagascar. Unpublished report.

Goodman, S. M. et E. J. Sterling. 1996. The utilization of *Canarium* (Burseraceae) seeds by vertebrates in the Réserve Naturelle Intégrale d'Andringitra, Madagascar. *In* Goodman, S. M. (ed.). A floral and faunal inventory of the eastern slopes of the Réserve Naturelle Intégrale d'Andringitra, Madagascar: With reference to elevational variation. Fieldiana: Zoology, New Series N° 85. Pp 83-89.

Harcourt, C. et J. Thornback. 1990. Lemurs of Madagascar and the Comoros. Gland, Switzerland and Cambridge.

Iwano, T. et C. Iwakawa. 1988. Feeding behavior of the aye-aye (*Daubentonia madagascariensis*) on nuts of Ramy (*Canarium madagascariens*). Folia Primatologica 50: 136-142.

Jenkins, M. D. 1987. Madagascar: an environmental profile. IUCN, Gland.

Langrand, O. et L. Wilmé. 1997. Effects of forest fragmentation on extinction patterns of the endemic avifauna on the central high plateau of Madagascar. *In* Goodman, S. M. & B. D. Patterson (eds.) Natural Change and Human Impact in Madagascar. Smithsonian Institution Press, Washington D.C. Pp 280-305.

Lindenmayer, D. B., R. B. Cunningham et C. F. Donnelly. 1993. The conservation of arboreal marsupials in the montane ash forests of the central highlands of Victoria, south-east Australia, IV. The presence and abundance of arboreal marsupials in retained linear habitats (wildlife corridors) within logged forest. Biological Conservation 207-221.

Martin, R. D. 1972. A preliminary field-study of the Lesser Mouse Lemur (*Microcebus murinus* J. F. Miller 1777). Zeitschrift für Tierpsychologie 9: 43-90.

Mittermeier, R. A., W. R. Konstant, M. E. Nicoll et O. Langrand. 1992. Lemurs of Madagascar. An Action Plan for their Conservation 1993-1999. IUCN, Gland, Switzerland.

Mittermeier, R. A., I. Tattersall, W. R. Konstant, D. M. Meyers et R. B. Mast. 1994. Lemurs of Madagascar. Conservation International, Washington D.C.

Morland, H. S. 1991. Preliminary report on the social organization of ruffed lemurs (*Varecia variegata variegata*) in a northeast Madagascar rain forest. Folia Primatologica 56: 157-161.

Morland, H. S. 1993. Seasonal behavioral variation and its relation to thermoregulation in ruffed lemurs. *In* Kappeler, P. M. & J. U. Ganzhorn (eds.). Lemur Social Systems and Their Ecological Basis. Plenum Press, New York. Pp 193-203.

Mutschler, T. et A. T. C. Feistner. 1995. Conservation status and distribution of the Alaotran Gentle Lemur *Hapalemur griseus alaotrensis*. Oryx 267-274.

Mutschler, T., C. Nievergelt et A. T. C. Feistner. 1996. Human-introduced loss of habitat at Lac Alaotra and its effect on the Alaotran gentle lemur. *In* Patterson, B. D., S. M. Goodman & J. L. Sedlock (eds.). Environmental Change in Madagascar. Field Museum of Natural History, Chicago. Pp 335-336.

Myers, N. 1988. Threatened biotas: "hotspots" in tropical forests. Environmentalist 8:1-20.

Myers, N. 1990. The biodiversity challenge: expanded hotspots analysis. Environmentalist 10: 243-256.

National Research Council. 1981. Techniques for the study of primate population ecology. National Academy Press, Washington, D.C.

Nelson, R. et N. Horning. 1993. AVHRR-LAC estimates of forest area in Madagascar. International Journal of Remote Sensing 14:1463-1475.

Overdorff, D. J. 1992. Territoriality and home range use by red-bellied lemurs (*Eulemur rubriventer*) in Madagascar. American Journal of Primatology 16:143-153.

Petter-Rousseaux, A. 1980. Seasonal activity rhythms, reproduction, and body weight variations in five sympatric nocturnal prosimians, in simulated light and climatic conditions. *In* Charles-Dominique, P., H. M. Cooper, A. Hladik, C. M. Hladik, E. Pages, G. F. Pariente, A. Petter-Rousseaux, J. J. Petter & A. Schilling (eds.) Nocturnal Malagasy Primates: Ecology Physiology and Behavior. Academic Press, New York. Pp 137-151.

Petter, J.-J., R. Albignac et Y. Rumpler. 1977. Mammifères lémuriens (Primates prosimiens). ORSTOM-CNRS, Paris.

Petter, J.-J. et A. Peyrieras. 1970. Observations Eco-Ethologiques sur les lémuriens malgaches du genre *Hapalemur*. La Terre et la Vie 24: 356-382.

Pollock, J. I. 1975. Field observations on *Indri indri*: A preliminary report. *In* Tattersall, I. & R. W. Sussman (eds.). Lemur Biology. Plenum Press, New York. Pp 287-311.

Pollock, J. I. 1986. A note on the ecology and behavior of *Hapalemur griseus*. Primate Conservation 7: 97-100.

Rabarivola, C., W. Scheffrahn et Y. Rumpler. 1996. Population genetics of *Eulemur macacao macaco* (Primates: Lemuridae) on the islands of Nosy-Be and Nosy-Komba and the peninsula of Ambato (Madagascar). Primates 215-225.

Rakotoarison, N. 1995. First sighting and capture of the Hairy-eared Dwarf Lemur (*Allocebus trichotis*) in the Strict Nature Reserve of Zahamena. Unpublished report.

Rakotoarison, N., H. Zimmermann et E. Zimmermann. 1996. Hairy-eared Dwarf Lemur (*Allocebus trichotis*) discovered in a highland rain forest of eastern Madagascar. *In* Lourenco, W. R. (ed). Biogéographie de Madagascar. Orstom, Paris. Pp 275-282.

Rigamonti, M. M. 1996. Red ruffed lemurs (*Varecia variegata rubra*) : A rare species of Masoala rain forests. Lemur News 2: 9-11.

Saunders, D. A., R. J. Hobbs et C. R. Margules. 1991. Biological consequences of ecosystem fragmentation: A review. Conservation Biology 5: 18-32.

Schmid, J. et R. Smolker. 1998. Lemurs of the Réserve Spéciale d'Anjanaharibe-Sud, Madagascar. *In* Goodman, S. M. (ed.) A Floral and Faunal Inventory of the Réserve Spéciale d'Anjanaharibe-Sud, Madagascar: With Reference to Elevational Variation. Fieldiana:Zoology, New Series N° 90. Pp 227-238.

Simons, H. 1984. Report on a survey expedition to Natural Reserve No. 3 of Zahamena. Unpublished report.

Smith, A. P. 1997. Deforestation, fragmentation, and reserve design in western Madagascar. *In* Lawrence, W. F., & R. O. Bieregaard (eds.) Tropical Forest Remnants, Ecology, Management and Conservation of Fragmented Communities. University of Chicago Press, Chicago. Pp 415-441.

Sterling, E. J., E. S. Dierenfeld, C. J. Ashbourne et A. T. C. Feistner. 1994. Dietary intake, food composition and nutrient intake in wild and captive populations of *Daubentonia madagascariensis*. Folia Primatologica 62: 115-124.

Sterling, E. J. et M. G. Ramaroson. 1996. Rapid assessment of primate fauna of the eastern slopes of the RNI d'Andringitra, Madagascar. *In* Goodman, S. M. (ed.) A floral and faunal inventory of the eastern slopes of the Réserve Naturelle Intégrale d'Andringitra, Madagascar: With reference to elevational variation. Fieldiana:Zoology, New Series N° 89. Pp 293-305.

Tattersall, I. 1982. The Primates of Madagascar. New York: Columbia University Press.

Thalmann, U., T. Geissmann, A. Simona et T. Mutschler. 1993. The Indris of Anjanaharibe-Sud (NE-Madagascar). International Journal of Primatology 14: 357-381.

Tomiuk, J., L. Bachmann, M. Leipholdt, S. Atsalis, P. M. Kappeler, J. Schmid et J. U. Ganzhorn. 1998. The Impact of Genetics on the Conservation of Malagasy Lemur Species. Folia Primatologica suppl. 1: 121-126.

Vasey, N. 1997. How many red ruffed lemurs are left? International Journal of Primatology 18: 207-216.

Whitesides, G. H., J. F. Oates, S. M. Green et R. P. Kluberdanz. 1988. Estimating primate densities from transects in a West African rain forest: A comparison of techniques. Journal of Animal Ecology 57: 345-367.

Chapter 2

Lemurs of the Mantadia-Zahamena Corridor, Madagascar

Jutta Schmid, Joanna Fietz, and Zo Lalaina Randriarimalala Rakotobe

SUMMARY

Conservation International (CI) conducted a Rapid Assessment Program (RAP) of the biodiversity of the humid forest within the Mantadia-Zahamena corridor in Madagascar. This eastern mountain range corridor links the protected areas of the Parc National (PN) d'Andasibe-Mantadia and the Réserve Naturelle Intégrale (RNI) de Zahamena. As part of this multi-taxa inventory expedition, the aim of the lemur survey was to compile a species list for the corridor with particular emphasis on regional differences in species abundance and diversity within the entire region. Four camps were surveyed in different classified forests, and one site was surveyed in the PN d'Andasibe-Mantadia. At each site, presence and relative abundance of lemur species were estimated using the line transect method. A total of eleven lemur species (four diurnal, two cathemeral, and five nocturnal species) were found in the corridor, including Aye-Aye, Daubentonia madagascariensis. The number of species varied from ten lemur species recorded at Didy (Site 2, 960 m) and Mantadia (Site 3, 895 m), to eight at Iofa (Site 1, 835 m) and Andriantantely (Site 4, 530 m), and reached a minimum of six species at Sandranantitra (Site 5, 450 m). Forest clearing and settlement in the entire corridor are the major threats and might explain relatively low densities and absence of certain lemur species. There is a tremendous need to prevent the progress of forest fragmentation and habitat destruction; therefore, the protected area system needs to be extended.

INTRODUCTION

Endemism in Madagascar's biota is extremely high, with species-level endemism well over 90% for most taxonomic groups (Jenkins 1987, Langrand and Wilmé 1997). Madagascar harbors more genetic information per unit area than perhaps anywhere on earth and is considered one of the world's highest biodiversity "hotspots" (Myers 1988, 1990; Myers et al. 2000). One of the major adaptive radiations in Madagascar is among the primates. Malagasy lemurs (comprising about 33 species and 52 subspecies) are entirely endemic and occupy a wide range of forest types, including eastern humid forests, western dry forests, and southern spiny forests (Harcourt and Thornback 1990, Mittermeier et al. 1994, Tattersall 1982). However, it is estimated that as much as 80% of these forests has disappeared in the 1500-2000 years since the arrival of humans, who have converted land for agricultural purposes, for mining, for extraction of building materials and fuelwood, and for commercial logging (Smith 1997, Nelson and Horning 1993).

Effective conservation planning for the unique habitats in Madagascar is based on information of the distribution and abundance of their fauna and flora. Baseline inventory data for biodiversity comparisons can be obtained through "rapid assessments". Conservation International's Rapid Assessment Program (RAP) is designed to quickly provide information needed to catalyze conservation activity and improve regional and national biodiversity protection.

The Madagascar RAP expedition took place in the non-protected "corridor" between the Réserve Naturelle Intégrale (RNI) de Zahamena (to the north) and the Parc National (PN) d'Andasibe-Mantadia (to the south) in the eastern humid forest of Madagascar (Nicoll and Langrand 1989). This region is of particular interest and importance since not only does it comprise of primary and secondary lowland rainforest as well as mid-altitude montane forest, but it also connects two protected areas in the north and south. Thus, it functions as a corridor, facilitating the movement of animals across inhospitable terrain and promoting dispersal between disjoint patches of habitats. Corridors are required to maintain gene flow and, since little is known about possible consequences of disrupted gene flow, corridors are likely be important for the survival of species in fragmented habitats (Lindenmayer et al. 1993, Saunders et al. 1991, Tomiuk et al. 1998).

As part of the RAP multi-taxa inventory, data were collected on primate species richness and abundance at four different sites within the corridor, as well as at one site in the PN d'Andasibe-Mantadia. Information on the distribution and density of lemur species in the Mantadia-Zahamena corridor and the degree of threat to these populations is essential to managing this part of Madagascar's rainforests in the context of an integrated conservation and development project.

METHODS

Study sites

Census of lemurs was conducted at five sites in the humid forest of the Mantadia-Zahamena corridor. Four camps were placed at mid-altitude forest (Site 1 - Iofa, 835 m; Site 2 - Didy, 960 m; Site 3 - Mantadia, 895 m). The remaining two sites (Site 4 - Andriantantely, 530 m; Site 5 - Sandranantitra, 450 m) were located in the lowland forests of the eastern portion of the corridor. The line transect method was employed for the lemur census (National Research Council, 1981). The team, consisting of one researcher (Site 1 - 4), and two researchers (Site 5) respectively, visited each of the five sites for a minimum of 6 days. At each site we utilized preexisting trails left by bush pigs, cows and humans, as well as newly cut and laid trails as transects. We attempted to select transects that covered a variety of forest habitats important for lemurs, including ridges, slopes, valleys and stream/river courses. A general description of the forest type along each transect is given in Appendix 6.

Line transects

At each location two to three transects of varying lengths (750 m to 2700 m) were used for lemur surveys. Lemurs were censused by walking slowly (approximately 0.7 km h^{-1}) along trails marked in 25 m cumulative intervals with flagging tape. Diurnal samples took place at the time of increased lemur activity, in the morning (0600 - 1230 h) and in the afternoon (1500 - 1800 h). Walks were always separated by a time interval of at least six hours when trails were censused twice during daylight hours. During the diurnal census walks we paused fairly regularly (approximately every 50 m) to watch and listen for signs of primate presence, such as vocalizations or movement in the vegetation. Nocturnal censuses commenced 10 to 30 minutes after dusk for two to four hours each night. The dim light of a headlamp was used at night to pick up the eyeshine from the reflective tapetum (eye layer) of nocturnal lemurs. Once detected, a more powerful hand-held flashlight and binoculars (7x40) were used for species identification.

For all detections, the species, time of contact, position on the transect, elevation, perpendicular distance from the trail, height from the ground, and habitat type were noted. Whenever possible, the number of individuals, age/sex composition and general behavior were also recorded. For each group of lemurs, we estimated the perpendicular distance from the trail for the first individual seen. We did not spend more than ten minutes for any single sighting. Trails were used for both diurnal and nocturnal census walks. However, due to dense vegetation and difficult terrain only the first section of Trail 4 (Site 2) and Trail 6 (Site 3), respectively, were used for nocturnal censuses (T4n and T6n). Censusing along each transect was repeated one to three times for nocturnal transects and two to nine times for diurnal transects. Census walks were not conducted when viewing distance was restricted to less than 15 m because of heavy rain.

Due to inadequate sample sizes (few repetitions of each transect, and the relatively short distances covered in each site), lemur densities were not determined (Ganzhorn 1994, Schmid and Smolker 1998, Sterling and Ramaroson 1996, Whitesides et al. 1988). However, we calculated mean number of sightings of lemurs per km transect. Furthermore, the mean detection distance perpendicular to the trail at which lemurs were seen was given for each species and trail. Since we did not find significant differences across transects, a single average detection distance was calculated for each species. For diurnal censuses the mean number of groups and for nocturnal censuses the mean number of individuals observed within the transects were given. Lemurs heard but not seen during census walks, or seen outside of census walks by ourselves or other researchers were not included in our calculations of encounter rates for either diurnal or nocturnal surveys. Additionally, we did not include lemurs that could not be classified clearly on the basis of their shape and coloration alone. For each site separately, species accumulation curves were based on sightings and vocalizations during systematic transect walks.

GENERAL OBSERVATIONS

Apart from the systematic transect surveys, general observations were made during the day. At each site, we explored the forest to look for secondary signs of certain lemurs' presence such as characteristic feeding signs of *Daubentonia mada-*

gascariensis (gnaw marks from excavation of dead wood or living branches, opened seeds of *Canarium madagascariense*) or sleeping sites for nocturnal species (e.g. nests for *Daubentonia*; tree holes for *Cheirogaleus* or *Microcebus*). Furthermore, we paid special attention to vocalizations (songs) of Indris (*Indri indri*) and Ruffed lemurs (*Varecia variegata*). Local people were questioned to collect information about the presence of lemur species and about the hunting pressure on the primate fauna.

RESULTS

Species accumulation curves

For diurnal censuses at survey Site 1 (Iofa), no additional species were recorded after 15 hours of observation (Fig. 2.1a). At Site 2 (Didy) only 11 hours were needed, but at Site 3 (Mantadia) the curve did not plateau until 24 hours of observation (Fig. 2.1b, c). At Site 4 (Andriantantely) all diurnal lemurs were recorded within 19 hours (Fig. 2.1d). We recorded only two diurnal species after eight hours of censusing at Site 5 (Sandranantitra), and although a total of 33 hours of day census were walked, no additional species were seen (Fig. 2.1e). The species accumulation curve for nocturnal lemurs was less variable. At survey Site 2 and 5, no new nocturnal species were accrued after five hours of observation (Fig. 2.1b, e). At Site 3, the species accumulation curve for lemurs recorded during nocturnal censuses reached its plateau after only three hours of observation (Fig. 2.1c). At survey Site 1, eight hours of censusing were done before all species were recorded (Fig. 2.1a), while at Site 4 all nocturnal lemurs were recorded after seven hours of census walks (Fig. 2.1d).

Species diversity

In total, four diurnal species (*Indri indri, Propithecus diadema diadema, Varecia variegata variegata,* and *Eulemur rubriventer*), two cathemeral (both diurnal and nocturnal) species (*Eulemur fulvus fulvus* and *Hapalemur griseus griseus*) and five typically nocturnal species (*Microcebus rufus, Cheirogaleus major, Avahi laniger, Lepilemur mustelinus,* and *Daubentonia madagascariensis*) were found in five survey sites within the corridor of Mantadia-Zahamena (Table 2.1). All taxa were recorded by direct observation except for *Daubentonia*, which was recorded by its indirect feeding signs (Duckworth 1993, Erickson 1995). None of the five survey sites contained all species. Species diversity was highest at Site 2 and 3, where ten lemur species were present. Eight lemur species were found at Site 1 and 4, and only six at Site 5. *Indri indri, E. f. fulvus, M. rufus* and *C. major,* were found at all sites surveyed. *H. griseus, V. v. variegata* and *A. laniger* were absent at Site 5, and *L. mustelinus* was censused at all sites except Site 4. *P. d. diadema* was seen from Site 2 to 4. *E. rubriventer* occurred only in the mid altitude forests of Site 2 and 3, however no evidence for its presence was found at Site 1 (835 m). *D. madagascariensis* was only present in the forest of Sandranantitra (Site 5). The length of transects, number of census walks and the species encountered at the various sites are listed in Table 2.2. for nocturnal censuses and in Table 2.3. for diurnal censuses.

Table 2.1. The primate species found in the humid forests of the Mantadia-Zahamena corridor listed by camp site and altitude. Species were recorded during survey walks or during additional observations. See Appendix 6 and Gazetteer for site description.

Lemur species	Site 1 835 m	Site 2 960 m	Site 3 895 m	Site 4 530 m	Site 5 450 m
Microcebus rufus	+	+	+	+	+
Cheirogaleus major	+	+	+	+	+
Avahi laniger	+	+	+	+	
Lepilemur mustelinus	+	+	+		+
Daubentonia madagascariensis					fd
Indri indri	#	+	+	+	*
Propithecus diadema diadema		+	+	+	
Varecia variegata variegata	*	#	#	+	
Eulemur rubriventer		+	+		
Eulemur fulvus fulvus	#	+	+	+	+
Hapalemur griseus griseus	+	+	+	+	
Total number of species	**8**	**10**	**10**	**8**	**6**

+ species present
# species seen by other participants
fd feeding signs
* vocalizations only

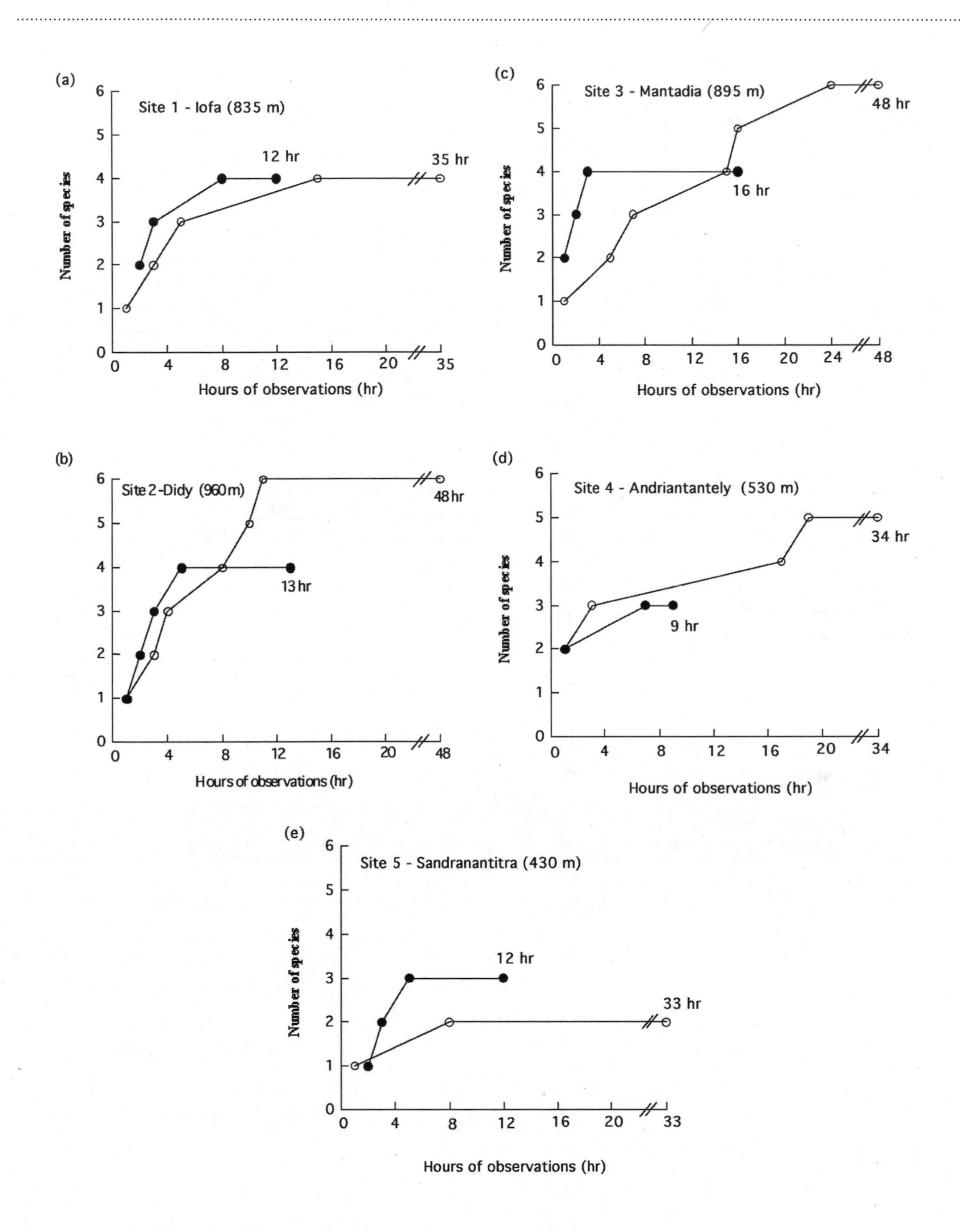

Figure 2.1. Species accumulation curves as a function of observation hours for nocturnal (•) and diurnal (o) lemur species censused at five sites in the Mantadia-Zahamena Corridor, Madagascar. The last value of each curve represents the total number of observation hours.

During night surveys a total of 35.6 km were walked, and 98.7 km during the day surveys.

Species descriptions

Morphological characteristics and fur coloration as well as reports on activity or behavior were derived from both general and systematic observations of the lemurs and are included under the species description.

Microcebus rufus (Rufous Mouse Lemur, Microcèbe roux)
Microcebus rufus was found at all sites surveyed within the corridor and was the most common nocturnal lemur species. The mean encounter rate remained approximately constant for Site 1, 2, 3 and 5, but dropped off at Site 4, where only one single individual was sighted for 5.2 km of trail walked (Table 2.2). The mouse lemurs had relatively small ears and the head was reddish in color. Their dorsal coat was brownish, partly more grayish, and the ventrum was whitish. These pelage characteristics correspond with typical *M. rufus* (Tattersall 1982, Mittermeier et al. 1994). The lemurs generally showed their characteristic bouncy locomotion and were mostly seen in dense bushy vegetation as well as in taller trees. In most cases they run away quickly when detected.

Cheirogaleus major (Greater Dwarf Lemur, Grand Cheirogale)
Cheirogaleus major was observed from Site 1 to 5 by direct sightings during census walks (Table 2.2) and was about as common as *Microcebus*. The dorsal pelage of *C. major* was gray-brown with reddish-brown tinges in the shoulder region. Their underparts were paler and often almost white. The head was also gray-brown with white patches between the eyes, which were surrounded by distinct dark rings. The tail of *C. major* was dark-gray and darkened towards the tip. The circumference of the tail was variable and at Site 1 to 4 most *C. major* observed had very fat tails, while at Site 5 the majority of individuals seen did not show significant fat stores either in tail or body. All *Cheirogaleus* observed during the survey followed the description above with the exception of three individuals seen at Site 3. The head and dorsal fur of these three animals were gray and no tinges of brown or red were noticed. Furthermore, their size was approximately half as large as any individual identified as *C. major*.

C. major generally was seen singly, but in eight (23%) out of 34 sightings two individuals were observed in close proximity (less than 5 m from each other). *C. major* was often observed searching for insects in the canopy of tall trees (mean height ±standard deviation: 10.1±3.6 m).

Avahi laniger (Eastern Woolly Lemur, Avahi Laineux Oriental)
Avahi laniger was recorded for Site 1 to 4 (Table 2.2) by direct sightings, and was occasionally heard calling. The dorsal fur was gray-brown and sometimes tipped with chestnut-brown, and the ventral parts were gray. The tail was wooly in appearance and remarkable red in color. A white band surrounding the lemurs' brownish face as well as white patches above the eyes were noticed. Out of the

Table 2.2. Mean number of sightings per km transect and mean detection distances (± standard deviation) of lemur species (individuals) seen during nocturnal censuses at each camp site in the Mantadia-Zahamena corridor. Detection distances are perpendicular to the transect; n = number of individuals. See Appendix 6 for transect descriptions.

Transect	Length of transect (m)	Number of censuses	*Microcebus rufus*	*Cheirogaleus major*	*Avahi laniger*	*Lepilemur mustelinus*	Number of species
1-T1	1300	2	0.6 (1.0)	0.6 (3.0)	-	0.6 (2.0)	3
1-T2	1000	2	0.5 (3.0)	4.5 (6.0±3.1)	1.0 (3.0)	1 (8.0)	4
1-T3	750	2					0
2-T4n	1400	3	2.4 (3.4±1.6)	1.0 (4.4±2.8)	0.5 (3.8±0.4)	0.2 (8.0)	4
2-T5	1400	2	1.4 (3.1±2.1)	1.1 (5.3±2.5)	-	0.7 (3.3±1.1)	3
3-T6n	1800	3	0.6 (0.8±0.6)	0.4 (3.0±1.4)	0.4 (3.3±1.1)	0.7 (2.3±1.4)	4
3-Tm	2500	2	1.4 (3.9±1.8)	1.2 (5.1±4.2)	0.4 (1.5±0.7)	0.8 (2.3±0.5)	4
4-T8	1700	2		0.3 (1.0)	0.3 (2.0)	-	2
4-T9	1800	1	0.6 (2.0)	0.6 (4.0)	0.6 (3.0)	-	3
5-T10	1800	3	1.3 (2.8±2.3)	1.3 (5.7±3.4)	-	0.2 (0.2)	3
5-T11	1500	1	1.3 (2.5±0.5)	-	-	-	1
Overall mean detection distance (m)			3.0±1.8	5.1±3.1	3.0±1.3	3.1±2.3	
			n = 36	n = 34	n = 9	n = 14	

- species not detected

total of nine sightings, two adults with a single infant were observed. Both infants were carried on the back of the adults. At Site 4, two adults were found huddling together in their characteristic vertical resting posture when surveying during the day.

Lepilemur mustelinus (Weasel Sportive Lemur, Lépilémur)
In general, *Lepilemur mustelinus* was abundant at Site 3, but was only detected twice at Site 1 and 2, only once at Site 4 and was not detected at Site 5 (Table 2.2). The dorsal and ventral pelage was brown, the head and shoulders were grayish and the chin showed some white patches. The tail was brown and darkened distally. Only on two occasions a dark median stripe on the lemurs' back was detected.

Daubentonia madagascariensis (Aye-Aye)
Daubentonia madagascariensis was not observed directly, but one sort of damage attributable to this species was recorded in the lowland forest of Sandranantitra (Site 5) (Table 2.2). We found seeds of *Canarium madagascariense* (Family Burseraceae), which is a known food item for *D. madagascariensis* (Iwano and Iwakawa 1988, Sterling et al. 1994, Goodman and Sterling 1996). Ten (83%) out of 12 found and collected seeds had been cracked open by *Daubentonia*, and only two were found with traces characteristic of rodents. Additionally, one of our local guides reported that he had found a dead trapped Aye-Aye two years ago.

Indri indri (Indri)
Evidence for the presence of *Indri indri* was found at all sites (Table 2.3). On the basis of all information collected, including animals seen outside predefined census walks or seen by members other than the lemur researchers, this species was directly seen at Site 1, 2, 3 and 4. At Site 5, Indri presence was recorded only indirectly by hearing their characteristic songs. Indri was most common at Site 3, but also relatively abundant at Site 1, 2 and 4 (when taken the Indri *songs into consideration).*

On one occasion at Site 1, one group of Indris (4 individuals) was seen by a member of our team, but no description of the coloration was made. During general observations at Site 2, one group consisting of three individuals was seen. Pelage coloration of these three animals did not show fundamental differences. The predominant fur color was black. The face was black with paler fur around the mouth. The tufted ears were highly visible and totally black. Small pale patches occurred around the tail, the crown, the throat, the flanks, and the inside surfaces of fore- and hind limbs. These patches were whitish but tinged with yellow and brown. At Site 3, one group consisting of three individuals with variable pelage coloration was seen during 11 census walks. The dorsal fur of two animals was black, but extensive white patches were found on the crown, around the neck, the flanks, the tail as well as on the outside of the fore- and hind limbs. Dorsal and ventral fur of the third individual of the group was predominantly black, and white patches were only found around the hind limbs and the tail. Body size of the 'black' individual was considerably smaller than the 'black-and-white' color morph. In total, we observed two more groups at Site 3, both consisting of one black-and-white colored individual. At Site 4, a total of four groups of Indri were detected by direct sightings. One group consisted of four individuals, and the two remaining groups contained only one individual. The first group contained three individuals with pelage coloration very similar to the 'black-and-white' color morph described for Site 3 with the exception that the black colored parts were tinged with brown. Furthermore, some brown fur was noted on the shoulders and back of the neck. The fourth member of the group was predominately black and smaller in size. Two of the single individual groups contained 'black-and-white' colored animals, and the last group consisted of a 'black' colored individual.

Indri calls were heard daily at Site 1 to 4, with up to six groups heard per day at Site 1, three per day at Site 2, and four per day at Site 3 and 4. They were mostly heard in the early morning and late afternoon, and animals often joined in alarm calls started by *Varecia variegata variegata.* At Site 5, Indri songs were registered only three times during the entire time spend at that camp site. Two of these songs were heard from animals calling from far away from our camp site (at least 1-2 km, given that their calls travel long distances). In five out of seven occasions Indri was seen directly, our presence elicited alarm-barking (lost-call), but fleeing was only observed once.

Propithecus diadema diadema (Diademed Sifaka, Propithèque à Diadème)
Propithecus diadema was seen at the Sites 2, 3 and 4 on several occasions (Table 2.3). We were told by local inhabitants that this species also occurs in the Iofa area (Site 1), but this could not be confirmed. It was most abundant at Site 3, where three different groups were recorded. Two groups consisted of four individuals, and the third group of three animals. At Site 2 and 4, one group consisting of two individuals was seen. The pelage coloration did not differ between individuals and sites. The body pelage was principally white dorsal and ventral with silvery gray patches around the shoulders and at the back. Fore- and hind limbs were golden and sometimes light orange, the hands and feet were black, and the tail was white. The face, the top of the head and the back of the neck were black.

Diademed Sifaka at all sites showed little fear of humans and mostly remained 5 - 10 minutes in their original area or tree before moving off. However, in most occasions they gave the sneeze-like 'viff' alarm call when encountering humans.

Varecia variegata variegata (Black-and-White Ruffed Lemur, Lémur Vari)
Varecia variegata variegata was observed at Site 2, 3 and 4 by direct sightings, and at Site 1 presence was recorded by vocalizations only (Table 2.3). No evidence for its presence

Table 2.3. Mean number of sightings per km transect and mean detection distances (± standard deviation) of lemur species (individuals and groups, respectively) seen during diurnal censuses at each camp site in the Mantadia-Zahamena Corridor. Detection distances are perpendicular to the trail; n = number of groups. See Appendix 6 for transect description.

Transect	Length of transects (m)	Number of censuses	*Indri indri*	*Propithecus diadema diadema*	*Varecia variegata variegata*	*Eulemur rubriventer*	*Eulemur fulvus fulvus*	*Hapalemur griseus griseus*	Number of species
1-T1	1300	5	*	-	*	-	*	0.3 (4.5±3.5)	4
1-T2	1000	6	*	-	-	-	-	0.3 (4.5±3.4)	2
1-T3	750	5	*	-	-	-	-	-	1
2-T4	2600	7	*	0.1 (6.0)	*	0.1 (1.5±0.7)	0.1 (4.0)	0.2 (5.3±3 3)	6
2-T5	1400	4	*	-	*	-	0.2 (10.0)	-	3
3-T6	2700	9	0.1 (5.3±4.5)	0.1 (2.0±1.4)	*	0.04 (12.0)	-	0.1 (5.0±1.7)	5
3-Tm	2500	2	*	0.2 (12.0)	*	-	0.2 (8.0)	-	4
4-T8	1700	5	0.4 (9.7±9.1)	-	1.6 (6.0±3.1)	-	*	*	4
4-T9	1800	4	0.1 (1.0)	0.1 (5.0)	0.8 (6.2±4.4)	-	-	0.3 (8.0±9.9)	4
5-T10	1800	6	*	-	-	-	0.2 (6.5±2.1)	-	2
5-T11	1500	3	*	-	-	-	*	-	2
Distances de détection moyennes (m)			6.6±6.7	5.4±4.2	6.1±3.4	5.0±6.1	7.0±2.4	5.4±3.9	
			n = 7	n = 5	n = 20	n = 3	n = 5	n = 13	

- species not detected.
* species heard or seen outside predefined census walks.

was found at Site 5. This species was extremely abundant at Site 4 with 20 registered sightings during nine diurnal censuses. A detailed description of the pelage coloration of *Varecia* was only possible for animals seen at Site 4 because at the remaining sites observations were made by other members who did not pay particular attention to the animals' morphometric characteristics. *V. v. variegata* showed its distinctive black and white coloration with black fur ventrally, a predominantly black coat dorsally, a white band across the middle of the back and across the rump, extending over the outer, distal portion of the thighs of the hind legs. The forelimbs were white and the tail was black. Hands and feet were black, the ears were white and tufted.

Group size ranged from one to four individuals. In 10 (50%) out of 20 sightings only one individuals were seen, but often vocalizations indicated the presence of other group members. Their vocalizations were heard throughout the day and occasionally in the early evening. At Site 4, we recorded at least six groups consisted of one to four individuals. *Varecia* was mostly encountered while staying in dense vegetation in the canopy of tall trees. No aggressive behavior was observed between individuals. Animals showed little fear to humans, and no instances of immediate and obvious retreat from humans were noted.

Eulemur rubriventer (Red-Bellied Lemur, Lémur à Ventre Rouge)
Eulemur rubriventer was found at Site 2 and 3 (Table 2.3) and census results showed that it was the rarest diurnal lemur species in the Mantadia-Zahamena corridor. According to the local guides, it also occurs at Site 1. Males were dark brown dorsally, with reddish-brown underparts, a dark face with a noticeable white patch below each eye. Females were paler brown dorsally and reddish-brown ventrally, with white patches around the chin and chest. Both sexes had a dark brown tail that darkened towards the tip.

At Site 2 two groups were found. The first group consisted of two males, one female, and a juvenile. The composition of the second group could not be determined due to the dense vegetation and the large distance between observer and animals. One group was seen at Site 3 and consisted of three females and one male. Although *E. rubriventer* showed no fleeing reaction, this species was more wary and always stayed in tall trees trying to keep safety distance when encountered.

Eulemur fulvus fulvus (Common Brown Lemur, Lémur Brun)
On the basis of all observations during and outside predefined census walks, *Eulemur fulvus fulvus* was present at all sites (Table 2.3). This species was detected twice at Site 2 and 5, but was rare at Site 1, 2, and 3 where only one sighting was recorded. No obvious sexual dichromatism was noticed. Both sexes were brown to gray-brown dorsally and slightly paler ventrally. The face was dark, and males tend to have a more noticeable white beard than females. Compared to *E. f. fulvus* seen at Site 1 to 4, we observed a slight variation in the pelage coloration of this species at Site 5. The individuals seen at Site 5 were considerably smaller than typical *E. f. fulvus* and somewhat paler in pelage. Furthermore, males had two very distinctive white patches at the site of the muzzle, which had the pattern of small raindrops.

The relatively few sightings of *E. f. fulvus*, made it impossible to determine the actual number of groups per Site as well as the precise group size. However, when summarizing all records of this species, observed group size ranged from one (Site 2) to ten (Site 5) adults. In only one group (Site 3), three juveniles were seen already capable of moving independently. We did not notice infants carried by adults.

Common brown lemurs were heard calling at dusk and occasionally at night (Site 5). In general, *E. fulvus* was remarkably tolerant of humans and showed more curiosity than fear. One group of *E. fulvus* detected at Site 5 approached observers, and spent 10 minutes calling and mobbing at a close range (several group members approached to 1 m) before moving away. In contrast, at Site 2 there was only one sighting of *E. fulvus,* and the animals were not approachable and fled immediately.

Hapalemur griseus griseus (Eastern Lesser Bamboo Lemur, Petit Hapalémur)
Hapalemur griseus griseus was found from Site 1 to 4 within the corridor (Table 2.3) and was most abundant at Site 1 and 2. Its dorsal fur was gray, slightly tipped with brown to dark brown, the underparts were brownish in color and paler, and the crown was red to brownish red. The ears were almost not visible due to the surrounding fur. Group size ranged from one to five individuals, and no infants or juveniles were observed. On three occasions vocalizations of *H. g. griseus* were recorded, two at dawn and one in the afternoon. The typical calls heard started with high-pitched and short purring grunts, and merged into a final explosive yowl. *Hapalemurs* showed little fear of humans at all sites, and the typical reaction to our presence was tail swinging and calling, but never immediate fleeing.

DISCUSSION

The corridor between the protected areas of RNI de Zahamena and PN d'Andasibe-Mantadia represents an important area for lemurs, and both species diversity and relative abundance is remarkable. Eleven species were confirmed in the corridor and in the PN d'Andasibe-Mantadia: ten species were detected by direct sightings on census walks and the presence of Aye-Aye, *Daubentonia madagascariensis,* can be inferred from distinctive feeding traces. In addition, there is a fair chance that at least one more lemur species may be discovered within the corridor, given more fieldwork: the hairy-eared dwarf lemur *Allocebus trichotis* was recently discovered to the north of the corridor in the highland rainforests of Zahamena (Rakotoarison 1995) and to the south of the corridor in Vohidrazana (Rakotoarison et al. 1996). None of the recorded species is restricted to this area but also occur in adjacent protected and unprotected areas (Table 2.4).

The nocturnal lemur species *Microcebus rufus* and *Cheirogaleus major* were relatively abundant at all sites surveyed, which confirms their capability of inhabiting primary and secondary forest (Harcourt and Thornback 1990, Martin 1972, Petter-Rousseaux 1980, Tattersall 1982). However, the two sighting at Site 3 (Mantadia) of the *Cheirogaleus,* which could not be identified unequivocally, is difficult to assess. One possible explanation is that the two smaller *Cheirogaleus* seen were subadults of *C. major*. In Kirindy forest in western Madagascar, Fietz (1999) showed that juveniles of *C. medius* did not reach their adult body mass before the age of 18 months and were therefore easily to distinguish in the field. This might also be the case for *C. major* because birth takes place in December/January (Petter et al. 1977) and thus the animals seen at the beginning of December could have been offspring from the last breeding season. Descriptions of pelage and body size suggested, however, that the two smaller individuals seen were more similar to *C. medius* than to *C. major*. Although Tattersall (1982) reports that both *Cheirogaleus* species (*C. major* and *C. medius*) occur in the eastern humid forest, they have never been observed in sympatry. However, in the RS d'Anjanaharibe-Sud, Schmid and Smolker (1998) encountered one *Cheirogaleus* of unknown taxonomic state, and species identification of *Cheirogaleus* appears to be more complex than originally thought. Thus, according to these findings combined with the fact of the recently newly described *Microcebus* species (Rasoloarison et al., in prep), the genus *Cheirogaleus* is long overdue for an intensive and widespread study, and possibly for a taxonomic revision.

The absence of *Lepilemur mustelinus* at Site 4 could be due to sampling error. In general, all nocturnal species present were recorded between the first three and nine hours of censusing. It may be possible, that the nine hours of nocturnal sampling at Site 4 could not have been sufficient to record these species. Furthermore, at all sites the encounter rate of *L. mustelinus* was low (14 sightings) and thus, low density could be proposed as the factor accounting for the lack of sightings. This reason might also explain the absence of *A. laniger* at Site 5, although twelve hours of nocturnal census walks were done. In general, this species is widely distributed along the eastern humid rainforest and it is common at sites of high altitude as well as low altitudes (Mittermeier et al. 1994, Schmid and Smolker 1998, Tattersall 1982).

Table 2.4. Lemurs present in different areas along the eastern humid forests in relative close proximity of the Mantadia-Zahamena corridor.

	RS Analamazaotra (1)	PN Mantadia (2)	FC Anjozorobe (3)	FC Corridor (2)	RNI Betampona (1)	FC Tampolo (4)	RNI Zahamena (5)	RS Ambatovaky (6)
Domain	**Highland**	**Highland**	**Highland**	**High- and lowland**		**Littoral forest**	**Highland**	**Lowland**
Microcebus rufus	+	+	+	+	+	+		+
Microcebus rufus spp. 1							+	
Microcebus rufus spp. 2							+	
Allocebus trichotis							+	
Cheirogaleus major	+	+	+	+	+	+	+	+
Phaner furcifer					+		+	
Lepilemur sp.								+
Lepilemur mustelinus	+	+	+	+	+	+	+	
Avahi laniger	+	+	+	+	+	+	+	+
Daubentonia madagascariensis	+		?	+	+		+	+
Hapalemur griseus ssp.			+			+		
Hapalemur griseus griseus	+	+		+	+		+	+
Eulemur fulvus ssp.			+			+		+
Eulemur fulvus fulvus	+	+		+			?	
Eulemur fulvus albifrons					+		+	
Eulemur rubriventer	+	+	+	+			+	+
Varecia variegata variegata	+	+	?	+	+		+	+
Propithecus diadema diadema		+	+	+	+		+	+
Propithecus diadema ssp.								
Indri indri	+	+	+	+	+		+	+
Total number of species	**10**	**10**	**9 (11)**	**11**	**11**	**6**	**14 (15)**	**11**

(1) Mittermeier et al. (1992); (2) This study RAP; (3) Rakotondravony & Goodman (1998); (4) Ratsirarson & Goodman (1998); (5) Goodman, Schulenberg & Daniels (1991); Rakotoarison et al. (1996); (6) Evans, Thompson & Wilson (1993/94)
(FC = Forêt Classée; PN = Parc National; RS = Réserve Spéciale; RNI = Réserve Naturelle Intégrale).

The number of recorded diurnal and cathemeral lemur species differed between sites as did relative abundance of each species. Of particular note was the extremely high encounter rate of *Varecia v. variegata* at Andriantantely (Site 4), where we found at least six different groups along a total trail length of 2.5 km. Group size varied between one and four individuals, corresponding to previously reported group sizes of two and five individuals (Petter et al. 1977), although Morland (1991, 1993) reports groups of 8-16 individuals on the island of Nosy Mangabe. In contrast, at the other lowland forest of Sandranantitra (Site 5), *V. variegata* was neither heard nor seen during diurnal and nocturnal census walks. In almost every clearing for *tavy* (slash and burn agriculture) in Sandranantitra we found traps specialized for catching quadrupedally moving lemurs species, such as *V. variegata* or *E. fulvus*. Hunting, as a major threat to the survival of lemurs, can locally be very intensive and may eliminate some of the larger species from a given area (Rigamonti 1996, Vasey 1997). However, hunting and trapping pressure alone cannot explain the absence of *V. v. variegata* because *Eulemur f. fulvus* was very common and approachable at this site. A more likely explanation is the fact that there are no sites known where ruffed and brown lemurs are both common. For example at particular sites surveyed in RNI de Zahamena (Goodman et al. 1991) as well as in Ambatovaky Special Reserve (Evans et al. 1993-1994) brown lemurs were common, whereas ruffed lemurs were scarce. This would also explain the situation found in the forests of Andriantantely (Site 4) where *E. f. fulvus* was rarely seen but encounter rates of *V. v. variegata* were high. At the same time, however, *E. f. fulvus* in Andriantantely was wary and showed flight reaction when encountering humans indicating hunting pressure and human disturbance. Thus, low densities of Ruffed and Brown lemurs at one site, respectively, could be the result of competition among the two species as well as retreat behavior from humans.

Evidence for the presence of *Indri indri* was found at all sites within the Mantadia-Zahamena corridor. However, low encounter rates at Site 1, and only acoustic signs at Site 5, lead to the assumption that this species is locally rare, possibly due to hunting and fear of humans. In general, the Indri is protected by local customs and it is 'fady' (taboo) to hunt or kill it (Harcourt and Thornback 1990). However, there were differing views amongst the people living within or at the edge of the forest of the corridor. At Site 2, 3 and 4, the Indri seems to have protection through the 'fady', but at Site 1 and 5 this 'fady' no longer existed and Indri was hunted for food. During the survey, we noticed slightly differences in coloration among individuals. Animals seen at Site 2, which is located in the northern part of the corridor, had almost completely black fur, whereas the majority of the indris in the southern part (Site 3) showed white patches on the crown, flanks, fore- or hind limbs. According to Thalmann et al. (1993), Indris are basically black in color in the north of the species' distributional range (northern limit: RN d'Anjanaharibe-Sud), compared to slightly lighter colorations with more white patches found towards the south (southern limit: Mangoro river).

Propithecus d. diadema was not found at Site 1 or 5, although our local guides mentioned that this species occurs in both areas. One possible explanation is that this species is one of the preferred lemur species for eating and thus, hunting and fear of humans are responsible for their absence. It has also been reported that *P. d. diamema* is commonly eaten in RNI de Zahamena (Simons 1984). Another major threat on this species is habitat destruction due to slash- and-burn agriculture or extraction of timber (Duckworth et al. 1995). Even when *P. d. diadema* was present at a surveyed site, its encounter rate was strikingly low. Pollock (1975) and Tattersall (1982) state that this subspecies is never found in high densities.

Eulemur rubriventer prefers higher altitudes (Overdorff 1992, Petter et al. 1977, Mittermeier et al. 1994, Tattersall 1982) and its absence at the lowland forests sampled within the corridor (Site 4 and 5) is not surprising. The reason why we did not find *E. rubriventer* at the 835 m Site 1, however, is probably due to the extensive logging found in the area. People working for logging concessions are living within the forest and likely hunt lemurs for food. Since our local guides mentioned that *E. rubriventer* is present in areas adjacent of camp Site 1, the absence of *E. rubriventer* at Site 1 is likely due to disturbance.

Hapalemur griseus griseus is found throughout all remaining eastern rain forests located around the corridor (Table 2.4). There is considerable difference in pelage coloration among this species from different localities and often genetic and morphometric data are necessary to confirm the taxonomic status (Feistner and Schmid 1999, Petter and Peyrieras 1970, Pollock 1986, Tattersall 1982). The individuals seen during the survey in the corridor of Mantadia-Zahamena did not differ from typical *H. g. griseus* (Tattersall 1982, Mittermeier et al. 1994). However, during reconnaissance (18 - 26 September 1998) we spotted three *Hapalemurs* along the forest slope of the northern side of the Ivondro River, in close proximity to camp site 2 (Didy) which was located south of the Ivondro River. These three animals seen were considerably larger than typical *H. g. griseus*, the body pelage was darker and more brown than gray. The shape of body and head was somewhat rounder, and the pelage appeared woollier than typical *H. g. griseus*. One possibility is that they represent individuals of the Lac Alaotra bamboo lemur, *Hapalemur griseus alaotrensis* (Mittermeier et al. 1994, Tattersall 1982). This species is currently known only from the reed beds of Lac Alaotra, about 70 km north of Didy village (Mittermeier et al. 1994, Pollock 1986), although recent information indicate that it used to occur in adjacent forests north of Lac Alaotra, but went extinct (Mutschler and Feistner 1995, Mutschler et al. 1996). Discussions with our local guides indicated that there exist a second bamboo species apart from *H. griseus*, which is larger and darker in color than *H. griseus*. However, we did not receive any further details on its appearance or habits and thus, the presence of two distinct bamboo lemurs in the forests around Didy remain vague. Finally, confirmation of the taxonomic status of the bamboo lemurs we observed in the forests north and south of the Ivondro River is not possible without additional morphometric and genetic data.

THREATS AND CONSERVATION IMPORTANCE

According to IUCN criteria, six of the 11 lemur species recorded in the corridor are considered to be globally threatened with extinction (Harcourt and Thornback 1990). Although no quantitative assessment of lemur population densities was made, total number as well as relative abundance of species differed between sites. The number of species decreased from ten species recorded at Site 2 and 3, to eight at Site 1 and 4, and finally reached a minimum of only six species at Site 5. We suggest that forest clearance and settlement in the entire corridor are the major threats and might explain relatively low densities and absence of particular lemur species. Of particular note is the low diversity and abundance of lemur species in the lowland forests of Sandranantitra compared to all the other sites surveyed. Numerous clearings and trails have already penetrated into this forest and lemur traps, although always inactive, were frequently found indicating that hunting pressure is another major threat to this area and its lemur populations. In contrast, in areas within the Mantadia-Zahamena corridor where deforestation and consequently hunting pressure on lemurs was relatively low (Site 2, 3 and 4), the present diurnal lemur species were remarkably tolerant of humans, tending to approach at close range or to simply ignore them.

The corridor surveyed is bordered to the north by the RNI de Zahamena, and to the south by the PN d'Andasibe-Mantadia. This corridor contains a huge network of classified forests, commercial forestry zones, local forest exploitation and two other reserves, Mangerivola and Betampona. The entire corridor within and between these protected areas is extremely important for biodiversity conservation purposes. Mittermeier et al. (1992) highlighted the protection lowland forests as the highest priority for immediate establishment of conservation action. However, the conservation of protected areas with a notably diverse and dense lemur population, such like RNI de Zahamena (14 lemur species) and PN d'Andasibe-Mantadia (ten lemur species, Table 2.4), will only work when trans-frontier areas and corridors between protected areas are included in conservation planning. Exceptional biodiversity cannot be maintained in areas where genetic exchange is impossible due to geographic isolation and disconnection of forest blocks (Ganzhorn et al. 1996/1997, Lindenmayer et al. 1993, Rabarivola et al.1996, Saunders et al. 1991). Effects of forest fragmentation may be reflected in reduced genetic variability in isolated populations of certain lemur species.

CONSERVATION RECOMMENDATIONS

Growing human population, continuing deforestation and unregulated hunting generally threaten Malagasy primary forest and its biodiversity. From the view of diversity and density of lemur species, the Mantadia-Zahamena corridor must be considered a priority area. The most urgent and basic need is to stop forest fragmentation and habitat destruction, with exceptionally high conservation priority placed on remaining lowland forests. For this, we suggest the following recommendations aimed at activities for lemur conservation:

1. Lemur conservation can only be successful if we find ways of promoting the co-existence of humans and lemurs. Tree plantations could provide fire wood, fruit, honey and building material for people as well as suitable habitat for lemurs, and would guarantee that the pressure is removed from the natural forests.

2. Malagasy primatologists should be trained in representing and communicating about the importance of lemurs and their natural habitat to the Malagasy public and government institutions. This is particularly important since there seems to be a lack of awareness of biodiversity conservation among governmental and non-governmental development organizations. Workshops and seminars undertaken by Malagasy and international experts should train individuals in data collection and analysis, database management, and geographic information systems (GIS).

3. Community education programs and socio-economic research should be underway to promote alternative uses of the forests.

4. A non-fragmented corridor that connects the RNI de Zahamena and the PN d'Andasibe-Mantadia is essential for maintaining genetically variable and healthy lemur populations in the region.

LITERATURE CITED

Duckworth, J. W., M. I. Evans, A. F. A. Hawkins, R. J. Safford and R. J. Wilkinson. 1995. The lemurs of Marojejy Strict Nature Reserve, Madagascar: A status overview with notes on ecology and threats. International Journal of Primatology 16: 545-559.

Erickson, C. J. 1995. Feeding sites for extractive foraging by the aye-aye, *Daubentonia madagascariensis*. American Journal of Primatology 35: 235-240.

Evans, M. I., P. M. Thompson and A. Wilson. 1993-1994. A survey of the lemurs of Ambatovaky Special Reserve, Madagascar. Primate Conservation 14-15: 13-21.

Feistner, A. T. C. and J. Schmid. 1999. Lemurs of the Réserve Naturelle Intégrale d'Andohahela, Madagascar. *In* Goodman, S. M. (ed.) A Floral and Faunal Inventory of the Réserve Naturelle Intégrale d'Andohahela, Madagascar: With Reference to Elevational Variation. Fieldiana:Zoology, New Series, N° 94. Pp 269-283.

Fietz, J. 1999. Monogamy as a rule rather than exception in nocturnal lemurs: the case of the Fat-tailed Dwarf Lemur, Cheirogaleus medius. Ethology 105: 259-272.

Ganzhorn , J. U. 1994. Les lémuriens. *In* Goodman, S. M., and O. Langrand (eds.). Recherches pour le Developpement: Inventaire Biologique de la Forêt de Zombitse. Antananarivo.. Centre d'Information et de Documentation Scientifique et Technique. Pp 70-72

Ganzhorn, J. U., O. Langrand, P. C. Wright, S. O'Connor, B. Rakotosamimanana, A. T. C. Feistner and Y. Rumpler. 1996/1997. The state of lemur conservation in Madagascar. Primate Conservation 70-86.

Goodman, S. M., T. S. Schulenberg, and P. S. Daniels. 1991. Report on the Conservation International 1991 zoological expedition to Zahamena, Madagascar. Unpublished report.

Goodman, S. M. and E. J. Sterling. 1996. The utilization of *Canarium* (Burseraceae) seeds by vertebrates in the Réserve Naturelle Intégrale d'Andringitra, Madagascar. *In* Goodman, S. M. (ed.). A floral and faunal inventory of the eastern slopes of the Réserve Naturelle Intégrale d'Andringitra, Madagascar: With reference to elevational variation. Fieldiana: Zoology, New Series N° 85. Pp 83-89.

Harcourt, C. and J. Thornback. 1990. Lemurs of Madagascar and the Comoros. Gland, Switzerland and Cambridge.

Iwano, T. and C. Iwakawa. 1988. Feeding behavior of the aye-aye (*Daubentonia madagascariensis*) on nuts of Ramy (*Canarium madagascariens*). Folia Primatologica 50: 136-142.

Jenkins, M. D. 1987. Madagascar: an environmental profile. IUCN, Gland.

Langrand, O. and L. Wilmé. 1997. Effects of forest fragmentation on extinction patterns of the endemic avifauna on the central high plateau of Madagascar. *In* Goodman, S. M. & B. D. Patterson (eds.) Natural Change and Human Impact in Madagascar. Smithsonian Institution Press, Washington D.C. Pp 280-305.

Lindenmayer, D. B., R. B. Cunningham and C. F. Donnelly. 1993. The conservation of arboreal marsupials in the montane ash forests of the central highlands of Victoria, south-east Australia, IV. The presence and abundance of arboreal marsupials in retained linear habitats (wildlife corridors) within logged forest. Biological Conservation 207-221.

Martin, R. D. 1972. A preliminary field-study of the Lesser Mouse Lemur (*Microcebus murinus* J. F. Miller 1777). Zeitschrift für Tierpsychologie 9: 43-90.

Mittermeier, R. A., W. R. Konstant, M. E. Nicoll and O. Langrand. 1992. Lemurs of Madagascar. An Action Plan for their Conservation 1993-1999. IUCN, Gland, Switzerland.

Mittermeier, R. A., I. Tattersall, W. R. Konstant, D. M. Meyers and R. B. Mast. 1994. Lemurs of Madagascar. Conservation International, Washington D.C.

Morland, H. S. 1991. Preliminary report on the social organization of ruffed lemurs (*Varecia variegata variegata*) in a northeast Madagascar rain forest. Folia Primatologica 56: 157-161.

Morland, H. S. 1993. Seasonal behavioral variation and its relation to thermoregulation in ruffed lemurs. *In* Kappeler, P. M. & J. U. Ganzhorn (eds.). Lemur Social Systems and Their Ecological Basis. Plenum Press, New York. Pp 193-203.

Mutschler, T. and A. T. C. Feistner. 1995. Conservation status and distribution of the Alaotran Gentle Lemur *Hapalemur griseus alaotrensis*. Oryx 267-274.

Mutschler, T., C. Nievergelt and A. T. C. Feistner. 1996. Human-introduced loss of habitat at Lac Alaotra and its effect on the Alaotran gentle lemur. *In* Patterson, B. D., S. M. Goodman & J. L. Sedlock (eds.). Environmental Change in Madagascar. Field Museum of Natural History, Chicago. Pp 335-336.

Myers, N. 1988. Threatened biotas: „hotspots" in tropical forests. Environmentalist 8:1-20.

Myers, N. 1990. The biodiversity challenge: expanded hotspots analysis. Environmentalist 10: 243-256.

National Research Council. 1981. Techniques for the study of primate population ecology. National Academy Press, Washington, D.C.

Nelson, R. and N. Horning. 1993. AVHRR-LAC estimates of forest area in Madagascar. International Journal of Remote Sensing 14:1463-1475.

Overdorff, D. J. 1992. Territoriality and home range use by red-bellied lemurs (*Eulemur rubriventer*) in Madagascar. American Journal of Primatology 16:143-153.

Petter-Rousseaux, A. 1980. Seasonal activity rhythms, reproduction, and body weight variations in five sympatric nocturnal prosimians, in simulated light and climatic conditions. *In* Charles-Dominique, P., H. M. Cooper, A. Hladik, C. M. Hladik, E. Pages, G. F. Pariente, A. Petter-Rousseaux, J. J. Petter & A. Schilling (eds.) Nocturnal Malagasy Primates: Ecology Physiology and Behavior. Academic Press, New York. Pp 137-151.

Petter, J.-J., R. Albignac and Y. Rumpler. 1977. Mammifères lémuriens (Primates prosimiens). ORSTOM-CNRS, Paris.

Petter, J.-J. and A. Peyrieras. 1970. Observations Eco-Ethologiques sur les lémuriens malgaches du genre *Hapalemur*. La Terre et la Vie 24: 356-382.

Pollock, J. I. 1975. Field observations on *Indri indri*: A preliminary report. *In* Tattersall, I. & R. W. Sussman (eds.). Lemur Biology. Plenum Press, New York. Pp 287-311.

Pollock, J. I. 1986. A note on the ecology and behavior of *Hapalemur griseus*. Primate Conservation 7: 97-100.

Rabarivola, C., W. Scheffrahn and Y. Rumpler. 1996. Population genetics of *Eulemur macacao macaco* (Primates: Lemuridae) on the islands of Nosy-Be and Nosy-Komba and the peninsula of Ambato (Madagascar). Primates 215-225.

Rakotoarison, N. 1995. First sighting and capture of the Hairy-eared Dwarf Lemur (*Allocebus trichotis*) in the Strict Nature Reserve of Zahamena. Unpublished report.

Rakotoarison, N., H. Zimmermann and E. Zimmermann. 1996. Hairy-eared Dwarf Lemur (*Allocebus trichotis*) discovered in a highland rain forest of eastern Madagascar. *In* Lourenco, W. R. (ed). Biogéographie de Madagascar. Orstom, Paris. Pp 275-282.

Rigamonti, M. M. 1996. Red ruffed lemurs (*Varecia variegata rubra*) : A rare species of Masoala rain forests. Lemur News 2: 9-11.

Saunders, D. A., R. J. Hobbs and C. R. Margules. 1991. Biological consequences of ecosystem fragmentation: A review. Conservation Biology 5: 18-32.

Schmid, J. and R. Smolker. 1998. Lemurs of the Réserve Spéciale d'Anjanaharibe-Sud, Madagascar. *In* Goodman, S. M. (ed.) A Floral and Faunal Inventory of the Réserve Spéciale d'Anjanaharibe-Sud, Madagascar: With Reference to Elevational Variation. Fieldiana: Zoology, New Series N° 90. Pp 227-238.

Simons, H. 1984. Report on a survey expedition to Natural Reserve No. 3 of Zahamena. Unpublished report.

Smith, A. P. 1997. Deforestation, fragmentation, and reserve design in western Madagascar. *In* Lawrence, W. F., & R. O. Bieregaard (eds.) Tropical Forest Remnants, Ecology, Management and Conservation of Fragmented Communities. University of Chicago Press, Chicago. Pp 415-441.

Sterling, E. J., E. S. Dierenfeld, C. J. Ashbourne and A. T. C. Feistner. 1994. Dietary intake, food composition and nutrient intake in wild and captive populations of *Daubentonia madagascariensis*. Folia Primatologica 62: 115-124.

Sterling, E. J. and M. G. Ramaroson. 1996. Rapid assessment of primate fauna of the eastern slopes of the RNI d'Andringitra, Madagascar. *In* Goodman, S. M. (ed.) A floral and faunal inventory of the eastern slopes of the Réserve Naturelle Intégrale d'Andringitra, Madagascar: With reference to elevational variation. Fieldiana:Zoology, New Series N° 89. Pp 293-305.

Tattersall, I. 1982. The Primates of Madagascar. New York: Columbia University Press.

Thalmann, U., T. Geissmann, A. Simona and T. Mutschler. 1993. The Indris of Anjanaharibe-Sud (NE-Madagascar). International Journal of Primatology 14: 357-381.

Tomiuk, J., L. Bachmann, M. Leipholdt, S. Atsalis, P. M. Kappeler, J. Schmid and J. U. Ganzhorn. 1998. The Impact of Genetics on the Conservation of Malagasy Lemur Species. Folia Primatologica suppl. 1: 121-126.

Vasey, N. 1997. How many red ruffed lemurs are left? International Journal of Primatology 18: 207-216.

Whitesides, G. H., J. F. Oates, S. M. Green and R. P. Kluberdanz. 1988. Estimating primate densities from transects in a West African rain forest: A comparison of techniques. Journal of Animal Ecology 57: 345-367.

Chapitre 3

Diversité et distribution des micromammifères dans le corridor Mantadia-Zahamena, Madagascar

Felix Rakotondraparany et Jules Medard

RÉSUMÉ

Un inventaire biologique des mammifères (Lypotyphla, Carnivora, Rodentia) a été mené dans le cadre d'un RAP (Rapid Assessment Program) dans cinq sites du corridor Mantadia-Zahamena, pour connaître la richesse de ce corridor en mammifères non-primates. Trois des sites de capture se trouvent dans les zones phytogéographiques de moyenne altitude (835 m - 960 m), tandis que deux sites sont situés dans les basses altitudes (435 m - 530 m). Les opérations ont été entreprises en novembre - décembre 1998 et en janvier 1999.

Dans son ensemble, le corridor est particulièrement riche en insectivores. On y a recensé 18 espèces d'Insectivora (dont 13 du genre *Microgale*) et 6 espèces de rongeurs. Parmi les captures, on note deux espèces introduites : *Suncus murinus* (Soricidae) et *Rattus rattus* (Muridae). La fréquence de capture dans chaque site est inégale. Les sites de Mantadia (Aire Protégée) et d'Andriantantely (Forêt Classée) sont les plus riches en micromammifères avec pour chaque site dix espèces d'Insectivora et quatre espèces de rongeurs. Le site le plus pauvre, aussi bien en espèces (cinq Insectivores et quatre rongeurs) qu'en nombre d'individus capturés (neuf), est Sandranantitra situé à 435 m d'altitude. La raison de cette pauvreté n'est pas claire mais l'influence de la structure du microhabitat et l'accessibilité propice aux défrichements sont des explications possibles.

Les espèces d'Insectivora comme *Microgale drouhardi, M. talazaci, Hemicentetes semispinosus, Setifer setosus*) et de rongeurs (*Eliurus minor* et *Rattus rattus*) reconnues pour avoir une large distribution à Madagascar sont presque partout dans les cinq sites, alors que d'autres y sont inégalement distribuées. Il y aurait donc un "gap" de distribution de certaines espèces à travers les milieux forestiers du corridor. Alors que le site d'Iofa se trouve entre Mantadia (moyenne altitude) et Andriantantely (basse altitude), sa richesse en Insectivora est moindre que dans ces deux sites qui abritent presque les mêmes espèces (avec entre autres *Microgale pusilla, M. longicaudata, M. principula, M. cowani* et *M. taiva*) dont la distribution n'est pas continue à travers les cinq sites. Cependant, deux espèces trouvées à Iofa *M. gracilis* et *M. fotsifotsy*, qui devaient être des espèces d'altitude, sont absentes à Mantadia et Andriantantely.

Les résultats pour les rongeurs n'étaient pas aussi satisfaisants, mais on a quand même obtenu un nombre assez élevé d'*Eliurus petteri*, rongeur endémique nouvellement décrit, dans les basses altitudes, une espèce cependant rare et même absente dans les sites d'altitudes supérieures. Le rat noir *Rattus rattus* est partout dans les cinq sites. Le corridor Mantadia-Zahamena possède une richesse en biodiversité considérable quant aux groupes des mammifères (Insectivora et Rodentia) mais pas d'endémicité si particulière par rapport aux autres endroits de la forêt de l'Est de Madagascar. Son importance repose pourtant dans sa capacité de préserver ces communautés micromammifères et assurer la pérennisation des espèces. Les zones forestières qui devaient être les premières cibles pour des programmes de conservation sont les forêts de Didy et de Sandranantitra car on y a remarqué une quantité assez nombreuse d'espèces introduites (*Suncus murinus* et *Rattus rattus*) dont la présence constitue des signes de dégradation des milieux naturels.

INTRODUCTION

A part les microchiroptères qui ne sont que faiblement endémiques (à 41% d'endémicité (Durell et Durnet 1987)), les micromammifères de Madagascar, entre autres les insectivores Tenrecidae (Eisenberg et Gould 1970) et les rongeurs Muridae-Nesomyinae (Carleton 1994, Mittermeier et al. 1987), sont propres à la Grande Ile. Ces groupes d'animaux subissent actuellement des pressions qui s'exercent sur les habitats naturels. Ces menaces sont en grande partie constituées par la destruction des forêts naturelles en raison des défrichements pour les cultures sur brûlis ou "tavy" (Green et Sussman 1990).

Actuellement, à cause de ces pratiques, les zones forestières de l'Est de Madagascar sont en régression vertigineuse; 80% des surfaces forestières originelles ont déjà disparu en une dizaine d'années seulement (Green et Sussman 1990). Les surfaces qui restent ne sont plus que les zones d'accès difficiles (Nicoll et Langrand 1989). Les aires protégées ont été mises en place pour assurer la pérennisation de ces formes autochtones et de leur diversité génétique (Primack 1995, Nicoll et Langrand 1989). Actuellement, 1,8 % seulement du territoire national malgache est occupé par les aires protégées. Malheureusement, de grandes proportions des surfaces forestières sont soit déjà détruites par les feux de brousses, soit en dégradation suite aux différentes pratiques illicites (Mittermeier et al. 1987, Nicoll et Langrand 1989). Ainsi, la contribution des corridors comme pont biologique entre deux zones protégées est très important pour assurer les échanges biologiques et génétiques afin de préserver la stabilité dynamique de l'écosystème et pérenniser la biodiversité. La fragmentation des milieux forestiers est une menace dramatique car elle finirait par isoler complètement soit des communautés soit une population. Les effets de lisière s'ajoutent très rapidement aux formes de dégradation en donnant lieu, inéluctablement, à la disparition de communautés animales entières (Primack 1995).

Les micromammifères sont des groupes très vulnérables aux changements de microhabitats, car ce sont des espèces étroitement dépendantes de l'état des microhabitats soit pour la disponibilité des proies, soit par d'autres facteurs comme la structure des habitats dans laquelle entre en jeu la densité des espèces herbacées ou même la distribution des arbres qui donnent la physionomie de ces habitats (Nicoll et al. 1988, Els et Kerkey 1996). L'invasion des rats, favorisée par la dégradation des habitats naturels, a des effets négatifs sur la survie des espèces animales autochtones (Goodman et Carleton 1996, Rakotondraparany 1997). Ces espèces introduites ont la faculté de s'adapter assez facilement aux environnements secondaires, d'autant plus qu'elles rentrent en compétition en terme de reproduction avec les espèces autochtones d'insectivores et de rongeurs (Rakotondraparany 1988, Stephenson 1987). Les espèces introduites peuvent donc coloniser assez facilement un milieu donné dès que celui-ci présente des signes de progression vers la dégradation de la structure initiale (Nicoll et al. 1988, Primack 1995).

Le "Rapid Assessment Program " (RAP) étant un processus de connaissance rapide de la biodiversité, l'objectif de cette étude est d'avoir une idée d'une part de la richesse spécifique du milieu et de la distribution géographique de certains taxons et d'autre part des degrés de pression qui pèsent sur les habitats en général et la faune de micromammifères en particulier afin de pouvoir programmer des activités visant la réduction de ces menaces et la pérennisation des espèces autochtones,en fonction de l'importance en biodiversité des zones étudiées. Des observations directes et indirectes ont été effectuées pour connaître la situation écologique du corridor Mantadia-Zahamena. Les méthodes directes sont constituées par des captures à l'aide des pièges et des collectes d'échantillons de micromammifères pour des "voucher spécimens", parallèlement à une observation des espèces qui n'ont pas pu être capturées. D'autre part, les observations indirectes devaient se faire soit par les fèces soit par les traces d'activités de ces animaux dans la nature.

Les captures se sont déroulées en novembre et décembre 1998 pour les quatre premiers sites et en janvier 1999 pour le cinquième site. Les sites de capture sont les suivants : Site 1 : Iofa (Forêt Classée, 835 m), Site 2 : Didy (Forêt Classée, 960 m), Site 3 : Mantadia (Parc National, 895m), Site 4 : Andriantantely (Forêt Classée, 530m) et Site 5 : Sandranantitra (Forêt Classée, 450m).

MATÉRIEL ET MÉTHODES

Les types de pièges utilisés sont classiques et ont déjà été utilisés pour de telles études à Madagascar (Stephenson 1987, Nicoll et al. 1988, Goodman et al. 1998). Trois types de pièges ont été utilisés : les pièges Sherman (pièges standard), les pièges trous ou "pitfall" et les pièges "National" ou "Tomahawk". Pour les mammifères volants (Microchiroptères) nous avons utilisé des "filets japonais".

Les pièges Sherman

Ce sont des boîtes en aluminium de 9 x 7,5 x 23 cm. Deux lignes de pièges ont été installées. Chacune de ces lignes contient 50 pièges repartis en une vingtaine de points de capture (soit deux à trois pièges par point) lesquels sont espacés de 10 m chacun. 40% des pièges sont déposés en hauteur sur des branches ou des lianes entre 50 cm à 2 m du sol. Une ligne de pièges fait environ 190 m de longueur. Les appâts utilisés sont du beurre de cacahuète salé et un petit morceau de poisson sec (Stephenson 1987, Nicoll et al. 1988, Goodman et al. 1998). Les pièges sont vérifiés chaque jour la matinée de 07h00 à 10h00. Les appâts qui sont trouvés consommés ou souillés sont immédiatement remplacés pour les prochaines captures. Les lignes de pièges sont disposées, l'une dans une zone de bas fond, l'autre sur le flanc de colline ou traversant les crêtes. Au mieux, les pièges sont déposés de manière opportuniste tout près des trous, à coté des grandes racines ou le long des troncs d'arbres tombés ou même longeant une piste que l'on estime être fréquentée par les animaux.

Les trous pièges ou "pitfall"

Trois lignes de pièges ont été mises en places. La première ligne se situe le long d'une vallée, la deuxième ligne sur le flanc de la colline, et la troisième ligne est placée sur la crête de la colline. Chaque ligne est composée de 11 seaux (275 mm de profondeur, 290 mm de section supérieure, 220 mm de diamètre intérieur à la base) enfoncés dans des trous confectionnés verticalement au sol. Chaque trou est espacé de dix mètres. Une ligne de pièges mesure donc 100 m. Les seaux sont enfoncés dans les trous creusés à leur taille de manière à former un *pitfall.* Le seau est enfoncé dans le sol jusqu'à la limite de son bord supérieur. Les micromammifères qui y tombent ne peuvent pas s'en sortir surtout les insectivores qui sont incapables de bien sauter comme les petits rongeurs. Les pièges trous ne nécessitent pas d'appâts. Pour anticiper les captures, un tissu plastique de couleur noire de 50 cm de hauteur est érigé, en guise de barrière, suivant la ligne de piège. Cette barrière est tendue par des piquets et traverse le seau au milieu de son bord supérieur. Une partie d'au moins cinq cm de cette barrière est enfoncée dans le sol ou couvert de litière pour ne pas donner l'occasion aux micromammifères de passer de l'autre coté, mais de longer la barrière et tomber dans le trou. Les trois lignes totalisent donc 33 seaux pour une nuit de piégeage.

Les pièges "National-Tomahawk"

Ce type de piège fonctionne sur le même principe que le Sherman. Il ne tue pas les animaux. Les pièges utilisés sont de deux catégories : les petits (39 x 13 x 13 cm) et les moyens (60 x 15 x 15 cm). Les appâts sont constitués par des gros poissons secs immergés dans l'eau pendant quelques minutes pour aviver leur odeur. En raison de leur nombre très réduit (au maximum, 12 installés), ces pièges n'ont pas été mis en place comme les pièges Sherman, mais disposés soit un par un, soit par deux le long d'une trace de présence de mammifères terrestres ou le long d'un petit cours d'eau et des anfractuosités des blocs de rochers.

Les filets à oiseaux

Les filets utilisés sont des filets à oiseau à maille très fine (30 mm). Le plan du filet a une dimension de 12 x 2,50 m. Un seul filet ou deux ensemble (un filet au-dessus de l'autre) sont installés, à divers endroits. Dans le cas d'utilisation de deux filets, la dimension peut atteindre 12m x 5m. Les filets sont disposés à des endroits comme les sorties de couloir de forêts, à travers des gorges de ruisseau ou près des gros blocs de rochers, des promontoires ou des chutes d'eau où il existe des petits tunnels ou des grottes dans lesquels se cachent bon nombre de mammifères volants.

Les collectes des échantillons

La plupart des échantillons capturés sont collectés et préparés pour des spécimens de musée et déposés au Parc Botanique et Zoologique de Tsimbazaza, Antananarivo après avoir été mesurés, pesés et notés quant à l'état de reproduction de l'animal. Ceux qui ne sont pas retenus sont relâchés à l'endroit de capture. Pour le nombre effectif de pièges mis en place durant les nuits de capture, on parlera de "nuits-pièges" ; c'est à dire, le nombre de pièges déposés en une nuit (dix nuits-pièges équivalent à dix pièges déposés en une nuit ou un piège pendant dix nuits). Pour la durée des opérations de capture on parlera de nuits de piégeage lorsque par exemple on a laissé les pièges pendant quatre ou cinq nuits sur place avant de les déplacer vers d'autres endroits. Il en est de même du nombre de filets mis en place pour la capture des mammifères volants.

RÉSULTATS

Les insectivores (Lipotyphla) et rongeurs

Nombre de nuits-pièges

Au terme de cet inventaire rapide, cinq sites de captures ont été visités dans lesquels on a pu effectuer 3452 nuits-pièges, tous types de pièges confondus (Tableau 3.1.). Les plus nombreuses captures ont été obtenues par les pièges Sherman, pourtant leur efficacité n'est pas aussi élevée que celle des

Tableau 3.1. Nombre de nuits-pièges pour l'inventaire des micromammifères du corridor Mantadia-Zahamena, Madagascar. Voir l'Index Géographique pour les descriptions des sites.

	Site 1 835 m	Site 2 960 m	Site 3 895 m	Site 4 530 m	Site 5 450 m	Total
Nuits de piégeage	4	5	5	5	5	24
Piéges Sherman	396	495	495	495	500	2381
Pièges National	48	50	42	50	65	255
Piéges pitfall	132	165	165	165	165	792
Nuits pièges	580	715	707	715	735	3452
Nombre d'insectivores et rongeurs capturés par piège	**20**	**20**	**32**	**30**	**9**	

Tableau 3.2. Mesure de l'efficacité des pièges (nombre d'animaux capturés par type de pièges). Voir l'Index Géographique pour les descriptions des sites.

	Site 1 835 m	Site 2 960 m	Site 3 895 m	Site 4 530 m	Site 5 450 m	Total
Piéges Sherman	5	13	7	6	7	38
Piéges Pitfall	12	6	25	23	2	68
Pièges National	3	1	0	0	0	4
Micromammifères Capturées	20	20	32	30*	9	111*

*: *Eliurus petteri* a ete capturé mais le type de piege a manqué à l'enregistrement.

pièges pitfall dont le nombre de nuits-pièges est moindre. L'efficacité des pièges se mesure par le nombre d'animaux obtenus à partir du type de pièges par rapport aux nuits-pièges effectuées à l'aide de ces mêmes pièges (Tableau 3.2.). Ainsi, les pièges pitfall s'avèrent beaucoup plus efficaces (68/792 nuits-pièges) que les autres types de pièges utilisés dans cette campagne (38/2381 pour les Sherman et 4/255 pour les National).

Résultat de capture chez les Insectivora (Lipotyphla) et rongeurs

Dans les cinq sites, 24 espèces de micromammifères ont été relevées (Tableau 3.3.). Dix-huit espèces sont des insectivores-Tenrecidae dont 13 *Microgale* avec une espèce introduite *Suncus murinus*. Six autres sont des rongeurs dont *Rattus rattus* qui est aussi une espèce introduite. Deux autres espèces n'ont été que vues ("observées") mais n'ont pas pu être capturées. La liste du Tableau 3.3. prend en compte aussi bien les espèces capturées qu'observées.

Pour les micromammifères terrestres, 111 captures ont été effectuées dont 82 pour les insectivores (Tenrecidae et Soricidae) et 29 pour les rongeurs (Tableau 3.2.). Deux individus de *Suncus murinus* (Soricidae), espèce introduite, font partie des résultats chez les insectivores. Parmi les espèces de Tenrecidae, les plus capturées sont *Microgale talazaci* avec 17,5 % des Tenrecidae, suivi de *M. drouhardi* avec 16,2 % puis de *Setifer setosus* avec 15%. La suite du taux de présence est détenue, en nombre très éloigné des espèces précédemment mentionnées, par *M. cowani* et *M. longicaudata* respectivement avec 10% et de 7,5%. Le reste du groupe de Tenrecidae a une occurrence plutôt rare avec deux à trois d'individus seulement, voire un pour *M. dobsoni*). Il faut signaler toutefois que si on comptait les taux d'observation de *Hemicentetes semispinosus* aussi bien en pleine forêt qu'en bordure des terrains de *tavy*, cette espèce peut figurer parmi celles qui sont les plus fréquentes pendant cette opération RAP.

Chez les rongeurs le taux de présence a été faible par rapport à celui des insectivores-Tenrecidae (Tableau 3.3.). Cinq espèces seulement ont été capturées et une juste observée (*Nesomys* cf. *rufus*). *Rattus rattus* est l'espèce la plus fréquente avec un résultat de 42% des animaux capturés, suivie par *Eliurus minor* avec 25% du nombre total de rongeurs capturés.

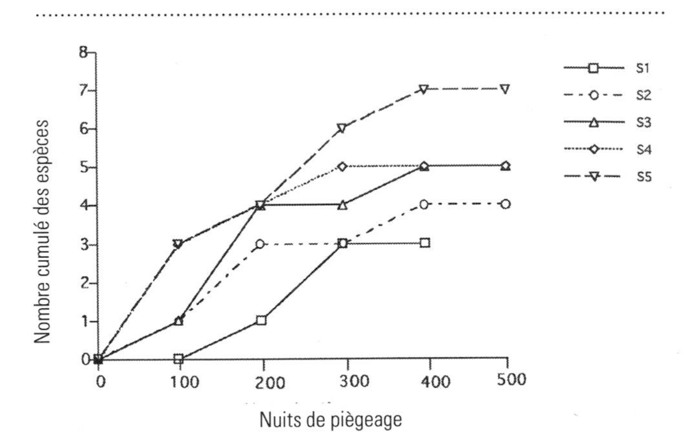

Figure 3.1. Courbes cumulées des espèces d'insectivores et de rongeurs capturés (à l' exception des pièges pitfall) dans le cinq sites du corridor Mantadia-Zahamena, Madagascar. S1 = Iofa (835 m), S2 = Didy (960 m), S3 = Mantadia (895 m), S4 = Andriantantely (540 m), et S5 = Sandranantitra (450 m).

Courbe cumulée des espèces d'Insectivora et de rongeurs

Cette courbe traduit l'évolution de l'apparition de nouvelles espèces après chaque nuit de piégeage (Figure 3.1.). Cette figure indique l'évolution des nombres d'espèces d'insectivores-Tenrecidae et de rongeurs capturés pendant la durée des opérations.

Les microchiroptères

Six espèces de microchiroptères ont été capturées. Le Tableau 3.4. montre le nombre d'espèces et d'individus obtenus dans les cinq sites de capture. Il semble que le résultat ne dépend pas des ou du nombre de filets mais plutôt de l'endroit où l'on tend les pièges. On a remarqué la capture de trois espèces de microchiroptères dans un même filet, chez les *Miniopterus*.

Les captures sont très réduites sauf à Andriantantely où en une seule capture nous avions pu collecter plus d'une dizaine d'individus de *Miniopterus manavi* en même temps qu'un individu de *Myotis goudotii*. A Sandranantitra, malgré la présence de microchiroptères que nous voyions assez souvent à travers la lumière de notre torche la nuit, nous n'avions obtenu qu'un seul individu des deux espèces *Myzopoda aurita* (endémique à Madagascar au niveau famille), et *Miniopterus manavi* dans une même soirée.

Notes sur les activités de reproduction des Micromammifères
Quelques espèces ont été trouvées dans un état de reproduction active pendant la période de capture lors du RAP entrepris dans le corridor Mantadia-Zahamena en novembre et décembre 1998 et janvier 1999. Cet état de reproduction a été mis en évidence chez la femelle, soit par les mamelles proéminentes ou glabres (dues aux tétées), soit par la présence même d'embryons chez les femelles gravides. Dans ce deuxième cas, on a essayé de dénombrer le nombre d'embryons. Chez le mâle, l'augmentation de l'activité de reproduction est mise en évidence par une exaltation d'odeur particulièrement forte sans doute pour attirer les femelles (ou pour repousser les autres mâles). Cette odeur est très remarquable chez *Setifer setosus* ou *Oryzorictes hova*. Par ailleurs, on note la présence d'un grand nombre de mâles dans les captures. S'agit-il de déplacement fréquent pour la recherche de congénères ? Certaines femelles des espèces suivantes ont été enregistrées gravides ou allaitantes :

Insectivores- Tenrecidae :

- *Hemicentetes semispinosus* : gravide avec 8 embryons, 7 paires de mamelles actives
- *Microgale talazaci* : gravides avec 2 à 3 embryons
- *Microgale principula* : 3 embryons

Tableau 3.3. Présence des espèces (capturées et observées) et nombre d'individus capturés par espèce dans les cinq sites. Voir l'Index Géographique pour les descriptions des sites.

Espèces	Site 1 835 m	Site 2 960 m	Site 3 895 m	Site 4 530 m	Site 5 450 m	Total	Sites de présence
Insectivores							
Microgale parvula	1	1		1	-	3	3
Microgale pusilla	-	-	1	1	-	2	2
Microgale drouhardi	4	-	5	4	-	13	3
Microgale longicaudata	-	-	5	1	-	6	2
Microgale principula	-	-	1	3	-	4	2
Microgale fotsifotsy	2	-	-	-	-	2	1
Microgale cowani	-	-	6	2	-	8	2
Microgale taiva	-	-	1	1	-	2	2
Oryzorictes hova	-	1	-	1	1	3	3
Microgale thomasi	2	-	-	-	-	2	1
Microgale talazaci	2	5	3	3	1	14	5
Microgale dobsoni	-	-	-	-	1	1	1
Microgale soricoides	-	2	-	-	-	2	1
Microgale gracilis	2	1	-	-	-	3	2
Suncus murinus	-	-	-	-	2	2	1
Hemicentetes semispinosus	obs*	obs	3	-	obs	3+obs	4
Setifer setosus	4	1+obs	2	5	-	12+obs	4
Tenrec ecaudatus	-	-	obs	-	-	-	
Total	**17**	**11**	**27**	**22**	**5**	**82+obs**	
Rongeurs							
Eliurus minor	2	4	-	1	1	8	4
Eliurus webbi	-	-	1	-	-	1	1
Eliurus tanala	-	-	1	-	-	1	1
Eliurus petteri	-	-	-	6	1	7	2
Rattus rattus	1	5	3	1	2	12	5
Nesomys cf. *rufus*	obs	-	-	obs	obs		2
Total	**3**	**9**	**5**	**8**	**4**	**29+obs**	

obs*: observé mais non capturé; les individus n'ayant été qu'observés n'entrent pas dans les décomptes des résultats de capture

Tableau 3.4. Nombres de filets nuits et nombre d'individus de microchiroptères capturés par site. Voir l'Index Géographique pour les descriptions des sites.

Microchiroptères	Site 1 835 m (6 filets-nuits)	Site 2 960 m (4 filets-nuits)	Site 3 895 m (4 filets-nuits)	Site 4 530 m (4 filets-nuits)	Site 5 450 m (4 filets-nuits)
Scotophilus robustus	1				
Miniopterus manavi				1	1
Miniopterus fraterculus				9	
Miniopterus gleni				1	
Myotis goudoti		1			
Myzopoda aurita					1

Note: un filet-nuit est un filet installé pendant une nuit à un endroit.

Rongeurs:

- *Rattus rattus* : 5 embryons
- *Eliurus minor*: gravide, 3 embryons

Microchiroptères:

- *Scotophilus robustus* (Vespertilionidae) est le seul exemple de microchiroptère capturé gravide avec 2 embryons.

Chez les mâles, un bon nombre de ces espèces a présenté des gonflements des testicules. Les *Microgale drouhardi* et *Microgale longicaudata* femelles, ne semblent pas être reproductivement actives.

Les observations très poussées n'ont pas été effectuées mais il semble que cette intensité d'activité reproductive n'était pas la même dans tous les sites. Le Site 1 a présenté un grand nombre d'espèces reproductivement actives aussi bien chez les Tenrecidae que chez les microchiroptères capturés et chez les rongeurs. On a aussi trouvé des tout jeunes *Hemicentetes semispinosus* à Mantadia (Site3) de deux à trois semaines d'âge. En tout cas, ces observations montrent l'existence d'une intense activité de reproduction chez les micromammifères aussi bien terrestres que volants pendant les mois de novembre - décembre.

DISCUSSION

Seul le Parc National de Mantadia est une aire protégée, les quatre autres sites d'intervention dans ce RAP étant des forêts classées qui ne bénéficient apparemment pas de protection légale, et sont sujettes à des exploitations diverses (Nicoll et Langrand 1989).

Efficacité des pièges

Au total, 2636 nuits-pièges ont été effectuées avec les pièges Sherman et National, et 792 avec les pièges *pitfall* (Tableau 3.1.). Les pièges *pitfall* se sont avérés les plus efficaces comme on a pu constater lors des captures effectuées à Andringitra (Goodman et Carleton 1996) ou à Anjanaharibe-Sud (Goodman et Jenkins 1998) ou encore à Andranomay (Rakotondravony et al. 1998). En effet, malgré des nuits-pièges plus nombreuses, les pièges Sherman ne se révélaient pas d'une grande efficacité surtout pour les insectivores ; ils sont plus rentables pour la capture des rongeurs (Tableau 3.2.). Ainsi, pour 2381 nuits pièges, on a capturé 38 animaux avec les Sherman alors que 68 animaux ont été capturés avec seulement 792 *pitfalls*. Les animaux capturés à l'aide des pièges Sherman sont presque essentiellement des rongeurs, rarement les insectivores à l'exception de *Microgale talazaci*. On ne connaît pas encore les vraies raisons de cette sélection, mais l'effet des barrières utilisées pour les trous-pièges y serait pour quelque chose. *Tenrec ecaudatus* (insectivore) et *Nesomys* cf. *rufus* (rongeur), deux espèces de micromammifères endémiques, n'ont pas pu être capturées mais seulement observées dans les forêts.

Pour les deux groupes de micromammifères (insectivores et rongeurs) et avec tous les types de pièges, la probabilité de capture a été de 0,03 (soit trois animaux seulement pour 100 pièges en considérant la totalité des sites de capture ou ce corridor en général (Tableau 3.1.)). C'est un pourcentage assez faible comparé aux captures réalisées à Andringitra (10,6%) (Goodman et Carleton 1996, Goodman et al.1996), et à Andranomay-Anjozorobe (7,3%) (Goodman et al. 1998). Il faut noter toutefois que les nuits de piégeage effectuées dans ces deux endroits ont été plus nombreuses que celles dans les cinq sites du corridor Mantadia-Zahamena. D'autre part, les captures à Andranomay-Anjozorobe ont été réalisées à 1300 m et que l'on a seulement considéré les résultats par les pièges trous à Andringitra pour les altitudes de 720 (la plus basse) à 1290 m. On a constaté dans ces deux zones que ce sont les altitudes entre 1200 - 1600 m qui sont les plus productives.

Si on regarde en détail cette probabilité de capture lors du RAP du corridor Mantadia-Zahamena, elle est différente sur chaque type de piège : 1,59 pour 100 pièges avec les Sherman, 8,68 avec les *pitfall* et 0,39 animaux capturés pour 100 pièges "National". Ceci est valable pour chacun des cinq sites (Tableau 3.2.).

Courbes d'accumulation des espèces

Dans quatre des cinq sites (Sites 2, 3, 4 et 5), les courbes d'accumulation des espèces atteignent leur plateau après quatre nuits de capture (Figure 3.1.). Le nombre cumulé d'espèces commence donc à se stabiliser à partir de la quatrième nuit de capture et la cinquième nuit, aucune nouvelle espèce n'a plus été capturée. Sur les captures effectuées par Goodman et al. (1997a) dans la Montagne d'Ambre, il arrivait que deux à trois nuits de piégeage suffisent pour avoir la liste des insectivores et des rongeurs du milieu. Toutefois, la même équipe a eu la surprise d'attraper une autre espèce d'insectivore vers le dixième jour de capture alors qu'ils n'ont rien obtenu entre le troisième et le neuvième jour sur le terrain.

Quatre nuits de piégeage ont été effectuées sur le Site 1. La courbe cumulée des espèces n'a pas encore atteint son plateau après ces quatre nuits. La cinquième nuit aurait-elle été nécessaire pour que ce site donne le même nombre d'espèces constatées aux Sites 3 et 4 (respectivement 13 et 14 espèces d'insectivores et de rongeurs)? Mais sur le Site 3, aucune nouvelle espèce ne s'est plus ajoutée après la troisième nuit de capture. Le résultat de capture est même nul à la cinquième nuit pour le Site 5, qui, de ce fait, a donné un résultat assez pauvre pour les micromammifères, aussi bien en qualité qu'en quantité.

Il est avéré que cinq nuits de capture sont relativement suffisantes pour obtenir un résultat global du nombre d'espèces de micromammifères vivant dans un lieu donné. Des nuits de piégeage beaucoup plus nombreuses (six, voire davantage) (Goodman et al. 1996, Goodman et al. 1997a) ne seraient toutefois pas inutiles si on veut épuiser en quelque sorte le nombre d'espèces vivant dans le milieu.

Diversité et richesse en micromammifères

On a trouvé 24 espèces de micromammifères (insectivores et rongeurs réunis), dans ce corridor Mantadia-Zahamena (Tableau 3.3.), dont 17 Tenrecidae avec 13 du genre *Microgale*, une espèce de Soricidae (*Suncus murinus*) et six espèces de Rongeurs avec *Rattus rattus. Suncus murinus et Rattus. rattus* sont des espèces introduites. Deux espèces de micromammifères n'ont pas pu être capturées par les pièges utilisés : *Tenrec ecaudatus* (Tenrecidae) et *Nesomys rufus* (rongeurs). Elles ont été toutefois observées à certains endroits. *T. ecaudatus* n'a été observée qu'une fois, à Mantadia, alors que *Nesomys* cf. *rufus* a été observée dans quatre des cinq sites. Une des raisons de ce maigre succès serait le nombre très réduit de pièges "National" (n=12) mis en place, qui sont très efficaces pour la capture de cette espèce (Rakotondraparany 1990).

Le nombre d'espèces de micromammifères (insectivores et rongeurs réunis) dans chaque site est supérieur ou égal à dix (à l'exception du Site 5 où n=9). Les plus nombreuses sont les *Microgale* spp. (insectivores-Tenrecidae).

La différence altitudinale entre le plus haut site de capture (960 m) et le plus bas (450 m) est de 510 m. Le site le plus élevé est le Site 2 (Didy à 960 m d'altitude) avec sept espèces d'insectivores-Tenrecidae et trois espèces de rongeurs. Le nombre d'espèces à ces altitudes à Andringitra est de sept insectivores et sept rongeurs (14 espèces au total), et trois insectivores et deux rongeurs à Anjanaharibe-Sud. Aux altitudes inférieures à 1200 m cependant, les chiffres peuvent atteindre huit insectivores et huit rongeurs (Goodman et al. 1996, Goodman et Jenkins 1998, Goodman et al. 1998). Les captures effectuées dans cette zone forestière du corridor Mantadia-Zahamena montrent une richesse plutôt élevée si on considère l'ensemble des taxons capturés. Cette richesse est plus marquée chez les insectivores, tandis que les rongeurs n'étaient pas très représentés surtout si on regarde au niveau de chaque site. On peut toujours présumer que les raisons de cette différence en rongeurs est l'insuffisance de nuits-pièges en Sherman et National-Tomahawk qui auraient aidé à capturer ces animaux.

La distribution des captures dans les 5 sites est inégale : les sites les plus riches pour lesquels on a obtenu le plus grand nombre d'espèces sont le Site 4 (Andriantantely, 530 m) et le Site3 (Mantadia, 895 m), tous les deux respectivement avec 13 (dix insectivores et trois rongeurs) et 14 espèces de micromammifères (dix insectivores et 4 rongeurs). Certes, les différences s'observent aussi au niveau de la présence ou de l'absence de quelques espèces, aussi bien des Tenrecidae que des rongeurs. Si la seule espèce commune aux deux sites, chez les rongeurs, est *Rattus rattus*, chez les insectivores, la différence n'est pas très remarquable avec *Microgale parvula, Oryzorictes hova, Hemicentetes semispinosus* et *Tenrec ecaudatus*. Ce sont en fait des espèces assez communes qui ont une large distribution (Eisenberg et Gould 1970). Le Site 5 de Sandranantitra à 450 m est le plus pauvre avec quatre espèces de rongeurs (dont *Rattus rattus*) et cinq seulement d'insectivores (dont *Suncus murinus*) (Tableau 3.3.).

Entre les deux sites qui appartiennent au domaine des basses altitudes (Andriantantely et Sandranantitra), une grande différence réside dans le résultat de capture de *Eliurus petteri*. En effet, on aurait pu penser que cette espèce qui a été absente à Mantadia et commence à être assez fréquente à Andriantantely, aurait pu continuer à l'être vers Sandranantitra, c'est-à-dire à mesure que l'on descend. Ce n'était pourtant pas le cas. Une limitation de la répartition horizontale de cette espèce ne serait donc pas à écarter. Cette espèce nouvellement décrite (Carleton 1994) semble cantonnée aux zones restreintes des basses altitudes.

Ecologie et distribution des espèces

La répartition des captures et la fréquence des espèces a travers les cinq sites ne sont pas les mêmes (Tableau 3.3.) tout en relativisant la faiblesse du nombre des espèces du Site 1 (Iofa) par l'insuffisance d'une nuit de piégeage pour ce site et où la courbe cumulative des espèces n'a pas encore atteint son plateau (Figure 3.1.).

Une espèce de rongeur endémique *Nesomys* cf. *rufus* a été observée dans quatre sites à l'exception du Site 3, Mantadia. En effet, cette espèce a été vue, pendant le jour dans la forêt en train de chercher de la nourriture (fruits tombés de

Uapaca sp. à Sandranantitra). Elle ne montrait pas beaucoup de crainte de la présence humaine et se laissait quelquefois approcher jusqu'à 4 m mais pas davantage. Une observation plus tardive dans l'après-midi était parfois possible, lorsqu'il commençait à faire sombre dans la forêt. Même si on ne l'a pas vu à Mantadia pendant cette période de capture, *Nesomys rufus* existe dans la Réserve Spéciale d'Analamazaotra, zone forestière faisant partie du même complexe d'Aire Protégée que Mantadia (Nicoll et Langrand 1989, Rakotondraparany obs. pers.).

Les trois espèces appartenant au groupe des grands Tenrecidae ont été aussi signalées comme "observé". En effet, *Setifer setosus* et *Hemicentetes semispinosus* ont été maintes fois vues aussi bien à l'intérieur qu'à la périphérie de la forêt. Ces deux espèces montrent une grande faculté d'adaptation écologique aux dégradations de leurs habitats originaux (Eisenberg et Gould 1970). *H. semispinosus,* par exemple peut même être observée en pleine ville comme à Maroantsetra (Rakotondraparany obs. pers.). C'est un animal actif tôt le matin et vers la fin de l'après-midi tandis que *S. setosus* est plutôt une espèce à activités nocturnes, rarement diurne. Il n'est donc pas surprenant de les avoir constaté présentes dans tous les sites lors de cette campagne de RAP Mantadia-Zahamena.

De son coté, bien que *Tenrec ecaudatus* n'ait été observé qu'une seule fois (à Mantadia) malgré la coïncidence de cette opération RAP avec la sortie en octobre - novembre de cette espèce de son état d'hibernation (Eisenberg et Gould 1970), l'on sait qu'elle est l'une des espèces les plus répandues à Madagascar et peut occuper tous les types de milieu terrestre (Eisenberg et Gould 1970). Cette relative absence mérite toutefois d'être mentionnée car cette espèce est chassée comme gibier (Rakotondraparany obs. pers.). Ces absences pourraient être interprétées aussi comme des signes de diminution de la population de l'espèce.

Entre le Site 3 (Mantadia, 895 m) et le Site 4 (Andriantantely, 530 m), il y a une dénivellation altitudinale de plus de 360 m, pourtant les espèces d'insectivores-Tenrecidae dans ces deux sites sont quasiment les mêmes à l'exception de *Microgale parvula, Oryzorictes hova,* et *Tenrec ecaudatus* (Tableau 3.3.). Les deux derniers sont des espèces à large distribution (Stephenson 1987, Eisenberg et Gould 1970). Entre les deux sites se trouve le Site 1 (Iofa, 835 m) qui est à 305 m au-dessus du Site 4 (Andriantantely, 530 m) mais tout juste à 60 m plus bas que le Site 3 (Mantadia, 895 m). Deux remarquables espèces de Tenrecidae sont absentes dans les deux forêts du Site 3 et du Site 4, mais présentes à Iofa. Ce sont *Microgale fotsifotsy* et *M. gracilis* qui devaient plutôt être des espèces des altitudes de 900 à 1250 m (Goodman et al. 1996, Goodman et al. 1999a,b), même si elles ont manqué à la campagne de capture menée par l'équipe de Goodman et al. (1998) dans la forêt d'Andranomay-Anjozorobe (1300 m).

A première vue, le site d'Iofa est moins riche en nombre d'espèces d'insectivores : huit espèces seulement par rapport aux deux sites ci-dessus (dix espèces) (Tableau 3.3.). Il existe là c un saut (ou "gap") de présence des espèces. Les raisons qui peuvent expliquer ces "discontinuités" pourraient être de deux sortes : 1) insuffisance de nuits de piégeages, le RAP n'ayant fait que cinq nuits d'activités de capture, et 2) mise en place des pièges qui auraient été déposés à des endroits non préférés par ces animaux qui ont donc manqué à la capture. Ainsi, cette insuffisance supposée de nuits de piégeage n'aurait pas permis aux autres espèces de visiter les pièges, en particulier *Microgale gracilis* qui, au vu des résultats de capture, ne s'est pas précipitée pour voir les pièges (capture au quatrième jour au Site 1), et qui est une espèce très prudente vis à vis des pièges *pitfall.* Une troisième raison qui pourrait intervenir serait le fait d'obstacles naturels qui pourraient engendrer des "gap" (Michael et al. 1993), qui fait que, naturellement, l'espèce est ponctuellement absente dans le milieu.

Chez les Tenrecidae, quatre espèces sont présentes à travers quatre sites au moins. Il s'agit de *Microgale talazaci*, de *M. drouhardi*, de *Hemicentetes semispinosus* et de *Setifer setosus.* Même *Microgale talazaci* est partout dans les cinq sites de capture. Cette espèce est en effet un généraliste (Nicoll et al. 1988), et donc peut se trouver aussi bien dans les formations forestières primaires que dans les zones relativement dégradées (Rakotondraparany 1988, Nicoll et al. 1988). Si cette espèce est présente dans la partie forestière orientale de Madagascar (Eisenberg et Gould 1970), sa répartition altitudinale est connue pour se trouver dans les altitudes de 1300 m (la plus haute) (Goodman et al. 1998) jusqu'aux zones côtières (Rakotondravony et al. 1998). Pour la latitude, la limite sud connue de cette espèce est le pic d'Ivohibe (Goodman et al. 1999c) quand on sait qu'elle n'a pas été trouvée à la RNI d'Andringitra dans les altitudes de sa distribution, mais qu'elle est présente sur la Montagne d'Ambre dans le Nord de la Grande Ile (Goodman et al. 1997a).

Ainsi, plusieurs espèces de micromammifères capturés dans ces cinq sites sont largement reparties dans cette forêt orientale malgache. En effet, en plus des espèces précédemment citées on peut ajouter *Microgale pusilla, M. cowani,* et *M. dobsoni.* Ces dernières peuvent persister dans des aires ayant subi des modifications anthropogéniques assez avancées (MacPhee 1987, Goodman et al. 1997b).

En ce qui concerne la pauvreté relative en micromammifères de Sandranantitra (Site 5, à 450 m), cette faible richesse est aussi remarquée au fur et à mesure que l'on descend vers le littoral, comme le montrent les études effectuées par Barden et al. (1991) à Ambatovaky (450 m) et par Stephenson (1987) à Anandrivola (600 m) ou celle entreprise à Tampolo, une forêt littorale (Rakotondravony et al. 1998). Cette situation peut être due aux structures des microhabitats qui ne seraient pas très favorables à l'existence de ces animaux qui préfèrent un milieu beaucoup plus fourni en terme de couverture herbacée ou de profondeur de litière pour éviter les prédateurs (Els et Kerkey 1996) et donc plus riche en insectes et petits vertébrés. Les microhabitats des basses altitudes ne répondent pas à ces besoins, car ils sont moins denses en couverture herbacée, et moins fournis en en arbres et arbustes (Quansah 1988, Stephenson 1987, Nicoll et al. 1988). Le taux de couverture herbacée et la profondeur de la litière sont beaucoup plus élevés en moyenne altitude, favorisant certainement, chez les micromammifères insectivores des déplacements plus surs pour éviter les prédateurs ou plus propices à la recherche de nourriture. Cette pauvreté serait aussi due à la proche proximité de la zone de capture de Site 5 (Sandranantitra) à des zones de défrichement, donc de dégradation, du moins à l'endroit où les pièges ont été installés. Cette dégradation est en quelque sorte corroborée par la présence de deux espèces introduites *Suncus murinus,* chez les insectivores, et *Rattus rattus* chez les rongeurs, espèces qui sont beaucoup plus compétitives pour envahir les zones perturbées. Leur présence est un signe de régression des habitats naturels (Stephenson 1987, Nicoll et al. 1988).

Quoiqu'il en soit, cette relative pauvreté ne pourrait alors s'observer que dans la bande biogéographique altitudinale des 400 m si encore on a pu avoir une richesse en espèces assez considérable (14 espèces) à 530 m, et dix espèces à Ambatovaky (450 m). Mais Green et Sussman (1990) ont remarqué que cette zone des 400 m est pratiquement dans les zones facilement accessibles donc facilement en proie à des activités de défrichement qui grignotent très rapidement le versant oriental de la forêt humide malgache. Cette pauvreté aurait donc une relation avec l'imminence des menaces anthropogènes de ces milieux. Chez les rongeurs, même si le nombre d'individus capturés n'est pas aussi satisfaisant, la richesse dans ce corridor Mantadia-Zahamena n'est pas différente des autres zones forestières orientales de Madagascar avec cinq espèces y compris *Rattus rattus,* en comparaison aux études faites dans les autres régions : sept à neuf à Andringitra et Anjanaharibe-Sud (Goodman et al. 1996, Goodman et al. 1998), cinq à Andohahela (Goodman et al. 1999b), quatre à Andranomay-Anjozorobe (Goodman et al. 1998). Il faut noter toutefois que ces nombres élevés sont obtenus dans les niveaux altitudinaux de 1200 m. Au niveau d'altitude de 500 à 800 mètres (niveau d'altitude du corridor Mantadia-Zahamena), les nombres d'espèces de rongeurs sont presque les mêmes.

Une situation plus particulière, pourtant, dans ce Corridor, est la fréquence relativement élevée de *Eliurus petteri* qui est très abondante dans les altitudes de 530 m (Sites 4 et 5). Dans les altitudes supérieures, cette espèce semble être relayée par *E. webbi* et *E. tanala.* L'aire de distribution de *E. petteri* a été donc élargie vers l'est et à des altitudes plus basses (Carleton 1994). Il en est de même de la continuité transversale de distribution d' *Eliurus minor* dont l'absence dans le résultat de capture au Site 3 ne serait que pur accident ou manque de nuit de piégeage car c'est l'espèce de rongeur endémique la plus répandue à travers toute la forêt de l'Est jusque dans les forêts littorales (Rakotondravony et al. 1998). On a même remarque que sa présence n'est pas du tout perturbée par celle de *Rattus rattus* quand on les a capturés aux même lieux à Iofa (les pièges "National" et les pièges Sherman avec lesquels on a capturé les deux espèces ne sont pas éloignés les uns des autres) et Sandranantitra.

Rattus rattus, le rongeur Muridae introduit est partout dans les cinq sites de capture. Il est particulièrement abondant au Site 2, Didy. La présence de *R. rattus* dans un milieu forestier a été interprétée comme des signes de perturbation (Goodman et Carleton 1996, Nicoll et al. 1988). Effectivement, ces signes ont été remarqués presque partout dans les forêts où nous sommes allés lors de ce RAP, sous forme de parcelles de défrichements en pleine forêt ou tout simplement des avancées considérables des pratiques des "tavy". Les 4 autres sites de travail étaient des forêts classées, donc sujettes à des exploitations diverses. Mantadia, le Site 3, une Aire Protégée n'a pas échappé à cette présence du rat noir. Y-a-t'il une relation entre le nombre relativement élevé de rats noirs à Didy et la faiblesse du nombre des espèces autochtones capturées aussi bien en rongeurs (deux espèces y compris *R. rattus*) qu'en insectivores ?

Un aspect à examiner chez ces Micromammifères est leur mode de cohabitation ou d'occupation des microhabitats. En effet, si l'on constate que certaines de ces espèces sont beaucoup plus nombreuses que d'autres dans les différents endroits de capture, des facteurs existent certainement qui favoriseraient la présence de chacune d'elles à ces endroits, du moins, dans le milieu ou l'on a effectué les captures. Le facteur structure des microhabitats a été déjà avancé, mais il est question aussi de la stratégie d'occupation du milieu (Nicoll et al. 1988). L'exemple du *Microgale longicaudata* illustre ce facteur. Cette espèce a des grandes capacités pour des activités arboricoles à cause de la superbe longueur de sa queue par rapport à son corps et sa petite taille (Eisenberg et Gould 1970, Goodman et Jenkins 1998) mais elle a pu être capturée en quantité non négligeable par les pièges trous qui sont au sol. Cette espèce continue donc à effectuer une part importante de ces activités au sol.

LES MENACES SUR LES MICROMAMMIFÈRES ET MESURES DE CONSERVATION DU CORRIDOR MANTADIA-ZAHAMENA

Mantadia (Site 3) fait partie des Aires Protégées. Les autres sites sont des forêts classées et donc seront sujettes à des exploitations de tout ordre. Il n'est donc pas surprenant qu'en plusieurs des endroits l'on soit directement confronté à des actes de défrichement par les villageois pour des "tavy" ou des exploitations forestières.

La fragmentation des habitats qu'on observe actuellement évolue pour former de petits lambeaux forestiers qui à la longue, risquent de ne plus pouvoir soutenir une communauté viable de micromammifères. Cette communauté est, pour le moment, constituée d'une dizaine espèces, ne serait-ce que chez les insectivores. Plusieurs théories dans ce sens ont été émises mais un exemple des effets de réduction des habitats a été donne par Primack (1995). La fragmentation des habitats favorise entre autres la pénétration des espèces exotiques qui sont plus résistantes et plus compétitives. Le corridor Mantadia-Zahamena est actuellement en proie à cette dégradation (Green et Sussman 1990). Le corridor est encore en mesure de tenir le rôle de pont biologique pour des brassages génétiques afin d'assurer la pérennisation des espèces et la préservation de la biodiversité. Malheureusement il est soumis à des pressions diverses notamment les "tavy" et l'exploitation du bois pour la construction. Les espèces de micromammifères qui sont présentes ailleurs (RNI d'Andringitra, RS d'Anjanaharibe-Sud, RNI d'Andohahela et Andranomay-Anjozorobe) dans les forêts orientales de Madagascar existent encore dans cette zone et notamment dans les aires sous protection légale, en l'occurrence Mantadia. Malgré la brièveté des opérations de capture, on a pu obtenir un nombre assez élevé d'individus d'insectivores et de rongeurs, ce qui reflète la richesse en espèces. C'est le cas particulièrement du Site 3 qui est une réserve avec dix espèces de Tenrecidae et trois espèces de rongeurs (dont *Rattus rattus*) et le site 4 proche d'Andriantantely, 530 m.

Dans les cinq sites visités du corridor Mantadia-Zahamena, il n'y a pas d'endémicité particulière mais une richesse en espèces d'insectivores et de rongeurs assez importante. L'importance du corridor est donc de pouvoir maintenir cette diversité en terme de communautés qui permettrait de pérenniser celle des zones protégées adjacentes (Zahamena et Mantadia). La disparition de ce corridor ou du moins la réduction de sa superficie résultera en une perte d'informations, aussi bien génétiques qu'écologiques car il est nécessaire de savoir comment cette diversité d'espèces arrive à se maintenir dans un milieu donné mais aussi de connaître l'influence des espèces introduites sur les espèces autochtones.

Les sites témoins de ces avancées de la destruction des habitats sont en premier lieu Sandranantitra dans les basses altitudes et Didy dans les moyennes altitudes. Le premier est considéré le plus menacé car non seulement les communautés de micromammifères n'y sont pas très riches, ce qui augmente le risque d'une disparition plus rapide de la faune sur ce site. Il est évident que la proximité des zones forestières et des populations humaines vivant traditionnellement des "tavy" représentera une menace imminente pour ces forêts. La préservation des communautés est un critère important pour programmer des mesures de conservation au lieu d'une approche qui se limite à une ou deux espèces uniquement (Primack 1995).

BIBLIOGRAPHIE

Barden, T. I., M. I. Evans, C. J. Raxworthy, J.-C. Razafimahaimodison, et A. Wilson. 1991. The Mammals of Ambatovaky Special Réserves. *In* Thompson, P. M. and M. I. Evans (eds.) A survey of Ambatovaky Special Réserve. Madagascar Environmental Research Group. London. UK. Pp.5-1-5-22.

Carleton, M.D. 1994. Systematic studies of Madagascar's endemic rodents (Muroidea: Nesomyinae): revision of the genus *Eliurus*. American Museum Novitates 3087: 1-55.

Durell, G. et L. Dunett. 1987. L'avenir de la flore et de la faune uniques de Madagascar: la première des grandes priorités de la conservation mondiale. *In* Mittermeier R. A., L. H. Rakotovao, V. Randrianasolo, E. J. Sterling, et D. Devitre (eds.) Priorités en matière de conservation des espèces à Madagascar. Occasional Papers of the IUCN-SSC. Pp 7-10.

Eisenberg, J.F. et E. Gould. 1970. The Tenrecs: A study in mammalian behavior and evolution. Smithsonian Contribution to Zoology N°27.

Els, L. M. et G. I. H. Kerkey. 1996. Biotic and abiotic correlates of small mammal community in the Groendal Wilderness Area, Eastern Cape, South Africa. Koedoe. 39/2: 127-130.

Goodman, S. M. et M. D. Carleton. 1996. The Rodents of the Réserve Naturelle Intégrale d'Andringitra, Madagascar. *In* Goodman, S. M. (ed.) A floral and faunal inventory of the Réserve Naturelle Intégrale d'Andringitra, Madagascar: with reference to elevational variation. Fieldiana: Zoology, New Series N°30. Pp 218-230.

Goodman, S. M. et P. D. Jenkins. 1998. The Insectivores of the Réserve Spéciale d'Anjanaharibe-Sud, Madagascar. *In* Goodman, S. M. (ed.) A floral and faunal inventory of the Réserve Spéciale d'Anjanaharibe-Sud, Madagascar: with reference to elevational variation. Fieldiana: Zoology, New Series N°90. Pp 139-161.

Goodman, S. M., C. J. Raxworthy et P. D. Jenkins. 1996. Insectivore Ecology in the Réserve Naturelle Intégrale d'Andringitra, Madagascar. *In* Goodman, S. M. (ed.) A floral and faunal inventory of the Réserve Naturelle Intégrale d'Andringitra, Madagascar: with reference to elevational variation. Fieldiana: Zoology, New Series N°30. Pp 1-319.

Goodman, S. M., J. U. Ganzhorn, L. E. Olson, M. Pidgeon et V. Soarimalala. 1997a. Annual variation in species diversity and relative density of rodents and Insectivore in the Parc National de la Montagne d'Ambre. Ecotropica. 3:109-118.

Goodman, S. M., P. D. Jenkins et O. Langrand. 1997b. Exceptional records of *Microgale* species (Insectivora: Tenrecidae) in vertebrate food remains. Bonner Zoologische Beiträge. 47:135-138.

Goodman, S. M., D. Rakotondravony, L. E. Olson, E. Razafimahatratra, et V. Soarimalala. 1998. Les Insectivores et les Rongeurs. *In* Rakotondravony, D. & S. M.Goodman (eds.). Inventaire biologique Forêt d'Andranomay, Anjozorobe. Recherches pour le Développement, Série Sciences Biologiques. N°13. Pp: 80-93.

Goodman, S. M., P. D. Jenkins et M. Pidgeon. 1999a. Lipotyphla (Tenrecidae and Soricidae) of the Réserve Naturelle Intégrale d'Andohahela, Madagascar. *In* Goodman, S. M. (ed.) A floral and faunal inventory of the Réserve Naturelle Intégrale d'Andohahela, Madagascar: with reference to elevational variation. Fieldiana: Zoology, New Series N°94. Pp 187-216.

Goodman, S. M., M. D. Carleton et M. Pidgeon. 1999b. Rodents of the Réserve Naturelle Intégrale d'Andohahela, Madagascar. *In* Goodman, S. M. (ed.) A floral and faunal inventory of the Réserve Naturelle Intégrale d'Andohahela, Madagascar: with reference to elevational variation.Fieldiana: Zoology, New Series N°94. Pp 217-250.

Goodman, S. M., B. P. N. Rasolonandrasana, et P. D. Jenkins. 1999c. Les Insectivores (ordre Lipotyphla). *In* Goodman S.M. & B. P. N. Rasolonandrasana (eds). Inventaire biologique de la Réserve Spéciale du Pic d'Ivohibe et du couloir forestier qui la relie au Parc National d'Andringitra. Recherches pour le Développement, Série Sciences Biologiques N°15. Pp 181.

Green, G. M. et R. W. Sussman. 1990. Deforestation history of the eastern rain forest of Madagascar from satellite images. Science. 248:212-215.

MacPhee, R. D. E., 1987. The shrew tenrecs of Madagascar: systematic revision and Holocene distribution of *Microgale* (Tenrecidae: Insectivora). American Museum Novitates 2889:1-45

Michael J.S., F. Davis, B. Scuti, R. Noss, B. Butterfield, C. Groves, H. Anderson, S. Caicco, F. D'erchia, T. C. Edwards jr., J. William et R. G. Wright. 1993. Gap analysis: a geographic approach to protection of biological diversity.Wildlife Monographs. 123: 1-41.

Mittermeier, R.A., L. H. Rakotovao, V. Randrianasolo, E. J. Sterling, et D. Devitre. 1987. Priorités en matière de conservation des espèces à Madagascar. IUCN, Gland.

Nicoll, M. et O. Langrand. 1989. Madagascar: Revue de la conservation et des Aires Protégées. World Wide Fund for Nature, Gland, Switzerland.

Nicoll, M. N., F. Rakotondraparany et V. Randrianasolo. 1988. Diversité des petits mammifères en forêt tropicale humide de Madgascar: Analyse preliminaire. *In* Rakotovao, L., V. Barre et J. Sayer (eds.). L'equilibre des écosystèmes forestiers à Madagascar: Actes d'un seminaire international. IUCN, Gland, Switzerland et Cambridge, UK. Pp 241-252.

Primack, R. B. 1995. A primer of conservation biology. Sinauer Associates Inc. Sunderland, Massachusetts USA.

Quansah, N. 1988. Manongarivo Special Réserve (Madagascar) 1987/88 expedition. Unpublished report. Madagascar Environmental Research Group.

Rakotondraparany, F. 1988. Influence des microhabitats sur la distribution des petits mammifères de la forêt d'Analamazaotra-Andasibe. PhD thesis, Université de Antananarivo, Madagascar.

Rakotondraparany, F. 1990. Résultats de capture comparés entre les pièges "Sherman" et pièges "National" dans la forêt d'Hafatrapeo-Anjozorobe. Unpublished Report. Parc Botanique et Zoologique de Tsimbazaza, Antananarivo, Madagascar.

Rakotondraparany, F. 1997. Inventaire faunistique de la forêt naturelle de Tsinjoarivo-Ambatolampy. Unpublished Report. Projet de Développement Forestier Intégré dans la région de Vakinankaratra, Ambatolampy, Madagascar.

Rakotondravony, D., S. M. Goodman, J.-M. Duplantier, et V. Soarimalala. 1998. Les Petits Mammifères. *In* Ratsirarson, J. & S. M. Goodman (eds.) Inventaire biologique de la forêt littorale de Tampolo (Fenoarivo-Atsinanana). Recherches pour le Développement, Série Sciences Biologiques, N°14. Pp 197-211.

Stephenson, P. J. 1987. Small mammal report. *In* Stephenson P. J., C. Raxworthy, N. Quansah et D. Cemmick (eds.). Expedition to Madagascar 1986. University of London, UK.

Chapitre 4

L'avifaune du corridor Mantadia-Zahamena, Madagascar

Hajanirina Rakotomanana, Harison Randrianasolo et Sam The Seing

RÉSUMÉ

Une étude a été réalisée sur les espèces d'oiseaux se trouvant dans le corridor Mantadia-Zahamena, Madagascar. Pour inventorier l'avifaune, deux techniques ont été utilisées: le comptage par la liste de MacKinnon et l'appel par cris préenregistrés. Quatre-vingt-neuf espèces ont été répertoriées au sein du corridor. Les espèces forestières résidentes étaient au nombre de 64 à Iofa, 68 à Didy, 70 à Mantadia, 64 à Andriantantely et 62 à Sandranantitra. Les courbes cumulatives des espèces montrent qu'une majorité des espèces (entre 90 et 98 %) relevées dans chaque site l'a été après 5 jours d'inventaire. 70,78 % des espèces recensées sont endémiques à Madagascar. Quelques espèces menacées d'extinction ont été notées telles que l'Aigle serpentaire (*Eutriorchis astur*) à Didy, l'Effraie de Soumagne (*Tyto soumagnei*) et le Philépitte faux souimanga de Salomonsen (*Neodrepanis hypoxantha*) à Mantadia et l'Oriolie de Bernier (*Oriola bernieri*) à Sandranantitra. Les similarités qui existent entre les sites inventoriés et les aires protégées environnantes indiquer que le corridor Mantadia-Zahamena constitue une zone d'importance biogégraphique. Nos résultats essaient d'identifier les priorités de conservation afin de recevoir une assistance financière et technique de la part des organismes extérieurs.

INTRODUCTION

Grâce à des travaux intensifs effectués par de nombreux chercheurs depuis 1980 (Collar et Stuart 1985, Dee 1986, Nicoll et Langrand 1989, Langrand 1990), plusieurs sites ont été classés comme prioritaires de conservation pour les oiseaux malgaches (Ganzhorn et al. 1997). La Réserve Naturelle Intégrale (RNI) de Zahamena et le Parc National (PN) de Mantadia font partie de ces sites mais aucune étude n'a été auparavant entreprise dans le corridor Mantadia-Zahamena, même si l'évaluation globale des ressources biologiques de ce corridor permet de préserver des flux génétiques et de comprendre des échanges entre espèces dans cette région.

Avec la méthode d'inventaire biologique rapide, nous essayons de combler les vides en matière de connaissance scientifique de la région. Dans ce rapport, nous allons donner la liste des espèces d'oiseaux recensées, leur indice d'abondance relative dans les différents sites, leurs statuts et le taux d'endémicité de la région. Par ailleurs, nous essayons de comparer sur le plan ornithologique les sites inventoriés avec les aires protégées environnantes.

MÉTHODES

Méthode d'inventaire

Pour cette évaluation rapide de la biodiversité, l'inventaire des oiseaux a été effectué dans cinq sites du corridor à savoir le PN de Mantadia (Site 3, 895 m) et les quatre forêts classées de Iofa (Site 1, 835 m), Didy (Site 2, 960 m), d'Andriantantely (Site 4, 530 m) et de Sandranantitra (Site 5, 450 m). Deux méthodes ont été utilisées pour la réalisation de cet inventaire:

le comptage par la liste de MacKinnon et l'appel par cris préenregistrés. Le comptage direct par la liste de MacKinnon était choisi par sa commodité pour inventorier l'avifaune du corridor Mantadia-Zahamena. Il s'agit d'établir des listes en marchant le long d'une piste préétablie (environ 2 km) avec une vitesse constante (1 km par heure). Chaque liste comporte dix espèces d'oiseaux. Ces 10 espèces sont enregistrées soit par la reconnaissance de leur chant, soit par une observation directe (à l'oeil nu ou à l'aide des jumelles). L'appel par cris préenregistrés a été utilisé afin de pouvoir déterminer la présence des espèces rares. Dans l'ensemble, le recensement a été commencé tôt dans la matinée (à partir de 0430 h) et recommencé à partir de 1600 h dans l'après midi.

Détermination d'indice d'abondance relative

La méthode de la liste MacKinnon permet aussi de déterminer effectivement l'indice d'abondance relative de différentes espèces IAR. IAR pourrait être traduit par le nombre d'individus recensés auditivement et visuellement (pour chaque espèce) par le nombre de listes MacKinnon obtenues dans chaque site. IAR varie de 0 à 1 avec le chiffre 0 qui indique que l'espèce n'était pas détectée dans l'ensemble de listes MacKinnon et le chiffre 1 qui signifie que l'espèce était toujours enregistrée dans toutes les listes avec comme possible conclusion que cette espèce est la plus abondante dans la région.

Détermination de degré de similarité entre les sites inventoriés

Afin de pouvoir comparer les différents sites inventoriés deux à deux, l'indice de Bray et Curtis a été utilisé en se basant sur les indices d'abondance relative des espèces détectables dans les différents sites (Bray et Curtis 1957). Cet indice correspond au degré de similarité entre des deux sites comparés, et est exprimé par la formule:

$$IBC= 1- [\sum |xi - yi| / \sum (xi +yi)]$$

où IBC: indice de similarité de Bray et Curtis

xi: l'indice d'abondance relative de l'espèce i dans un site

yi: l'indice d'abondance relative de l'espèce dans l'autre site.

La valeur de cet indice est variable de 0 à 1. Zéro signifie qu'il n'y a aucune ressemblance entre les deux sites comparés et plus la valeur s'approche de un, plus les deux sites se ressemblent du point de vue abondance et composition en espèces. Le logiciel BioDiversity Professional (MacAleece 1997) a été utilisé pour la construction de dendrogramme de similarité de Bray et Curtis.

Comparaison des sites inventoriés avec les aires protégées environnantes

En utilisant le logiciel Biodiversity Professional et les données non-publiées de ZICOMA (Zones d'Importance pour la Conservation des Oiseaux à Madagascar), on a pu comparer sur le plan ornithologique les sites que nous avons inventoriés avec les aires protégées de Betampona et de Mangerivola. La Réserve de Mangerivola est située à environ 128 km au nord est du PN de Mantadia tandis que celle de Betampona se situe à environ 200 km au nord est du PN de Mantadia (les distances sont à vol d'oiseau). Il faut noter que la méthode utilisée a été la même que celle de ces aires environnantes. Quoique la durée de notre expédition dans chaque site ne fusse pas la même que celle des expéditions réalisées dans la Réserve Spéciale de Betampona (S6*) et la RNI de Mangerivola (S7*), les périodes d'inventaire se sont situées dans l'intervalle de période d'activité des oiseaux.

Statut et endémicité

Les catégories de menaces des espèces actuellement utilisées dans les listes rouges ont été définies, même si elles ont subi quelques modifications, il y a presque 30 ans. Les propositions présentées dans ce rapport sont issues d'un processus continu de rédaction, de consultation et de validation de la version du «Birds to watch 2-The World List of Threatened Birds (Collar et al. 1994). Comme dans les catégories de menaces de l'IUCN déjà définies, l'abréviation de chaque catégorie a été conservée en anglais. Les noms scientifiques et français ainsi que l'endémicité proposée suivent Langrand (1995) à l'exception de l'espèce *Cryptosylvicola randrianasoloi* qui est récemment décrite (Goodman et al. 1996).

RÉSULTATS

Les espèces inventoriées dans les différents sites

Les courbes montrant le nombre cumulatif d'espèces en fonction du nombre de jours dans les différents sites atteignaient le plateau dès le cinquième jour du recensement. Par la suite, deux ou trois espèces s'ajoutent vers la fin de l'inventaire (Fig. 4.1.). On a approximativement le même nombre d'espèces recensées dans les trois Sites 1, 2, 3 (environ 60 espèces), et ce nombre est plus faible dans les Sites 4 et 5. La plupart des espèces recensées sont purement forestières.

Au total, 89 espèces ont été recensées dans cette région. 70,78% des espèces recensées sont endémiques à Madagascar et 21,34% sont endémiques à Madagascar et des îles. La plupart de ces espèces endémiques sont réparties dans les familles endémiques (Brachypteraciidae, Leptosomatidae, Vangidae). Quelques espèces menacées d'extinction ont été notées telles que l'Aigle serpentaire (*Eutriorchis astur*), dans la forêt classée de Didy, l'Effraie de Soumagne (*Tyto soumagnei*) et le Philépitte faux souimanga de Salomonsen (*Neodrepanis hypoxantha*) dans le Parc National de Mantadia, l'Oriolie de Bernier (*Oriola bernieri*) dans la Forêt Classée de Sandranantitra, les Rolliers (*Brachypteracias squamiger*, *B. leptosomus*) dans les différents sites (Annexe 7). Toutefois, on a aussi noté la présence des espèces non-forestières comme le Faucon de Newton (*Falco newtoni*).

Indice d'abondance relative des différentes espèces

L'indice d'abondance de chaque espèce est très variable d'un site à l'autre. L'Annexe 8 suggère que les espèces qui avaient une abondance remarquable étaient *Nectarinia souimanga, Hypsipetes madagascariensis* et *Calicalicus madagascariensis* et quelques espèces paraissaient rares, c'est-à-dire qu'elles étaient présentes uniquement dans un des 5 sites étudiés, avec un IAR faible (par exemple, *Schetba rufa, Neomixis striatigula, Coua cristata*).

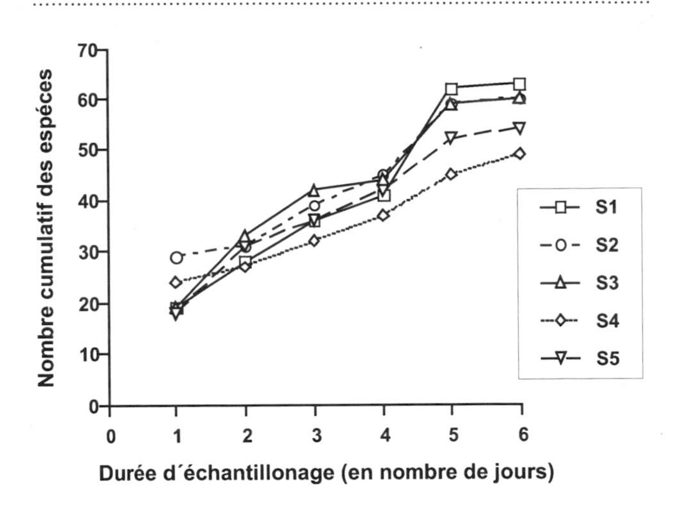

Figure 4.1. Courbe montrant le nombre cumulatif des espèces d'oiseaux recensées en fonction du nombre de jours dans les cinq sites du corridor Mantadia-Zahamena, Madagascar. S1 = Iofa (835 m), S2 = Didy (960 m), S3 = Mantadia (895 m), S4 = Andriantantely (530 m), et S5 = Sandranantitra (450 m).

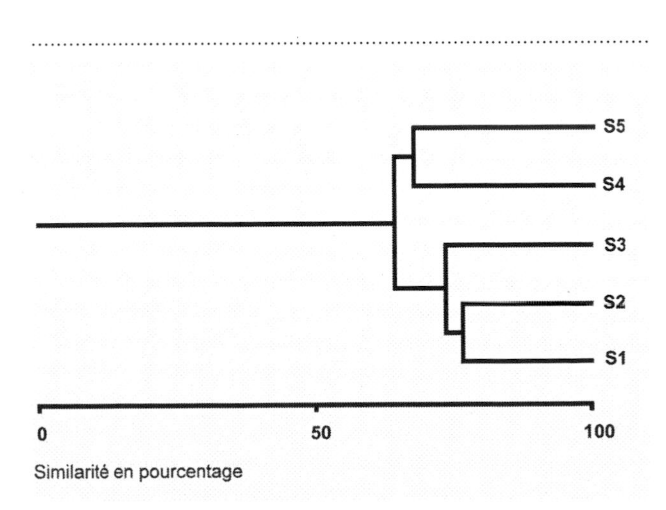

Figure 4.2. Dendrogramme montrant les similarités entre les cinq sites inventoriés dans le corridor Mantadia-Zahamena, Madagascar. S1 = Iofa (835 m), S2 = Didy (960 m), S3 = Mantadia (895 m), S4 = Andriantantely (530 m), et S5 = Sandranantitra (450 m).

Les similarités entre les sites inventoriés

Sur le plan ornithologique, les cinq types de sites paraissent comparables. On note plus de 50% de similarité et les valeurs de l'indice de Bray et Curtis entre les différents sites comparés deux à deux varient de 0,64 à 0,76 (Tableau 4.1.) même s'il y a une variation au niveau des espèces caractéristiques (Annexe 7). Les résultats soulignent que les Sites 1 et 2 et Sites 1 et 3 se ressemblent beaucoup sur le point de vue structure de la communauté aviaire. D'un autre coté, on constate que les Sites 4 et 5 se distinguent beaucoup des autres sites inventoriés.

Les similarités entre les sites inventoriés et les aires protégées environnantes

En comparant la structure de la communauté aviaire des sites inventoriés avec celle des aires environnantes choisies (Fig. 4.2.), on a plus de 50% de similarité et les valeurs de l'indice de Bray et Curtis varient de 0,52 à 0,76. Effectivement, les ressemblances entre les sites inventoriés et les aires protégées environnantes sont variables, les Sites 5 et 7* montrent une ressemblance frappante, avec 75,72% de similarité. En revanche, le Site 6* ressemble peu aux sites inventoriés.

DISCUSSION

Malgré l'accès difficile des sites inventoriés (à l'exception du PN de Mantadia) d'une part et le temps d'expédition très court d'autre part, l'effort d'inventaire montre qu'une grande majorité des espèces ont été recensées. Dans ce rapport, nous nous contentons seulement de la comparaison des espèces non aquatiques. Pour avoir des résultats fiables, la méthode semi quantitative a été utilisée afin de comparer la composition en espèces et l'abondance relative de la communauté aviaire des différents sites. Les indices d'abondance relative des différentes espèces montrent que la plupart des espèces recensées ne sont pas réparties d'une façon homogène. Nous n'avons pas des données suffisantes pour expliquer la différence entre les Sites 4, 5 et les autres

Tableau 4.1. Indice de similarité de Bray et Curtis entre les différents sites du corridor Mantadia-Zahamena, Madagascar. S1 = Iofa, S2 = Didy; S3 = Mantadia; S4 = Andriantantely; S5 = Sandranantitra; S6* = Betampona, S7* = Mangerivola (* indique Aires Protégées environnantes).

Sites	S1	S2	S3	S4	S5	S6*	S7*
S1		0,76	0,76	0,69	0,70	0,59	0,66
S2			0,73	0,64	0,64	0,52	0,59
S3				0,64	0,68	0,57	0,64
S4					0,67	0,60	0,66
S5						0,62	0,75
S6*							0,62

sites mais on peut au moins avancer que l'inégalité de la couverture végétale pourrait modifier les chiffres de répartition. Ce point de vue est supporté par Collar et al. (1987). La différence sur la composition en espèces et la densité ne s'explique pas seulement au niveau perturbation mais aussi au niveau modification du microhabitat. D'autre part, il faut mentionner que les Sites 4 et 5 se trouvent dans une région de basse altitude.

L'insuffisance des données obtenues sur les réserves de Betampona et de Mangerivola par l'équipe de ZICOMA limite effectivement notre discussion sur la comparaison entre les différents sites. Néanmoins, on peut déduire que les similarités qui existent entre les aires protégées environnantes et le corridor pourraient indiquer que le corridor constitue un véritable pont biologique entre les aires protégées. D'après nos résultats, les sites inventoriés ont une grande diversité d'avifaune et un taux d'endémicité très élevé. De ce fait, le morcellement des forêts c'est-à-dire la dégradation progressive du corridor menace tous les écosystèmes forestiers. Ainsi, il s'avère nécessaire de protéger le corridor afin de pouvoir garder la stabilité dynamique de l'écosystème, c'est-à-dire qu'il est indispensable à la préservation des flux génétiques et aux échanges entre espèces (Ganzhorn et al. 1997). Le bilan de ce travail montre que les zones actuellement protégées ne sont pas suffisantes pour assurer la protection des oiseaux menacés d'extinction et endémiques à Madagascar. Ceci peut traduire que plusieurs sites ayant une importance biologique remarquable et extrêmement prioritaires en matière de conservation d'oiseaux sont situés en dehors des aires protégées.

IMPORTANCE POUR LA CONSERVATION ET RECOMMANDATIONS

Nous avons essayé d'évaluer globalement l'importance de la faune ornithologique de la région. Cette présente étude n'est qu'un début et nous espérons qu'elle contribuera à éclaircir les échanges entre les différentes espèces dans la région et que les résultats soulignent l'importance d'une étude intensive sur les aires de répartition géographique des espèces rares comme l'Aigle serpentaire ou l'Effraie de Soumagne. Les résultats obtenus suggèrent donc que le corridor Mantadia-Zahamena fait partie d'une zone d'importance biogéographique, et il est primordial d'élaborer une réglementation de contrôle si on veut diminuer les exploitations illicites des bois de valeur qui paraissent affecter la répartition des espèces endémiques (qui sont vulnérables à la modification des conditions originales de leur biotopes; Collar et Stuart 1985) d'une part et il convient de mettre en place une politique de conservation pour les zones situées en dehors des aires protégées et d'élargir ce système d'autre part. Nos résultats essaient d'identifier les priorités de conservation afin de recevoir une assistance financière et technique de la part des organismes extérieurs.

BIBLIOGRAPHIE

Bray, J.R. et J.T. Curtis. 1957. An ordination of the upland forest communities of southern Wisconsin. Ecological Monograph. 27: 325-334.

Collar, N.J. et S.N. Stuart. 1985. Threatened birds of Africa and related islands: the ICBP/IUCN Red Data Book, part 1. Third edition. International Council for Bird Preservation and International Union for Conservation of Nature and Natural Resources, Cambridge.

Collar, N.J., T.J. Dee et P.D. Goriup. 1987. La conservation de la nature à Madagascar : la perspective du CIPO. *In* Priorités en matière de conservation des espèces à Madagascar. International Union for Conservation of Nature and Natural Resources, Cambridge. Pp, 97-108.

Collar, N.J., M. Crosby et A. Stattersfield. 1994. Birds to Watch 2: The World list of threatened birds. Second edition. Cambridge, UK.

Dee, T.J. 1986. The Status and Distribution of the Endemic Birds of Madagascar. International Council for Bird Preservation, Cambridge, UK.

Ganzhorn, J.U., B. Rakotosamimanana, L. Hannah, J. Hough, L. Iyer, S. Olivieri, S. Rajaobelina, C. Rodstrom et G. Tilkin. 1997. Priorities for biodiversity conservation in Madagascar. Primate report 48-1, Göttingen, Germany.

Goodman, S., O. Langrand et B. Whitney. 1996. A new genus and species of passerine from the eastern rain forest of Madagascar. Ibis. 138: 153-159.

Langrand, O. 1990. Guide to the birds of Madagascar. Yale University Press, New Haven and London.

Langrand, O. 1995. Guide des oiseaux de Madagascar. Delachaux et Niestlé & WWF.

MacAleece, N. 1997. Biodiversity Professional Beta 1. The Natural History Museum and The Scottish Association for Marine Science.

Nicoll, M. E. et O. Langrand. 1989. Revue de la conservation et des aires protégées, World Wide Fund for Nature, Gland, Switzerland.

Chapitre 5

Inventaire des reptiles et amphibiens du corridor Mantadia-Zahamena, Madagascar

Nirhy Rabibisoa, Jasmin E. Randrianirina, Jeannot Rafanomezantsoa et Falitiana Rabemananjara

RÉSUMÉ

Un inventaire biologique rapide des reptiles et des amphibiens a été réalisé dans le corridor Mantadia-Zahamena, Madagascar. Cent vingt neuf (129) espèces y ont été totalement inventoriées dont 93% sont d'origine forestière et sont considérées comme les plus sensibles à toute variation brusque d'habitat. Les autres espèces non forestières pourraient être utilisées comme indicatrices de la dégradation forestière. Les sites de basse altitude sont les milieux de préférence pour les reptiles et les amphibiens du corridor. Parmi les cinq sites, ces sites de basse altitude présentent une diversité plus élevée par rapport aux autres (72 et 67 espèces respectivement pour les sites d'Andriantantely et de Sandranantitra et 37, 41 et 43 pour Iofa, Didy et Mantadia). Vingt espèces environ sont considérées comme endémiques à la région. La conservation de la richesse spécifique en matière d'herpétologie dans ce corridor nécessite la protection des cinq sites étudiés, et plus particulièrement des sites d'Andriantantely et de Didy. La diversité herpétologique du corridor Mantadia-Zahamena est loin d'être connue surtout pour les espèces de moyenne altitude, car au cours de notre visite, certaines espèces communes de la région qui devraient exister n'étaient pas observées du fait de l'absence de pluie. La fréquence de rencontre de la majorité de ces espèces est rare ou très rare, à l'exception du site de Sandranantitra.

INTRODUCTION

L'herpétofaune malgache est exceptionnelle et riche à la fois avec un taux d'endémisme très élevé. Sur environ 300 espèces de reptiles, 93% sont endémiques à Madagascar et sur 170 espèces d'amphibiens malgaches connues actuellement, 98% environ sont endémiques. L'interprétation biogéographique de ces espèces a évolué depuis longtemps avec de nouvelles découvertes à chaque inventaire réalisé par l'équipe de l'Université de Michigan et d'autres chercheurs. Quoi qu'il en soit, le statut défini par Jenkins (1987) mérite encore une attention particulière pour évaluer l'état de population de certaines espèces.

La région d'Andasibe et les zones forestières avoisinantes sont les parties de Madagascar les plus visitées pour l'étude herpétologique. Quatre-vingt espèces d'amphibiens et 47 espèces de reptiles ont été recensées dans cette partie de la forêt dense humide de l'Ile d'après les littératures disponibles actuellement (Blommers-Schlösser et Blanc 1991, Glaw et Vences 1994, Razafiarisoa 1996, Raselimanana 1998). Parmi elles, seule *Ptychadena mascareniensis* est non endémique à Madagascar. En 1997 (mois de février), A.T.W. Consultants, dont le chef de mission a été David Meyers, a dirigé une équipe multidisciplinaire pour effectuer des inventaires floristique et faunistique dans cette région d'Andasibe. Leurs sites d'étude étaient concentrés dans l'axe «Ambatovy-Torotorofotsy». Cette équipe a recensé 85 espèces de Reptiles et d'Amphibiens (J. Rafanomezantsoa comm. pers.).

Le complexe corridor Mantadia-Zahamena héberge la *Mantella* rouge ou «golden mantella», l'amphibien le plus célèbre de Madagascar. Cette espèce n'était connue jusqu'à présent que dans la région de Torotorofotsy et de Fierenana (BIODEV 1995).

Du 7 novembre 1998 au 26 janvier 1999, un inventaire biologique rapide a été organisé par Conservation International dans ce corridor. Le but de cette étude est de collecter des informations de base sur la richesse spécifique de la flore et de la faune en vue de la gestion rationnelle de ce corridor.

MÉTHODES ET MATÉRIELS

Les travaux d'inventaire sont centrés sur cinq sites du corridor à savoir le Parc National (PN) de Mantadia (Site 3, 895 m) et les quatre Forêts Classées (FC) de Iofa (Site 1, 835 m), de Didy (Site 2, 960 m), d'Andriantantely (Site 4, 530 m) et de Sandranantitra (Site 5, 450 m). L'inventaire de l'herpétofaune a été conduit pendant la saison estivale, période pendant laquelle la plupart des reptiles et des amphibiens sont en reproduction et manifestent une forte activité.

Méthode de transects

Ce sont des observations directes effectuées pendant le jour et la nuit le long des itinéraires-échantillons (pistes) mesurés par les groupes de primatologues et d'ornithologues et suivant les bordures de milieux aquatiques. Pendant la nuit, une lampe frontale de six volts par personne est utilisée pour repérer les animaux nocturnes ainsi que les diurnes reposant sur leurs dortoirs (lianes, tiges, feuilles et branches).

La fouille des microhabitats

Cette méthode consiste à examiner systématiquement tous les endroits susceptibles d'abriter un animal. La fouille s'effectue à 10 m environ de part et d'autre des transects avec utilisation de «stump ripper» (bâton de fouille). Elle concerne généralement les axes foliaires de *Pandanus sp.*, des palmiers, de *Ravenala madagascariensis*, de fougères, les bois en décomposition, les litières et les feuilles mortes au pied d'un arbre, les écorces des bois morts, les touffes de mousses, les fissures et les dessous des rochers.

Utilisation de trous-pièges (pitfall traps)

Le but de cette méthode est de capturer les espèces fouisseuses et terrestres difficilement observables. Trois lignes de pièges par site sont installées. Elles sont placées dans trois milieux différents : vallée, flanc et crête durant cinq jours successifs. Chaque ligne est composée de 11 seaux de 15 litres enfoncés dans le sol jusqu'à leur bord supérieur et traversée par une gaine en plastique de 100 m de long et de couleur sombre. La barrière (50 cm de haut) est soutenue par des piquets de bois en position verticale. La partie basale de la barrière est enfouie sous des feuilles mortes, des litières et des sols. Cette barrière a pour rôle d'orienter les bêtes vers le trou (seau). Chaque ligne de piège est visitée tous les matins (avant huit heures). Le jour-piège correspond à une durée de 24 heures. Le rendement de piégeage (Rp) est calculé à partir de la formule suivante :

$$Rp = \frac{N_i}{T} \times 100$$

où N_i : Nombre d'individus capturés

T: Jours-pièges qui sont le nombre de pièges x nombre de jours de capture

(T=Np x Nj où Np : nombre de pièges par ligne, Nj : nombre de jours de capture).

Les informations enregistrées à chaque observation et capture sont : date, temps, altitude, habitat, biotope, activité et milieu. La situation géographique est référée à celle du campement. L'animal observé est capturé puis identifié provisoirement. Cinq individus par espèce par site sont collectés pour servir de spécimens de référence et pour être identifiés définitivement en salle de collection du Département de Biologie Animale, Université d'Antananarivo. Quelques espèces sont photographiées comme témoin de la couleur naturelle de l'animal. Les échantillons sur terrain sont traités comme suit : ils sont asphyxiés dans un bocal contenant du coton imbibé d'éther avant d'être injectés de formol dilué 10 %. Après quoi ils sont conservés dans l'alcool à 75%. Les spécimens collectés sont déposés au Département de Biologie Animale, Université d'Antananarivo et au Parc de Tsimbazaza, Antananarivo (PBZT).

Une classification en fonction de la fréquence (Fq) de rencontre est proposée pour avoir une idée de l'abondance relative de chaque espèce. Raselimanana et al. (1998) ont utilisé l'indice de rencontre par heure des oiseaux pour déterminer l'abondance relative de la population aviaire de la Station Forestière (SF) de Tampolo.

A cause de la diversité élevée de la faune batracho-reptilienne et le temps imparti très court, on n'a pas pu faire une étude de densité de chaque espèce. En effet, les classes de fréquence sont les mieux indiquées pour refléter le niveau d'abondance d'un biote donné. Les classes de fréquence sont calculées à partir du nombre de jours où l'on a rencontré l'espèce sur la durée totale de l'étude. Elles se répartissent de la façon suivante :

$Fq < 25$ % : espèces très rares (TR),

$26 < Fq < 50$% : espèces accidentelles ou rares (R),

$51 < Fq < 75$% : espèces fréquentes (F),

$Fq > 75$% : espèces communes (C).

RÉSULTATS

Au total, 78 espèces d'amphibiens et 51 espèces de reptiles ont été répertoriées lors de cet inventaire. Parmi ces 129 espèces, une a été rencontrée uniquement en dehors de la forêt naturelle. L'Annexe 9 résume la répartition, la diversité et la distribution altitudinale à l'intérieur du complexe du corridor Mantadia-Zahamena. Le Tableau 5.1. présente les résultats et caractéristiques des trous-pièges. Un total de 58 individus appartenant à 18 espèces d'amphibiens et de reptiles ont été capturés pendant 825 jours-pièges, ce qui correspond à 7 % de rendement de piégeage. Sur 18 espèces capturées, neuf ne peuvent l'être que par cette méthode. Ce sont : *Paradoxophyla palmata, Plethodontohyla* cf. *minuta, Plethodontohyla* sp. 1, *Plethodontohyla* sp. 2, *Amphiglossus macrocercus, Amphiglossus minutus, Amphiglossus mouroundavae, Amphiglossus punctatus, Amphiglossus* sp. 1, c'est-à-dire les espèces à biotope terrestre et strictement fouisseuses. Dans chaque site étudié, la structure et la distribution des biotes sont différentes.

Iofa

Diversité

Un total de 37 espèces a été répertorié dont 14 reptiles et 23 amphibiens (Annexe 9). La liste complète des espèces herpétofauniques avec leur type d'habitat, leur mode de capture et leur classe de fréquence sont donnés dans l'Annexe 10. Parmi ces taxons, quatre ne sont observés qu'à Iofa par rapport aux autres sites. Ce sont *Boophis goudoti, Mantidactylus* sp. 1, *Platypelis* sp. 1 et *Furcifer wilsii*. A part *Ptychadena mascareniensis, Boophis tephraeomystax, Mabuya gravenhorstii, Zonosaurus madagascariensis*, les biotes rencontrés ont pour habitat les formations forestières naturelles.

Les observations directes sur transect ont contribué de façon significative aux recensements d'espèces herpétofauniques. 84% de la diversité d'Iofa ont été trouvées par cette méthode. Les animaux à microhabitats particuliers

Tableau 5.1. Résumé des résultats de trous-pièges du corridor Mantadia-Zahamena, Madagascar. S1 = Iofa, S2 = Didy, S3 = Mantadia, S4 = Andriantantely, S5 = Sandranantitra.

Sites	S1	S2	S3	S4	S5	
Altitude (m)	**835 m**	**960 m**	**895 m**	**530 m**	**450 m**	**Total**
Espèces d'amphibiens						
Mantella madagascariensis	0	1	3	0	0	4
Mantidactylus biporus	0	0	0	1	0	1
Mantidactylus opiparis	1	3	0	0	0	4
Plethodontohyla cf. *minuta*	0	0	0	4	0	4
Plethodontohyla sp. 1	0	0	0	2	0	2
Plethodontohyla sp. 2	0	0	0	0	1	1
Paradoxophyla palmata	0	0	1	0	0	1
Scaphiophryne marmorata	0	5	0	0	0	5
Total	**1**	**9**	**4**	**7**	**1**	**22**
Espèces de reptiles						
Brookesia therezieni	1	0	0	0	0	1
Amphiglossus macrocercus	1	0	0	0	0	1
Amphiglossus melanurus	0	0	0	0	5	5
Amphiglossus melanopleura	5	0	0	0	1	6
Amphiglossus minutus	1	0	9	1	2	13
Amphiglossus mouroundavae	0	2	0	0	0	2
Amphiglossus punctatus	0	0	1	0	0	1
Amphiglossus sp. 1	0	0	0	1	0	1
Zonosaurus aeneus	0	0	0	0	1	1
Zonosaurus brygooi	0	0	0	2	3	5
Total	**8**	**2**	**10**	**4**	**12**	**36**
Espèces capturées	4	4	4	6	6	18
Individus capturés	9	11	14	11	13	58
Succès de capture (%)	20,4	20	25,5	20,9	23,6	22,1
Rendement de piégeage (%)	6,9	6,6	8,5	7,2	7,8	7,4

ont tous été fouillés dans leurs refuges car ils n'étaient pas encore actifs durant l'expédition. Cela est dû, en principe, à l'absence de pluie depuis deux mois bien qu'on soit dans la saison pluviale. On constate que les serpents de la famille des Colubridés ne sont pas observés pendant l'étude (cf. discussion).

Amphiglossus macrocercus et *A. minutus,* représentant 2,7 % du total des espèces, ne sont capturées que par les trous-pièges. Même si ce taux est faible, ces espèces sont très intéressantes car elles sont généralement de forme rare, à biotope terrestre fouisseur et difficilement observables. Ces taxons pourraient contribuer à l'explication de la relation biogéographique de la formation pluviale de l'Est de l'île.

Le Tableau 5.2. montre les détails de capture par trou-piège. Neuf individus ont été capturés pendant 132 jours-pièges, ce qui correspond à un rendement de piégeage de 6,9%. On remarque que huit de ces individus sont capturés dans la Ligne 1 placée dans la vallée. Ils constituent 80% des espèces prélevées dans les pièges. Bien que la Ligne 2 (flanc) n'ait capturé qu'une seule espèce représentée par un seul individu (*Amphiglossus macrocercus*), la collecte est très précieuse pour la diversité du corridor et démontre une relation biogéographique avec la formation pluviale du domaine du centre (Brygoo 1984, Raselimanana 1998) en passant par Andranomay-Anjozorobe (18°28,8' S et 47°57,3' E). La Ligne 3 (crête) est située dans un endroit très ouvert et dégradé. Le milieu est très riche en *Nastus* sp. Le sol est troué par endroits et la litière est absente. Les grands arbres sont aussi absents. Aucun individu n'a été capturé dans ce milieu.

Tableau 5.2. Résultats et caractéristiques des lignes de trous-pièges d'Iofa (Site 1).

Caractéristiques / Milieu	Ligne 1 Vallée	Ligne 2 Flanc	Ligne 3 Crête	Total
Altitude (m)	816	846	870	
Espèces				
Mantidactylus opiparis	1	0	0	1
Brookesia therezieni	1	0	0	1
Amphiglossus macrocercus	0	1	0	1
Amphiglossus melanopleura	5	0	0	5
Amphiglossus minutvvus	1	0	0	1
Espèces capturées	4	1	0	5
Individus capturés	8	1	0	9
Trous-pièges	11	11	11	33
Nombre de jours de piégeage	4	4	4	4
Jours-pièges	44	44	44	132
Succès de capture de reptiles (%)	15,9	2,3	0,0	18,2
Succès de capture d'amphibiens (%)	2,3	0,0	0,0	2,3
Succès de capture (%)	18,2	2,3	0,0	20,5
Rendement de piégeage (%)	6,1	0,8	0,0	6,9

Courbes cumulatives

La Figure 5.1. présente le nombre d'espèces cumulé en fonction du nombre de jours d'étude à Iofa. Les courbes cumulatives montrent que le plateau n'est pas atteint que ce soit pour les reptiles que pour les amphibiens jusqu'au dernier jour d'échantillonnage. Quatre animaux ont été observés à la fin de l'étude. Ceci peut être dû à l'absence de pluie se traduisant par une faible activité des animaux. La recherche est difficile et nécessite beaucoup plus de temps que six jours d'étude.

Dans la forêt d'Ambatovy-Torotorofotsy, à une vingtaine de km d'Iofa, il existe 85 espèces de Reptiles et d'Amphibiens selon l'inventaire réalisé au mois de janvier- février 1997 (J. Rafanomezantsoa comm. pers.). En fait, l'inventaire d'Iofa n'est pas encore terminé.

Structure et distribution

L'estimation de l'abondance à partir de la fréquence est approximative. Toutefois, elle offre une image générale de l'état d'abondance et permet de voir la distribution des espèces herpétofauniques d'Iofa. La Figure 5.2. montre la structure et la distribution des espèces en fonction de la classe de fréquence. Les espèces de forme rare (56,8% de l'herpétofaune) prédominent à Iofa tandis que la classe fréquente est absente. *Ptychadena mascareniensis* est l'unique forme commune. Elle habite les milieux ouverts à Iofa, cependant, elle pourrait entrer en compétition avec les animaux ayant des habitats naturels (F1/Ba) comme *Mantidactylus blommersae, M.* sp. 1 (Annexe 10). Seul *Phelsuma*

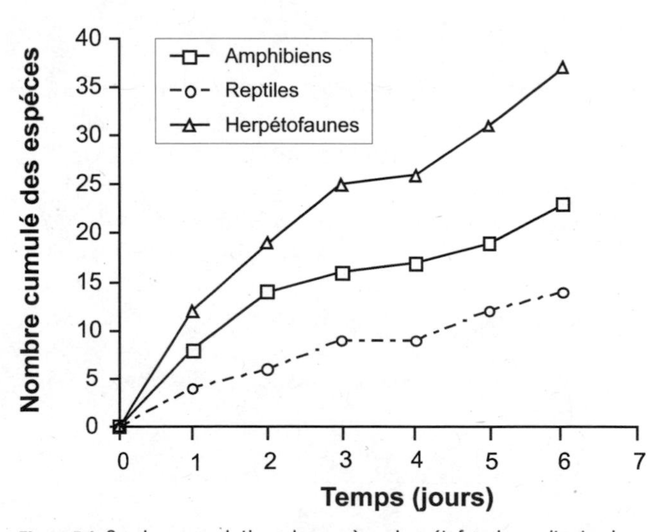

Figure 5.1. Courbes cumulatives des espèces herpétofauniques (toutes les méthodes de recherches) d'Iofa (Site 1; 835 m) dans le corridor Mantadia-Zahamena, Madagascar.

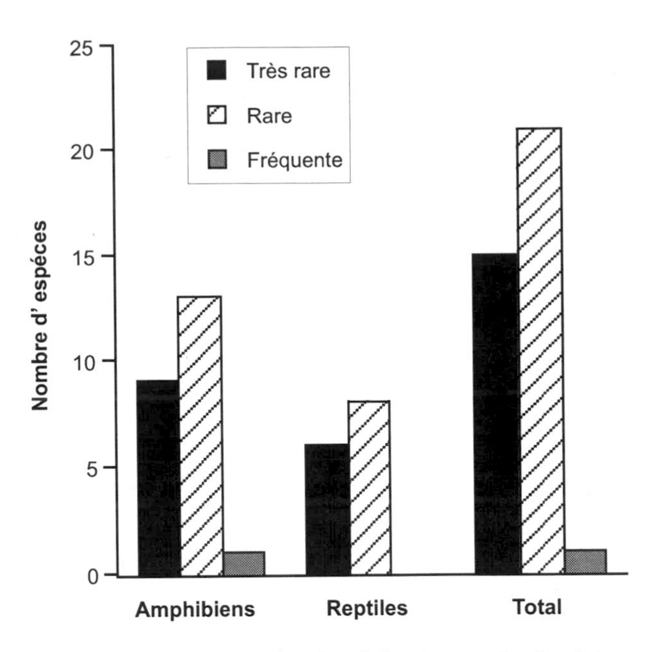

Figure 5.2. Distribution des espèces herpétofauniques en fonction de la classe de fréquence d'Iofa (Site 1, 835 m) dans le corridor Mantadia-Zahamena, Madagascar.

Tableau 5.3. Résultats et caractéristiques des lignes de trous-pièges de Didy (Site 2).

Caractéristiques / Milieu	Ligne 4 Vallée	Ligne 5 Flanc	Ligne 6 Crête	Total
Altitude (m)	965	985	1010	
Espèces				
Mantella madagascariensis	1	0	0	1
Mantidactylus opiparis	3	0	0	3
Scaphiophryne marmorata	1	1	3	5
Amphiglossus mouroundavae	0	2	0	2
Espèces capturées	4	2	1	4
Individus capturés	5	3	3	11
Trous-pièges	11	11	11	33
Nombre de jours de piégeage	5	5	5	15
Jours-pièges	55	55	55	165
Succès de capture de reptiles (%)	0,0	3,6	0,0	3,6
Succès de capture d'amphibiens (%)	9,1	1,8	5,5	16,4
Succès de capture (%)	9,1	5,4	5,5	20
Rendement de piégeage (%)	3,0	1,8	1,8	6,6

lineata, espèce «anthropique», apparaît au cœur de la forêt bien qu'elle soit rare sur les *Pandanus* sp. et *Ravenala madagascariensis*. Si les abattages de grands arbres dans les vallées et sur les flancs continuent, ils pourraient aboutir à l'invasion des espèces typiques de formation secondaire (F2, Annexe 10) dans un avenir proche. Les biotes d'origine forestière (F1) ont généralement une faible capacité d'adaptation car ils vivent principalement dans un milieu stable.

Didy

Diversité

Lors de cette étude, 41 espèces ont été inventoriées dont 23 amphibiens et 18 reptiles (Annexe 9). Tous les amphibiens habitent les milieux forestiers relativement intacts. Parmi les reptiles observés dans le milieu dégradé (ancien tavy), *Phelsuma lineata* peut aussi occuper le milieu naturel dans des feuilles de *Pandanus* sp. L'Annexe 10 donne la répartition des biotes de Didy selon leurs milieux, le mode de capture et la classe de fréquence. On remarque que :

- aucune Microhylidae arboricole ou fouisseuse n'a été observée,
- il n'y a que deux espèces de serpents Colubridés,
- deux amphibiens (*Boophisidae* et *Mantidactylus fimbriatus*) et quatre reptiles (*Phelsuma sp, Calumma brevicornis, C. gastrotaenia* et *Amphiglossus mouroundavae*) n'ont été capturés qu'à Didy par rapport aux autres sites.

Plus de 80% de ces espèces sont répertoriées par observation directe et trouvées le long de la rivière Vondrona. Les amphibiens sont très actifs dans ce milieu et étrangement silencieux dans d'autres cours d'eau et endroits. Ceci pourrait être dû au bruit provoqué par la chute Lohariana et à la faible pluviosité. Une pluie fine était tombée lors des première et dernière nuits d'étude (0,2 et 1,6 mm respectivement). D'après les dires des guides, il y avait un mois qu'il ne pleuvait pas dans la région. Cela est vérifié par des litières très sèches. Malgré tout, les trous-pièges ont collecté 11 individus (neuf amphibiens et deux reptiles), pendant 165 jours-pièges, qui se répartissent en quatre espèces, ce qui correspond à 6,6 % de rendement de piégeage (Tableau 5.3.).

La Ligne 4 installée dans la vallée présente un rendement de piégeage et un succès de capture élevés (3,0 et 9,1 %) par rapport aux deux autres milieux (Tableau 5.3.). En effet la répartition des espèces d'amphibiens et de reptiles est différente dans les trois milieux. Les trous placés en vallée ont capturé beaucoup plus d'animaux, ce qui implique un endroit plus riche en espèce. Dans ce milieu, les litières sont plus épaisses et près de cours d'eau. Le sol est riche en humus et la productivité est, par conséquent, plus élevée (bois pourris, feuilles mortes, sol riche en sels minéraux qui sont charriés par l'eau). Il offre ainsi beaucoup plus de microhabitats pour les espèces terrestres.

Courbes cumulatives

La Figure 5.3. présente les courbes cumulatives des espèces d'amphibiens et de reptiles de Didy. La majorité des espèces (83%) est observée pendant les deux premiers jours d'étude, c'est-à-dire, après une pluie fine (0,2 mm) au premier jour. Puis les courbes cumulatives commencent à trouver leur état stationnaire et se stabilisent par la suite. A la dernière nuit, une pluie de 2,6 mm nous a permis de découvrir *Lygodactylus miops*. Cette situation nous permet de conclure que l'arrivée de la pluie a une influence considérable sur l'activité des espèces herpétofauniques. Le groupe entomologiste qui a travaillé dans la région à la troisième semaine du mois de Décembre a remarqué une activité énorme de caméléons et de serpents (L. Andriamampianina comm. pers.). Pour une même altitude, à une cinquantaine de kilomètres au nord-est de Didy (RNI de Zahamena, site Volontsaganana de coordonnées géographiques 17°41' S et 48°45' E), au mois de mars 1994, avec un effort de recherche de 64 jours-personnes et dans de bonnes conditions climatiques, l'équipe menée par Raxworthy a dénombré 52 espèces herpétofauniques (Ravoninjatovo 1998).

La plupart des espèces non observées à Didy sont des amphibiens (14 espèces). Certaines espèces communes de la forêt de l'Est de la moyenne altitude telles que *Mantidactylus argenteus, M. guttulatus, Plethodontohyla notosticta, Platypelis grandis, Geodipsas infralineata* et *Amphiglossus frontoparietalis*, d'après l'aire de distribution connue (Glaw et Vences 1994), n'ont pas été trouvées durant cette mission.

Structure et distribution

A part *Phelsuma lineata, Mantidactylus betsileanus* et *Mantella* sp. qui sont des espèces fréquemment observées, 90% des taxons de Didy sont des formes rares ou très rares. Parmi eux, deux ne sont pas identifiés (*Mantidactylus* sp. 2 et *Phelsuma* sp.) et pourraient être de nouvelles espèces pour la science. Les biotes de Didy ont généralement des territoires de prédilection et ne sont pas trouvés dans d'autres endroits. Par exemple, les neuf individus de *Calumma brevicornis* dénombrés à Didy se sont concentrés sur une pente de 50 m, près de la chute Lohariana.

La Figure 5.4. présente la distribution en nombre des espèces. Les espèces de forme très rare (53,7% de l'herpétofaune) sont prédominantes dans la forêt de Didy.

Phelsuma lineata est très abondante à Didy, elle est partout jusqu'au cœur de la forêt. Sa présence indique qu'il y a ouverture par l'action de l'homme à l'intérieur de la formation forestière car c'est une espèce héliophile. L'indication de la présence de l'homme est l'existence des *tavy* et des habitations abandonnées fabriquées avec des feuilles de *Pandanus*.

Mantadia

Diversité

Sur un total de 43 espèces répertoriées, il y a 29 amphibiens et 14 reptiles (Annexe 9). Parmi elles, cinq ont été rencontrées en dehors de la limite du Parc National, à savoir, *Mantella crocea, Scaphiophryne marmorata, Mabuya gravenhorstii, Pseudoxyrhopus tritaeniatus* et *Boa manditra*. Une liste complète avec l'habitat, le mode de capture et la fréquence d'observation est donnée dans l'Annexe 10. L'absence de caméléons à Sahaberiana nous a frappé lors de cette mission à Mantadia. L'équipe de Lee Brady, après la deuxième semaine de travail aux environs de Sahaberiana, pendant la même période que la nôtre, a trouvé quatre espèces de caméléons mais en faible nombre : *Brookesia thieli, B. therezieni, Calumma boettgeri* et *C. malthe*. En prenant en compte ces taxons, la diversité de Sahaberiana pourrait atteindre 47

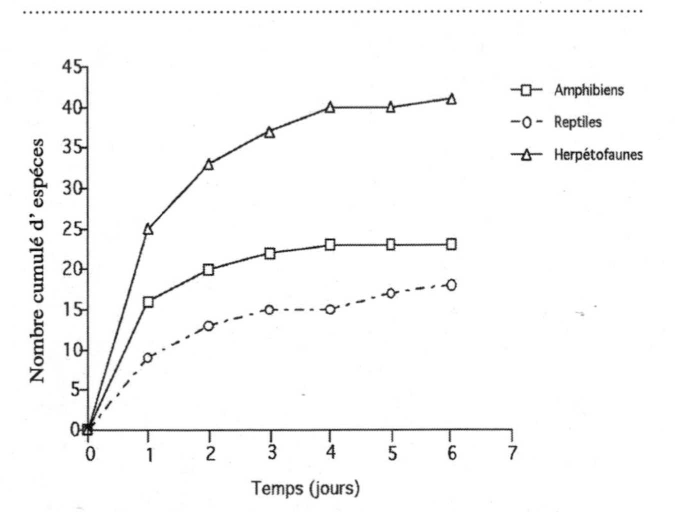

Figure 5.3. Courbes cumulatives des espèces herpétofauniques (toutes les méthodes de recherches) de Didy (Site 2; 960 m) dans le corridor Mantadia-Zahamena, Madagascar.

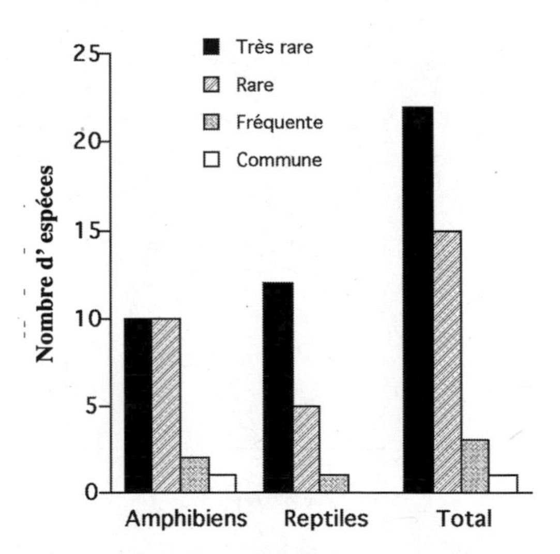

Figure 5.4. Distribution des espèces herpétofauniques en fonction de la classe de fréquence de Didy (Site 2, 960 m) dans le corridor Mantadia-Zahamena, Madagascar.

espèces. Pour le groupe herpétologique, le choix du site n'est pas propice à la recherche de la diversité. Le milieu est très perturbé (près de la route et proche de l'exploitation de graphite). Quoi qu'il en soit, cela nous renseigne sur l'influence de l'activité de l'homme sur les espèces herpétofauniques. Parmi les espèces observées, 76,7% l'ont été par la méthode d'observation directe. Bien que les biotes capturés par les deux autres techniques soient assez faibles, leur présence est appréciable. Sans eux, sept espèces ne seraient pas inventoriées (Annexe 10).

Le Tableau 5.4. résume les résultats de trous-pièges. Quatorze individus appartenant à quatre espèces sont capturés pendant 165 jours-pièges, ce qui correspond à 8,5% de rendement de piégeage. Le succès de capture de chaque ligne est différent : 7,3%, 18,2% et 0,0 % sont enregistrés respectivement pour la vallée, le flanc et la crête. D'après ces résultats, on pourrait dire que la Ligne 7 installée dans un milieu perturbé par l'activité humaine (présence de piège à *Potamocherus larvatus* par exemple), même si elle est placée dans la vallée et près d'un cours d'eau, est moins riche en espèces terrestres que la Ligne 8 dans une formation relativement intacte sur le flanc (biotope plus exposé aux facteurs climatiques). La Ligne 9 en crête n'est pas propice au développement des espèces herpétofauniques terrestres et fouisseuses. Ce milieu est à très forte pente (plus de 50°).

Courbes cumulatives

La Figure 5.5. qui suit présente les courbes cumulatives des espèces herpétofauniques de Mantadia. Pour les deux classes, les plateaux ne sont pas encore atteints. La montée des courbes est lente les deux premiers jours. Pour les espèces reptiliennes, l'inventaire n'est pas encore exhaustif car les jours d'échantillonnage ne sont pas suffisants pour deux raisons : (1) les espèces ne sont pas très actives à cause de la très faible pluviosité, et (2) les milieux sont perturbés.

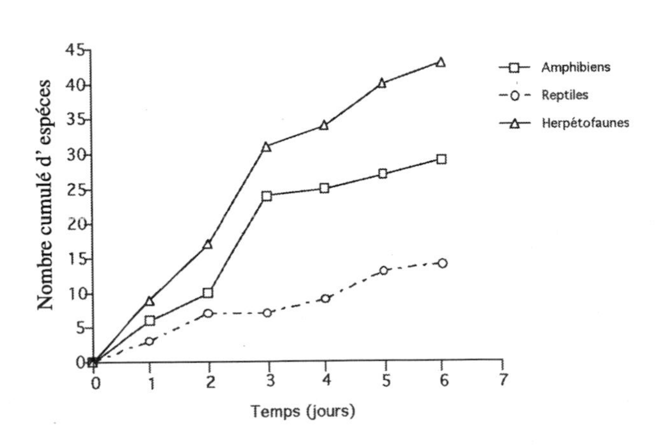

Figure 5.5. Courbes cumulatives des espèces herpétofauniques (toutes les méthodes de recherches) de Mantadia (Site 3; 895 m) dans le corridor Mantadia-Zahamena, Madagascar.

La majorité des biotes sont rares, donc difficiles à trouver. C'est pour cette raison, apparemment, qu'on n'a pu obtenir un plateau qu'aux 4ème et 5ème jours pour les deux classes prises ensemble. Raselimanana (1998), en deux visites d'une semaine, a dénombré 47 espèces à Andasibe et sa zone périphérique dont huit caméléons.

Structure et distribution

La Figure 5.6 indique la structure et la distribution des faunes herpétologiques selon leur fréquence dans le PN de Mantadia. Au total, 55,8 % des espèces de l'herpétofaune de Mantadia sont de forme très rare. Une espèce fouisseuse, très rare ou rare, dans les autres sites est fréquemment obtenue par les pièges à Mantadia. A elle seule, le succès de capture atteint 16,4 %. Sa classe de fréquence est du type F, c'est-à-dire plus de 51% de succès de rencontre. *Amphiglossus minutus* est ainsi assez abondante à Mantadia avec trois individus par 100 m en moyenne (longueur de la barrière en plastique). La faible fréquence de rencontre d'espèce à Sahaberiana pourrait être liée en général, soit à leur faible activité, soit à leur rareté dans le milieu.

Andriantantely

Diversité

On a recensé 42 amphibiens et 30 reptiles dans le site d'Andriantantely,ce qui donne au total 72 espèces

Tableau 5.4. Résultats et caractéristiques des lignes de trous-pièges à Mantadia (Site 3).

Caractéristiques / Milieu	Ligne 7 Vallée	Ligne 8 Flanc	Ligne 9 Crête	Total
Altitude (m)	900	930-935	970-980	
Espèces				
Mantella madagascariensis	1	2	0	3
Paradoxophyla palmata	0	1	0	1
Amphiglossus minutus	3	6	0	9
Amphiglossus punctatus	0	1	0	1
Espèces capturées	2	4	0	4
Individus capturés	4	10	0	14
Trous-pièges	11	11	11	33
Nombre de jours de piégeage	5	5	5	15
Jours-pièges	55	55	55	165
Succès de capture de reptiles (%)	5,5	12,7	0,0	18,2
Succès de capture d'amphibiens (%)	1,8	5,5	0	7,3
Succès de capture (%)	7,3	18,2	0,0	25,5
Rendement de piégeage (%)	2,4	6,1	0,0	8,5

(Annexe 9). A part quelques espèces telles que *Ptychadena mascareniensis, Phelsuma lineata, Mabuya gravenhorstii, Zonosaurus madagascariensis*, 94,4% sont tributaires des formations forestières naturelles (Annexe 10). Dix taxons pourraient être nouveaux et ce sont : *Mantidactylus* cf. *flavobrunneus, Mantidactylus* sp. 4, *Plethodontohyla* cf. *notosticta, Plethodontohyla* cf. *minuta, Plethodontohyla* sp. 1, *Cophyla* sp., *Uroplatus* sp. 2, *Amphiglossus* sp. 1, *Amphiglossus* sp. 2, *Amphiglossus* sp. 3. Trois ont été décrits récemment: *Geodipsas laphisti, Mantidactylus phantasticus* et *Boophis lichenoides.*

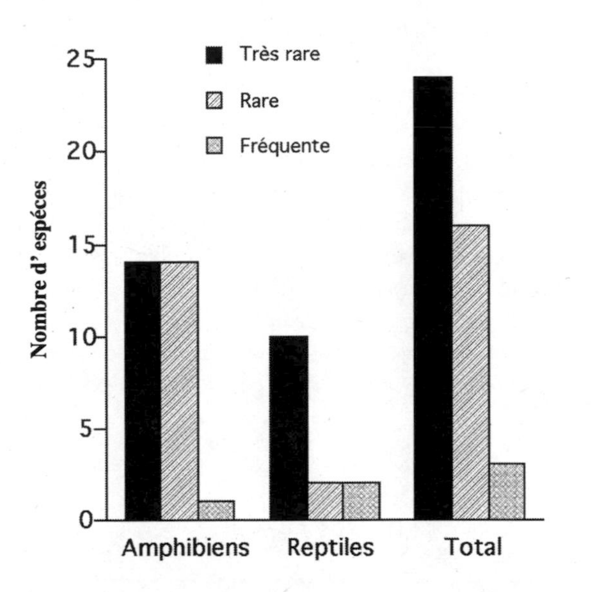

Figure 5.6. Distribution des espèces herpétofauniques en fonction de la classe de fréquence de Mantadia (Site 3, 895 m) dans le corridor Mantadia-Zahamena, Madagascar.

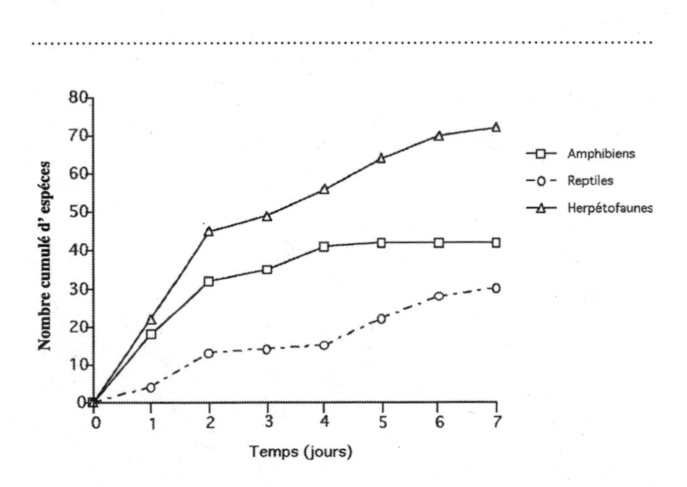

Figure 5.7. Courbes cumulatives des espèces herpétofauniques (toutes les méthodes de recherches) d'Andriantantely (Site 4; 530 m) dans le corridor Mantadia-Zahamena, Madagascar.

A Andriantantely, la pluie est suffisamment appréciable par rapport aux autres sites (75,15mm). 86,11% des 72 espèces enregistrées ont été obtenues par des observations directes. La fouille de refuge n'est efficace que pour les espèces pandanicoles comme *Mantidactylus bicalcaratus, M.* cf. *flavobrunneus* et *Phelsuma lineata.* Bien que la capture d'espèce par pièges soit faible, quatre espèces, parmi les six collectées, à biotope terrestre, fouisseuses et de forme très rare, ont nécessité l'utilisation de cette méthode. Ce sont : *Plethodontohyla* cf. *minuta, Plethodontohyla* sp. 1, *Amphiglossus minutus* et *Amphiglossus* sp. 1. Le piège a capturé 11 individus, ce qui correspond à 7,2% du taux de capture pour 154 jours-pièges. Le Tableau 5.5 qui suit montre les détails de trous-pièges.

Courbes cumulatives

La courbe cumulative de chaque classe est donnée dans la Figure 5.7. Pour les amphibiens, le plateau est atteint au cinquième jour et on pourrait dire que la liste est exhaustive. Par contre, pour les reptiles, une augmentation significative de la richesse est notée aux deuxième et cinquième jours. Ceux-ci correspondent à des jours de forte pluie (44 mm et 21,5 mm). Lors de notre retour, deux espèces ont été observées dans le *tavy*, à la périphérie de la forêt. Ce sont *Phelsuma lineata et Zonosaurus madagascariensis.* On pourrait conclure que la diversité herpétofaunique notée d'Andriantantely est proche de la réalité.

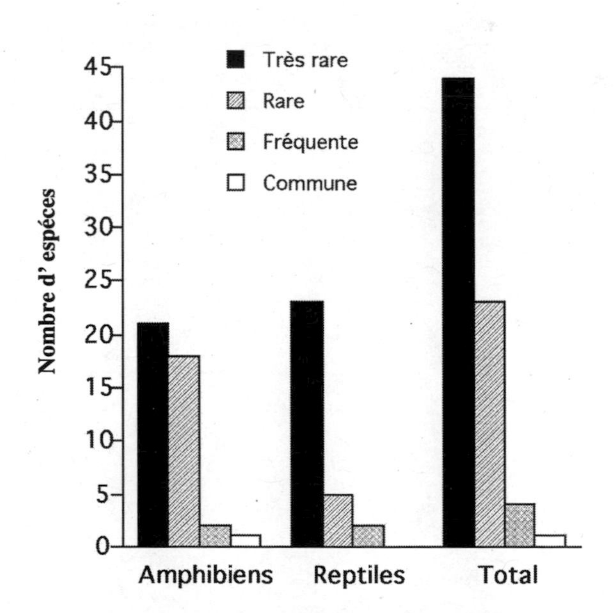

Figure 5.8. Distribution des espèces herpétofauniques en fonction de la classe de fréquence d'Andriantantely (Site 4, 530 m) dans le corridor Mantadia-Zahamena, Madagascar.

Structure et distribution

La Figure 5.8. représente la structure et la distribution des espèces de la FC d'Andriantantely. On constate que le succès de rencontre de la plupart des espèces est relativement bas bien que la pluie soit suffisante pour inciter les activités des animaux. 61,1% des biotes sont représentés par un seul individu de forme très rare. Une seule espèce est abondante et dominante le long de la rivière Ranomena. On peut en compter jusqu'à 40 individus sur un transect de 100 m. Il s'agit de *Mantidactylus grandidieri*. C'est pourquoi, peut-être, les animaux à biotope aquatique (Ba) sont rares ou très rares (Tableau 5.5.). Les espèces indicatrices du milieu ouvert dans la formation d'Andriantantely sont aussi de formes rares et sont représentées par deux espèces : *Boophis tephraeomystax* et *Phelsuma lineata*. Cette dernière est trouvée dans le *tavy*, et *B. tephraeomystax* le long de la rivière Ranomena où la canopée est ouverte. Ceci signifie que le cœur de la forêt est en «bonne santé».

Sandranantitra

Diversité

Sur 41 amphibiens et 26 reptiles enregistrés à Sandranantitra , six amphibiens ne sont pas identifiés et pourraient être considérés comme nouveaux (Annexe 9). A part les deux espèces *Zonosaurus madagascariensis* et *Liopholidophis lateralis*, les biotes recensés habitent les forêts naturelles (Annexe 10). Neuf amphibiens et trois reptiles de formation forestière primaire sont typiques de ce site. Comme le Site 4, la plupart des espèces inventoriées sont trouvées par des observations directes (79 %) et celles pandanicoles par des fouilles de refuges.

Les caractéristiques des trous-pièges, ainsi que les données des individus capturés sont montrées dans le Tableau 5.6. Les trous-pièges ont capturé 13 individus qui se répartissent en six espèces pendant 165 jours-pièges. Le rendement de piégeage est de 7,8 %. A Sandranantitra, le succès de capture par trou est plus élevé pour les reptiles que pour les amphibiens: 21,8 % contre 1,8 %. Dans les trois milieux, la crête et le flanc présentent la même diversité spécifique terrestre qui est étrangement plus élevée que celle de la vallée (Tableau 5.6.).

Courbes cumulatives

La Figure 5.9. suivante indique les courbes cumulatives des espèces trouvées à Sandranantitra. A Sandranantitra, la plupart des espèces sont échantillonnées pendant les quatre premiers jours (92,5%). A partir du cinquième jour d'étude, il n'y a plus d'apparition de nouveaux amphibiens capturés. Par contre, pour les reptiles, *Paroedura gracilis* et *Amphiglossus minutus* vont s'ajouter à la richesse spécifique. Ce sont des animaux terrestres à mœurs généralement discrètes. L'allure de la courbe nous montre que l'effort de recherche utilisé à

Tableau 5.5. Résultats et caractéristiques des lignes de trous-pièges à Andriantantely (Site 4).

Caractéristiques / Milieu	Ligne 10 Vallée	Ligne 11 Flanc	Ligne 12 Crête	
Altitude (m)	530	560	600-650	Total
Espèces				
Mantidactylus biporus	0	1	0	1
Plethodontohyla cf. *minuta*	0	4	0	4
Plethodonthohyla sp. 1	2	0	0	2
Amphiglossus minutus	0	1	0	1
Amphiglossus sp. 1	0	0	1	1
Zonosaurus brygooi	0	1	1	2
Espèces capturées	1	4	2	6
Individus capturés	2	7	2	11
Trous-pièges	11	11	11	33
Nombre de jours de piégeage	5	5	4	14
Jours-pièges	55	55	44	154
Succès de capture de reptiles (%)	0,0	3,6	4,6	8,2
Succès de capture d'amphibiens (%)	3,6	9,1	0,0	12,7
Succès de capture (%)	3,6	12,7	4,6	20,9
Rendement de piégeage (%)	1,3	4,6	1,3	7,2

Tableau 5.6. Résultats et caractéristiques des lignes de trous-pièges à Sandranantitra (Site 5).

Caractéristiques / Milieu	Ligne 13 Vallée	Ligne 14 Flanc	Ligne 15 Crête	
Altitude (m)	450	480	500	Total
Espèces				
Plethodontohyla sp. 2	0	1	0	1
Amphiglossus melanopleura	0	1	0	1
Amphiglossus melanurus	0	3	2	5
Amphiglossus minutus	1	0	1	2
Zonosaurus aeneus	0	0	1	1
Zonosaurus brygooi	0	1	2	3
Espèces capturées	1	4	4	6
Individus capturés	1	6	6	13
Trous-pièges	11	11	11	33
Nombre de jours de piégeage	5	5	5	15
Jours-pièges	55	55	55	165
Succès de capture de reptiles (%)	1,8	9,1	10,9	21,8
Succès de capture d'amphibiens (%)	0,0	1,8	0,0	1,8
Succès de capture (%)	1,8	10,9	10,9	23,6
Rendement de piégeage (%)	0,6	3,6	3,6	7,8

Sandranantitra est suffisant. On pourrait dire que la liste des espèces, surtout des Amphibiens, est exhaustive.

Structure et distribution

Par rapport aux autres sites, c'est à Sandranantitra que la recherche des espèces est la plus facile. Les animaux sont très actifs et le succès de rencontre de 17 espèces peut atteindre au minimum 75 %, appelées aussi espèces communes. La Figure 5.10. représente la structure et la distribution des espèces de Sandranantitra selon leurs fréquences de rencontres. On remarque ici que les espèces très rares sont faibles en pourcentage (38,81%) par rapport aux autres sites. Ils peuvent atteindre jusqu'à 60 % des espèces d'Andriantantely. A Sandranantitra, trois espèces nouvelles ont été observées et sont de formes très rares, c'est-à-dire, vulnérables. Ce sont *Mantidactylus* sp. 5, *Platypelis* sp. 2 et *Plethodontohyla* sp. 2.

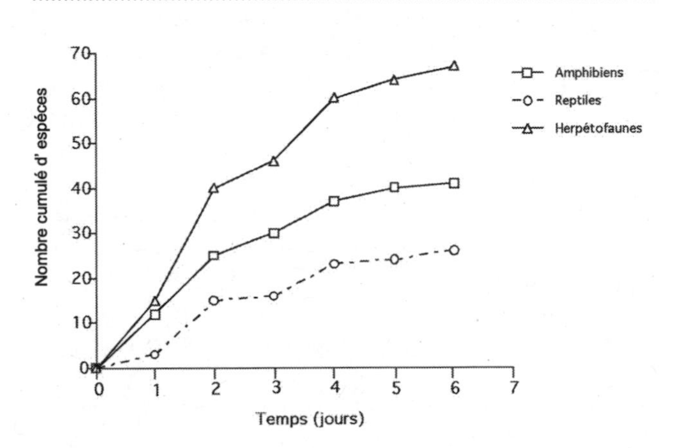

Figure 5.9. Courbes cumulatives des espèces herpétofauniques (toutes les méthodes de recherches) de Sandranantitra (Site 5; 450 m) dans le corridor Mantadia-Zahamena, Madagascar.

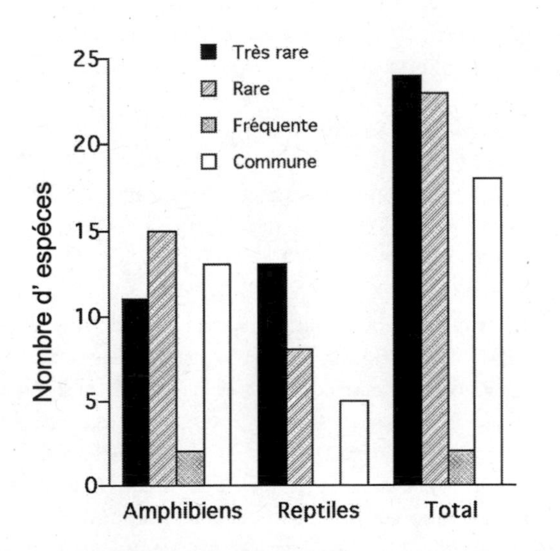

Figure 5.10. Distribution des espèces herpétofauniques en fonction de la classe de fréquence de Sandranantitra (Site 5, 450 m) dans le corridor Mantadia-Zahamena, Madagascar.

DISCUSSION

Diversité spécifique

D'après les littératures disponibles jusqu'à maintenant, la RNI de Marojejy tient le record en diversité herpétologique de toutes les réserves naturelles du domaine de l'Est de Madagascar, avec 116 espèces environ. Les conditions climatiques très sèches pendant les études des trois premiers sites ont entraîné un inventaire incomplet. On peut prendre comme exemple l'absence de Colubridae à Iofa, l'inexistence de caméléons à Mantadia et l'inexistence de Microhylidae terrestres à Didy. A Ambatovy, à une dizaine de kilomètres au sud-est d'Iofa, ATW Consultants a trouvé 15 espèces de Colubridae en 1997 (J. Rafanomezantsoa comm. pers.). Pour le cas de Mantadia, deux hypothèses pourraient expliquer l'absence d'observation de caméléons: (1) soit leur rareté ou leur faible activité due à l'absence de pluie, et (2) soit l'état de la forêt en dégradation dû à des perturbations d'origine anthropique. L'explication la plus probable est la deuxième hypothèse, car l'équipe de Lee Brady a trouvé quatre caméléons au PK 10, c'est-à-dire, dans des zones moins perturbées, pendant la même période d'étude que la nôtre. D'après Rabemananjara (1998), certains caméléons sont plus actifs en «saison sèche».

En général, la courte durée de l'étude pour chaque site ne permettait pas de voir quelques taxons comme *Furcifer bifidus, Brookesia thieli, Phelsuma* sp., *Androngo, Paracontias, Typhlops, Lycodryas, Pararhadinaea, Liophidium* sp. et *Ithycyphus* sp. Malgré cela, on pourrait dire que les 129 espèces d'amphibiens et de reptiles recensées révèlent l'importance de ce corridor pour la biodiversité de l'Ile. Cette richesse est loin d'être exhaustive si on considère sa position géographique en relation avec les forêts de basse altitude de l'Est et celles des hauts plateaux comme Andranomay-Anjozorobe, et de sa formation de transition entre la RNI de Zahamena et le PN de Mantadia.

A partir des études que nous avons déjà effectuées dans différentes formations forestières de l'Est, l'apparition d'ouvertures forestières entraîne souvent l'installation des biotes dites «exotiques» à large distribution. Dans le corridor, huit espèces pourraient être utilisées comme indicatrices de la dégradation de la formation primaire, dont l'intensité est fonction de l'abondance des espèces telles que *Ptychadena mascarienensis, Boophis tephraeomystax, Phelsuma lineata, Mabuya gravenhorstii, Leioheterodon madagascariensis, Zonosaurus aeneus, Z. madagascariensis* et *Liopholidophis lateralis* .

En général, les espèces herpétofauniques d'origine forestière naturelle sont sensibles à des changements brusques des facteurs écologiques, car elles se sont habituées depuis leur origine à des formations stables, loin des péripéties des changements climatiques et des compétitions. La haute endémicité de l'Ile en témoigne. Ceci concerne les 93 % des taxons du corridor Mantadia-Zahamena. En plus, ces animaux sont, en majorité, de formes rares et très rares (cf. résultats) et préfèrent principalement la vallée et le bas-fond que le flanc et la crête. Ceci est, en général, expliqué par la physionomie et la structure du sol. Sur le bas-fond, le sol est meuble, riche en litière et en matières minérales. Le sous-bois est plus clair et représenté par des régénérations naturelles. Les arbres sont de grande taille et la voûte plus fermée. Sur le versant ou les stations plus exposées au vent, le ruissellement provoque le lessivage entraînant l'appauvrissement du sol en nutriment, c'est-à-dire, de la productivité primaire (Andriambelo et al. Chapitre 1, cette édition).

En considérant la diversité spécifique des sites de moyenne altitude, certains sont plus riches en espèces, surtout en amphibiens (*Midelevation diversity bulge*). Ce cas est vérifié, par exemple, dans la RS d'Anjanaharibe-Sud (Raxworthy et al. 1998) et la RNI d'Andringitra (Raxworthy et Nussbaum 1996). Mais la réalité dans le complexe du corridor Mantadia-Zahamena est tout à fait différente: on a une inversion de la courbe. Les zones de basse altitude (Sandranantitra et Andriantantely) ont une richesse spécifique plus élevée par rapport à celles de moyenne altitude. Il en est de même pour la RNI de Zahamena (Ravoninjatovo 1998). Cette constatation pourrait être expliquée par la grande étendue de ce type de formation dans le centre est de Madagascar, par rapport aux autres formations montagneuses. La haute diversité à Andriantantely pourrait être expliquée par deux raisons:

- *sa position altitudinale*: c'est une forêt de transition entre les forêts de basse et moyenne altitudes. D'après le dernier Atelier en 1995 sur la Définition des Priorités de Recherche et de Conservation sur la Biodiversité à Madagascar, l'altitude maximum de la forêt tropicale de l'Est est fixée à environ 500 m à 600 m (Ganzhorn et al. 1997). Il y a trois groupes d'espèces suivant l'altitude avec les quelques exemples suivants: (1) les animaux typiques de la moyenne altitude: *Mantidactylus eiselti* et *Uroplatus phantasticus;* (2) les animaux caractéristiques des basses altitudes: *Mantidactylus klemmeri* et *Brookesia peyrierasi;* (3) les espèces indifférentes: *Boophis rappioides* et *Lygodactylus guibei*.

- *son isolation naturelle*: ce site est protégé à l'est et au sud par la falaise d'Anjanaharibe et au nord par la rivière Rianila. En plus, l'accès est difficile pour les exploitants forestiers à cause du relief très accidenté.

D'après les statuts des espèces herpétologiques de Madagascar proposés par Jenkins (1987), il y a, au moins, dans ce corridor:

- 13 classées comme espèces rares: *Mantidactylus argenteus, M. grandisonae, M. klemmeri, M. leucomaculatus, M. peraccae, M. malagasius* (ou *Laurentomantis malagasia*), *M. eiselti, Boophis albilabris, Calumma cucullata, C. gallus, Furcifer wilsii, Pseudoxyrhopus heterurus,* et *Platypelis milloti;*

- deux espèces vulnérables*: Liophidium rhodogaster, Geodipsas infralineata;*

- et plusieurs espèces qui n'ont pas encore de statut exact (y compris les formes nouvelles), tels que *Brookesia therezieni, B. peyrierasi, Calumma gastrotaenia, Furcifer. fallax, Calumma parsonii, Amphiglossus frontoparietalis, Amphiglossus macrocercus, Amphiglossus melanopleura, Amphiglossus mouroundavae, Pseudoxyrhopus tritaeniatus,* etc.

En général, pour le cas des reptiles et des amphibiens de Madagascar, la plupart de leurs statuts à l'échelle de l'Ile ne sont pas encore déterminés.

Les relations biogéographiques exceptionnelles des espèces dans le corridor

L'étude des relations biogéographiques des espèces à l'intérieur du corridor est possible grâce à la connaissance de la distribution altitudinale des animaux. Cinq taxons occupent tous les niveaux d'altitude: *Boophis madagascariensis, Mantella madagascariensis, Mantidactylus betsileanus, M. opiparis, M. luteus* et *Phelsuma lineata*.

La plupart des espèces rencontrées dans le corridor présentent des lacunes dans sa répartition entre les différents sites. On pourrait alors dire que chaque site a ses espèces caractéristiques. Pour montrer les interrelations spécifiques existantes dans les cinq sites, nous utilisons les coefficients de corrélation de Whitaker qui sont également utilisés par Blommers-Schlösser (1993):

$$c.c = Sab/(Sa + Sb - Sab)$$

où Sab est le nombre d'espèces communes aux deux stations a et b dont les richesses respectives sont Sa et Sb.

Les coefficients de communauté sont donnés dans le Tableau 5.7. La relation la plus haute est représentée par S4-S5 et S2-S3, respectivement 0,38 et 0,36. Ceci signifie que la majorité des espèces n'est pas largement répartie dans le corridor. L'axe Andriantantely-Didy présente la plus faible relation entre les espèces (0,20). Le pont biologique entre ces deux formations semble difficile à réaliser pour l'espèce herpétofaunique. De plus, le gradient d'altitude qu'il faut surmonter est très élevé (530 vers 960 m) et il existe des barrières topographiques (rivières Rianila et Teheza). Par contre, l'échange est plus faisable entre Andriantantely et Mantadia (0,26) du point de vue barrière topographique et altitude.

Tableau 5.7. Les coefficients de communauté entre les différents sites dans le corridor Mantadia-Zahamena, Madagascar (S1 = Iofa, S2 = Didy, S3 = Mantadia, S4 = Andriantantely, S5 = Sandranantitra).

Sites	S1	S2	S3	S4	S5
S1	1,00	0,26	0,31	0,24	0,22
S2	(16)	1,00	0,36	0,20	0,21
S3	(19)	(22)	1,00	0,26	0,26
S4	(26)	(19)	(24)	1,00	0,38
S5	(19)	(19)	(23)	(38)	1,00

Actuellement, ces deux formations ne se communiquent plus à cause de l'activité humaine. Le *tavy* prend la place des forêts naturelles sur plusieurs étendues, ce qui entraîne des barrières écologiques considérables (observations faites au sommet d'Andriantantely par des jumelles).

Normalement, en observant la ressemblance de la physionomie et la structure du peuplement végétal entre les sites de moyenne altitude (S1, S2, S3), on devrait avoir un coefficient de communauté supérieur à 0,50. On a tendance à penser qu'il y a intervention d'autres facteurs comme la latitude. Raxworthy et Nussbaum (1997), à partir des études réalisées au-dessous et au-dessus de 800 m sur 31 sites, ont constaté qu'il est plus utile d'employer la latitude que l'altitude dans la division biogéographique de la forêt pluviale de l'Est. En effet, les espèces de S3 sont relativement plus proches de celles de S1 que de S2 (0,31 et 0,26) d'une part, et les relations spécifiques entre S1 et S2 sont équivalentes de S3 et S4 (0,26 respectivement), d'autre part, même si le gradient d'altitude est significatif (300 m).

Des facteurs récents, généralement d'origine anthropique, régissent aussi la distribution des biotes à l'intérieur du corridor. La déforestation massive entre les sites S1, S2 et S4 (exploitation des bois à Iofa, *tavy* et carrière à Didy et *tavy* aux alentours d'Andriantantely) provoque la disparition des ponts biologiques. L'échange ne se fait plus. C'est pourquoi la faune de reptiles et d'amphibiens du corridor serait très spécifique pour chaque site. Les coefficients sont inférieurs à 0,50 et en moyenne voisins de 0,27. Quoiqu'il en soit, les espèces communes entre les sites sont relativement assez élevées (Tableau 5.7.). Prenons l'exemple de S2 et S4 qui ont un coefficient de 0,20 (le plus faible). Dix neuf taxons sont communs et correspondent à 46,3% et 26,4 % de la diversité respective de Didy et d'Andriantantely. C'est-à-dire qu'il y a, peut être, une relation étroite entre les différentes espèces de reptiles et d'amphibiens dans toutes les formations écologiques du corridor avant l'arrivée de l'homme.

Le potentiel d'endémisme local

A partir de l'analyse de la répartition des espèces herpétofauniques du corridor, on constate que l 'endémicité locale pourrait atteindre 17,8% (23 espèces) de la diversité. Parmi elles, dix espèces se rencontrent seulement à Andriantantely car ce dernier est le site le plus isolé. La liste des biotes herpétofauniques qui pourraient être des endémiques locaux avec leurs sites respectifs dans le corridor est la suivante: *Boophis* cf. *mandraka* (S5), *Mantella* sp. 1 (S2), *Mantidactylus* cf. *flavobrunneus* (S4), *Mantidactylus albofrenatus* (S4), *Mantidactylus* sp. 1 (S1), *Mantidactylus* sp. 2 (S2 et S3), *Mantidactylus* sp. 3 (S4), *Mantidactylus* sp. 4 (S4), *Mantidactylus* sp. 5 (S5), *Platypelis* cf. *milloti* (S5), *Platypelis* sp. 1 (S1), *Platypelis* sp. 2 (S5), *Plethodontohyla* cf. *minuta* (S4 et S5), *Plethodontohyla* sp. 1 (S4), *Plethodontohyla* sp. 2 (S5), *Phelsuma* sp. (S2), *Lygodactylus* sp.1 (S2 et S3), *Lygodactylus* sp. 2 (S3), *Uroplatus* sp. 1 (S1 et S2), *Uroplatus* sp. 2 (S4), *Amphiglossus* sp. 1 (S4), *Amphiglossus* sp. 2 (S4), *Amphiglossus* sp. 3 (S4). Nous tenons à signaler que le sigle traduit que l'espèce a des caractéristiques qui convergent vers un groupe taxinomique, mais possède une particularité qui lui est propre.

Comparaison entre les sites

La comparaison quantitative n'est pas valable dans cette étude du fait des contraintes climatiques mentionnées ci-dessus. Par contre, on pourrait estimer les différences qualitatives entre les sites. Dans les quatre premiers sites, les espèces sont surtout des formes rares et très rares (plus de 90%). A Sandranantitra elles représentent 71,6% des animaux. Les 25,4% de classes fréquentes sont caractéristiques de basse altitude, c'est-à-dire, bien adaptées à un milieu quelconque (*Zonosaurus brygooi, Brookesia superciliaris* et *Mantidactylus rivicola* par exemple). Pour déterminer l'affinité entre les sites, utilisons le coefficient de similarité de Jaccard (J) qui est donné par la formule (Hayek 1994):

$$J = \frac{c}{a + b + c}$$

où c = nombre d'espèces communes aux deux sites

a = nombre d'espèces propres au site a

b = nombre d'espèces propres au site b

Le Tableau 5.8. donne les coefficients d'affinité de Jaccard. Ils sont faibles à assez faibles, c'est-à-dire que les espèces propres à deux sites comparés représentent plus de 60%. Quoiqu'il en soit, S4 et S5 contiennent 38 espèces communes qui représentent respectivement 53% et 57% de la diversité spécifique de chaque site. Le coefficient le plus faible est celui entre S2 et S4 (21,1%). Il représente 19 espèces communes, respectivement 45% et 26% de la diversité des sites. Bien que la variation du nombre d'habitats entre les différents sites n'est pas grande, 55 espèces sont recensées propres à un site donné pour la totalité des sites et se répartissent comme suit: quatre à Iofa, huit à Didy, six à Mantadia, 21 à Andriantantely et 16 à Sandranantitra.

Tableau 5.8. Les coefficients d'affinité de Jaccard (S1 = Iofa, S2 = Didy, S3 = Mantadia, S4 = Andriantantely, S5 = Sandranantitra).

Sites	S1	S2	S3	S4	S5
S1	100	25,8	32,8	31,0	25,7
S2		100	36,1	21,1	23,5
S3			100	26,7	25,8
S4				100	39,2
S5					100

Iofa: Bien que ce site soit le plus pauvre en richesse spécifique pendant l'inventaire (37), quatre espèces lui sont propres dont deux semblent être typiques: *Mantidactylus* sp. 1 et *Platypelis* sp 1.

Didy: Parmi les huit espèces propres à Didy, deux semblent être typiques de ce site: *Mantella* sp. 1, et *Phelsuma* sp.

Mantadia: Mantella crocea, Lygodactylus sp. 2 et *Amphiglossus punctatus* semblent être localisées à Mantadia.

Andriantantely: Quatorze des 21 espèces propres à ce site sont caractéristiques: *Boophis lichenoides, Boophis miniatus, Mantidactylus albofrenatus, Mantidactylus* cf *flavobrunneus, Mantidactylus* sp. 3 et sp. 4, *Plethodontohyla alluaudi, Plethodontohyla* sp. 1, *Stumpffia grandis, Cophyla* sp., *Uroplatus* sp. 2, *Amphiglossus* sp. 1, sp. 2 et sp. 3.

Sandranantitra: Onze sur 16 espèces propres sont caractéristiques: *Boophis marojezensis, Boophis* cf. *mandraka, Mantidactylus rivicola, Mantidactylus leucomaculatus, Mantidactylus* sp. 5, *Platypelis* cf. *milloti, Platypelis* sp. 2, *Stumpffia tetradactyla, Plethodontohyla* sp. 2, *Phelsuma guttata, Blaesodactylus antongilensis.*

Le succès et l'efficacité des techniques d'inventaire

En voyant le nombre d'espèces recensées (129), on pourrait dire que la technique d'inventaire est efficace.

Observation directe

Plus de 80 % des espèces herpétofauniques sont enregistrées par cette méthode dont 84 %, 80 %, 76,7 %, 86,1 %, et 79 % respectivement dans S1, S2, S3, S4 et S5. Le succès et l'efficacité dépendent en grande partie des observateurs et des efforts de recherche. Pour notre cas, nous avons travaillé pendant 5 nuits et 6 jours successifs par site afin de pouvoir rencontrer le maximum d'espèces. Mais le problème réside en grande partie dans l'intensité d'activité des animaux et dans leur rareté.

Fouille des refuges

Cette technique est efficace pour les espèces à microhabitat particulier qui se réfugient dans des feuilles engainantes, sous des bois morts, des troncs d'arbre pourri, ou des litières. Elle complète en conséquence la première méthode. Pendant notre étude, elle consiste surtout à capturer les espèces discrètes dans leurs microhabitats telles que les Microhylidae à l'intérieur des bambous (*Platipelis pollicaris, Platipelis* sp. 1, *Platypelis* cf. *milloti*), les espèces à l'intérieur des feuilles de *Pandanus.* (*Mantidactylus bicalcaratus, M. pulcher, M.* sp. 2 et *Platypelis tuberifera*) et des Ravenala pour *Platypelis grandis.* Sur les cinq sites, cette méthode est efficace dans les trois premiers car ces animaux ne sont pas encore actifs à défaut de pluie. Pourtant, elle pose des problèmes dans l'ensemble de l'écosystème car la fouille implique une destruction temporaire des refuges et des microhabitats, ce qui pourrait perturber l'activité des animaux dans la zone d'étude en cas d'abus. Il faut donc opérer délicatement en préservant le milieu.

Trous-pièges avec barrière

Cette méthode nous a permis de capturer 18 espèces dont sept sont collectées exclusivement par elle ce qui correspond à 5,4 % de la richesse spécifique du corridor. Bien que les résultats soient minimes, ces espèces sont toutes intéressantes car elles contribuent à l'augmentation de la diversité. Parmi elles, deux sont nouvelles pour la science (*Plethodontohyla* sp. 1 et *Amphiglossus* sp. 1). Cette méthode est surtout très efficace pour les Scincidae fouisseuses (*Amphiglossus* spp.). En outre, elle permet de calculer le rendement de piégeage en fonction de l'effort de travail et d'observer le gradient du milieu (vallée, flanc, crête) susceptible d'héberger le maximum d'espèces, voire la qualité du biotope.

CONCLUSION ET RECOMMANDATIONS

L'évaluation rapide de la faune herpétologique du corridor Mantadia-Zahamena nous a permis d'inventorier 78 espèces d'amphibiens et 51 de reptiles, parmi lesquelles une vingtaine sont endémiques à la région et plusieurs ne sont pas encore décrites et pourraient être considérées comme nouvelles pour la science.

Malgré les résultats non exhaustifs du fait de la période d'étude non favorable, le corridor a une diversité plus élevée que les deux aires protégées extrêmes: 129 espèces pour le corridor, 107 pour Zahamena (Ravoninjatovo 1998) et 40 dans la région d'Andasibe et ses environs (Raselimanana 1998). Le corridor joue donc un rôle considérable dans l'entretien de la richesse biologique des deux aires protégées du fait de sa position transitionnelle. En plus, l'échange biologique se fait facilement s'il n'y a pas de coupure entre elles. Le corridor joue aussi un rôle de tampon contre l'effet de masse par migration en cas de compétition due généralement à la dominance de certaines espèces et constitue, en quelque sorte, un pont biologique dont les facteurs écologique, topographique, latitudinal et altitudinal jouent le rôle de filtre biologique.

En examinant les cinq sites, du point de vue diversité, endémisme et protection naturelle, il est évident que le site d'Andriantantely est le plus important pour la conservation de la biodiversité. Il est également le moins perturbé. Concernant la faune herpétologique, le site d'Andriantantely présente trois groupes d'espèces de la formation de l'Est, à savoir:

- les espèces caractéristiques de moyenne altitude telles que *Boophis lichenoides, Mantidactylus blommersae, Plethodontohyla* cf. *notosticta, Phelsuma quadriocellata,*
- les espèces de la basse altitude telles que *Mantidactylus* cf. *flavobrunneus, Mantidactylus klemmeri, Brookesia peyrierasi* et *Zonosaurus brygooi,*
- et les espèces à large répartition telles que *Mantella madagascariensis, Mantidactylus opiparis* et *Uroplatus sikorae.*

Si le temps de notre travail était assez long à Andriantantely, on pourrait encore y découvrir d'autres espèces, car à la fin de notre séjour d'étude, le plateau n'a pas encore été atteint, surtout pour les reptiles. Pour les autres sites, en particulier Didy et Iofa, à cause de fortes activités humaines, il est difficile de les proposer à être conservés même s'ils abritent des espèces endémiques. Pour nous, la solution adéquate est la valorisation et l'utilisation rationnelle des ressources naturelles en intégrant la population locale et périphérique de ces forêts classées. On sait que ces régions constituent principalement une zone de collecte d'espèces herpétofauniques destinées à l'exportation (F. Rabemananjara comm pers.). Citons par exemple les Mantelles, Geckos, Caméléons et les Uroplates.

Le *tavy* et l'exploitation des ressources forestières sont les problèmes graves de la région auxquels il faudrait remédier pour préserver ces milieux, surtout ceux des espèces qui ne sont pas encore à l'intérieur des aires protégées comme les formes rares et les espèces découvertes pour la première fois. La destruction d'une forêt est généralement suivie de l'invasion des espèces non forestières plus adaptées. D'après Vitousek et al. (1997), l'introduction des espèces exotiques, accidentellement ou non, par les hommes est une composante importante du changement global de l'environnement et constitue une sérieuse menace pour la biodiversité.

Enfin, on peut dire que le corridor a une diversité spécifique très élevée en matière d'amphibiens et de reptiles qui mérite d'être protégée pour éviter leur éventuelle extinction. Si une seule de ces espèces disparaît, il en résulte une perte grave pour la diversité génétique mondiale.

BIBLIOGRAPHIE

BIODEV. 1995. Etude de la répartition et du niveau de population de deux espèces d'amphibiens de Madagascar (*Mantella aurantiaca* et *Mantella crocea*, sous famille Mantellinae, Laurent 1946). Publications, Rapport final Projet CITES / DEF Madagascar.

Blommers-Schlösser, R. M. A. 1993. Systematic relationships of the Mantellinae Laurent 1946 (Anura ; Ranoidea). Ethology, Ecology and Evolution. 5:199-218.

Blommers-Schlösser, R.M.A. et C. P. Blanc. 1991. Amphibiens (première partie). Faune de Madagascar. 75(1):1-385.

Brygoo, E. 1984. Systématique des lézards Scincidés de la région malgache. XII. Le groupe d'espèces *Gongylus melanurus* Günther, 1877; *G. gastrostictus* O'Shaughnessy, 1879 et *G. macrocercus* Günther, 1882. Muséum National d'Histoire Naturelle, Paris 4:131-148.

Ganzhorn, J.U., B. Rakotosamimanana, L. Hannah, J. Hough, L. Iyer, S. Olivieri, S. Rajaobelina, C. Rodstrom et G. Tilkin. 1997. Priorities for biodiversity conservation in Madagascar. Primate Report 48-1, Göttingen, Germany.

Glaw, F. et M.Vences. 1994. A field guide to the amphibians and reptiles of Madagascar, 2nd edition. Moos Druck, Leverkusen, Germany.

Hayek, L. A. C. 1994. Measuring and monitoring biological diversity. Standard methods for Amphibians. Smithsonian Institute Press, Washington. D.C.

Jenkins, M. 1987. Madagascar, an environmental profile. International Union for Conservation of Nature Resources. Cambridge.

Rabemananjara, F. 1998. Contribution à l'étude de la population de *Furcifer campani* Grandidier, 1872, Chamaeleonidae endémique de Madagascar, dans la région de l'Ankaratra : biologie et écologie. Mémoire DEA. Département de Biologie Animale, Université d'Antananarivo.

Raselimanana, A. P. 1998. La diversité de la faune de reptiles et d'amphibiens. *In* Rakotondravony, D. & S. M. Goodman (eds.) Inventaire biologique de la forêt d'Andranomay. Recherche pour le développement. Série biologique N°13, Antananarivo, Madagascar. Pp.43-59.

Raselimanana, A. P., D. Rakotomalala et F. Rakotondraparany. 1998. *In* Ratsirarson, J. & S. M. Goodman (eds.) Inventaire biologique de la forêt littorale de Tampolo. Recherche pour le développement. Série biologique N°14, Antananarivo, Madagascar. Pp. 183-195.

Ravoninjatovo, A. 1998. Contribution à l'étude de la distribution altitudinale de l'herpétofaune dans la forêt de la réserve intégrale N°3 de Zahamena. Mémoire de D.E.A. Département de Biologie Animale, Université d'Antananarivo.

Raxworthy, C. J. et R. A. Nussbaum. 1996. Amphibians and reptiles of the Réserve Naturelle Intégrale d'Andringitra, Madagascar: A study of elevational distribution and local endemicity. *In* Goodman, S. M. (ed.) A floral and faunal inventory of the eastern slopes of the Réserve Naturelle Intégrale d'Andringitra, Madagascar: with reference to elevational variation. Fieldiana: Zoology, New Series N°85. Pp 158-170.

Raxworthy, C. J. et R. A. Nussbaum. 1997. Biogeographic patterns of reptiles in eastern Madagascar. *In* Goodman S. M. & B. D. Pattersen (eds.) Natural change and human impact in Madagascar. Smithsonian Institution Press, Washington, D.C. Pp 124-141.

Raxworthy, C. J., F. Andreone, R. A. Nussbaum, N. Rabibisoa et H. Randriamahazo. 1998. Amphibians and reptiles of the Anjanaharibe-Sud Massif, Madagascar: Elevational distibution and regional endemicity. *In* Goodman, S.M. (ed.) A floral and faunal inventory of the eastern slopes of the Réserve Spéciale d'Anjanaharibe-Sud, Madagascar: with reference to elevational variation. Fieldiana: Zoology, New Series N°90. Pp 79-92.

Razafiarisoa, A. 1996. Inventaire biologique de la faune batracologique aux alentours de la forêt d'Andasibe. Mémoire de D.E.A. Département Biologie Animale, Université d'Antananarivo.

Vitousek, P. M., C.M. Dantonio, L.L.Loope, M.Rejmanek et R.Westbrooks. 1997. Introduced species : A significant component of human-caused global change. New Zealand Journal of Ecology. 21 : 1-16.

Chapitre 6

Inventaire entomologique du corridor Mantadia-Zahamena, Madagascar

Casimir Rafamantanantsoa

RÉSUMÉ

Du point de vue entomologique, neuf ordres d'insectes ont été recensés dans les cinq sites pendant notre mission: Lepidoptera, Coleoptera, Homoptera, Heteroptera, Orthoptera, Blattodea, Mantodea, Odonata (Zygoptera et Anisoptera) et Diptera. Ces neuf ordres sont répartis dans différentes familles, genres et espèces selon les sites, mais les Lépidoptères sont les ordres dominants, ceci aussi bien en milieu intact qu'en zone dégradée. Il faut noter également les espèces endémiques telles que *Argema mittrei, Charaxes andronadorus, Charaxes analalava* et *Euxanthes madagascariensis*. Pour réaliser l'inventaire, différents types de méthodes ont été adoptés. La capture au filet, le piégeage avec appât, les fouilles systématiques ont été utilisés pour les espèces diurnes et le piégeage lumineux pour les espèces nocturnes. Parmi les cinq sites d'études visités dans ce corridor, la région d'Iofa qui contient la forêt la plus intacte présente le plus de diversité d'insectes par rapport aux autres sites. La pratique du *tavy* et l'exploitation illicite du bois menacent les habitats naturels. Cette destruction entraîne des changements au niveau de la biodiversité faunistique et même la disparition possible de certaines espèces. Une préservation des sites en question est donc nécessaire.

INTRODUCTION

Le programme d'inventaire rapide organisé par Conservation International dans le corridor Mantadia-Zahamena a pour but d'obtenir une évaluation globale des ressources biologiques de cette région à partir des inventaires biologiques. Plusieurs équipes multidisciplinaires ont réalisé ce programme. Nous avons à inventorier les insectes dans cette région.

Les insectes prennent une grande place dans le règne animal dont ils couvrent à peu près 80%. Ils tiennent également une place importante dans le fonctionnement de l'écosystème forestier, en contribuant à la pollinisation des plantes et en constituant la nourriture des plusieurs espèces animales. Différents sites d'étude à différentes altitudes et avec différents types de formation ont été sélectionnés par Conservation International pour cet inventaire. Le Site 1 (Iofa, 835 m), le Site 2 (Didy, 960 m), le Site 3 (Mantadia, 895 m) et le Site 4 (Andriantantely, 530 m) ont été visités au début de la saison chaude et pluvieuse, au mois de novembre et décembre 1998. La Site 5 (Sandranantitra, 450 m) a été visité au mois de janvier 1999.

MATÉRIEL ET MÉTHODES

Pour la réalisation de ce programme d'inventaire, le matériel utilisé a consisté en:

Un filet en forme de raquette utilisé pour chasser les Lépidoptères. Il se compose d'une monture formée d'un tube de cuivre de 65 x 42 cm de diamètre pour supporter la poche
Une hache

- Un groupe électrogène muni d'une ampoule de 200 à 500 watts

- Un drap de chasse (blanc) de 2 x 2 m de dimension
- Des couches de coton constituées de feuilles de papier découpées aux angles pour former une enveloppe, à fond rigide où est déposée une couche de coton, au dessus de laquelle sont déposés les insectes capturés
- Des bocaux à cyanure qui servent à asphyxier les captures
- De l'alcool à 70 % pour conserver certains insectes

Plusieurs types de méthodes ont été choisis pour la réalisation de ces travaux d'inventaire:

- La capture par filet, le piégeage avec appât et les fouilles systématiques pour les espèces diurnes
- Le piégeage lumineux pour les espèces nocturnes.

En plus, des informations sur les insectes ont été collectées auprès des locaux pour avoir des données plus proches de la réalité. Les Sites 1 et 4 ont été étudiés pendant quatre jours et quatre nuits tandis que les Sites 2, 3 et 5 pendant cinq jours et cinq nuits

Piégeage lumineux

C'est une méthode commune utilisée pour collecter les espèces nocturnes et donc inactives pendant la journée. Dans les régions forestières, cette méthode est très efficace et rapide. Elle consiste à attirer les insectes par une lumière produite par une ampoule de 200 à 500 watts alimenté par un groupe électrogène, et dirigée sur une surface blanche (un drap blanc de 2 x 2 m) fixé comme un écran. Les insectes attirés par la lumière, viennent se poser sur le drap et sont facilement collectés (Uys et Urban 1997). Cette lumière attire surtout les Lépidoptères et les Hétérocères ainsi que divers ordres d'insectes tels que les Coléoptères, les Orthoptères et les Hémiptères. Les pièges ont été déposés sur une monticule ou à mi-flanc d'une montagne en face de la forêt. Ce dispositif fonctionne mieux en l'absence de la lune car la lumière ne doit pas interférer avec d'autres sources de lumière pour bien attirer les insectes. Pour chaque site, les captures ont été réalisées de 2100 h à 0200 h du matin. La chasse de nuit dure donc environ cinq heures par nuit. Pour les Sites 1, 2, et 3, les chasses nocturnes ont été réalisées deux fois, tandis que pour les Sites 4 et 5, la chasse n'a été faite qu'une seule fois à cause du temps pluvieux. Dans le cas du piégeage lumineux, un à dix échantillons par espèces ont été collectés, avec une identification à vue seulement, dans un but de conservation des insectes.

CAPTURE AU FILET

Le filet est utilisé pour capturer les insectes volants comme les papillons et les mouches. La capture au filet est une méthode aléatoire qui sert à faire des collectes au passage des insectes ailés ou après les avoir poursuivis. Les captures ont été faites à des endroits exposés, dans des coteaux ou dans des zones dégradées pour chaque site. La durée de capture par jour dure environ cinq heures car les insectes ne sont actifs qu'entre 0900 h et environ 1500 h.

Piège suspendu avec appât

Pour capturer les papillons diurnes très actifs, volant haut et très vite et ne pouvant pas être capturés au filet, ce type de piège a été développé (Fig. 6.1.). Ce piégeage consiste à déloger de leurs habitats les Lépidoptères forestiers très actifs, en l'occurrence les Nymphalidae du genre *Charaxes (*Uys et Urban 1997). Ce même piège attire aussi certains Coléoptères tels que le genre Scarabaeidae de la sous famille des Rutelinae, et des Cetoninae, les Tenebrionidae et les Cerambycidae. Pour chaque site, quatre pièges ont été déposés tous les 50 m et ont été suspendus sur une branche d'arbre située à quatre à dix mètres du sol et en bordure de la forêt. Cent cinquante grammes de fruits fermentés (bananes et ananas) ont été utilisés comme appâts pour chaque piège. Ces fruits ont été mélangés avec un peu de vin pour faciliter la fermentation et pour bien attirer les insectes (Uys et Urban 1997). Pour chaque site, les pièges ont été déposés le matin vers 0700 h et les appâts ont été renouvelés chaque jour. Un contrôle a été réalisé une fois par jour pour vérifier les captures.

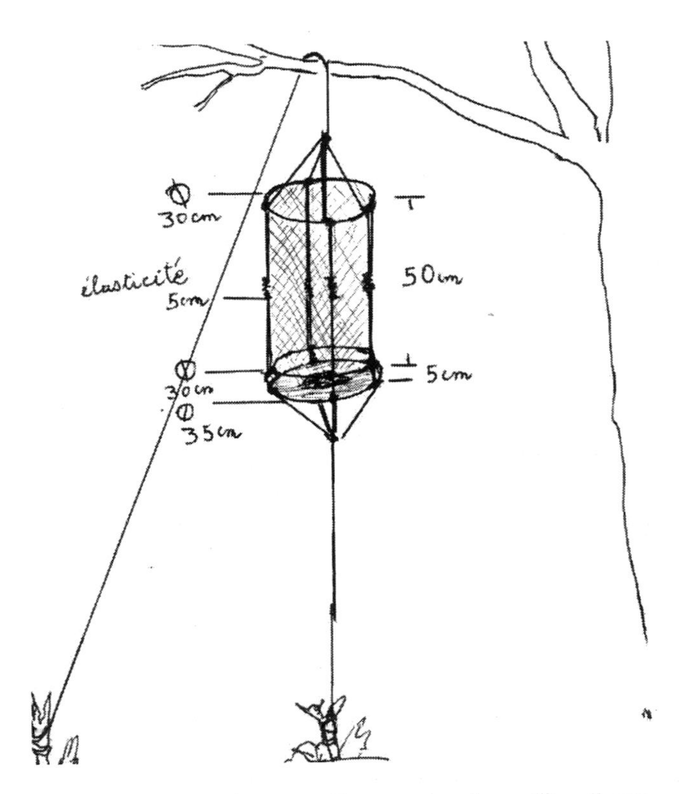

Figure 6.1. Piège suspendu avec appât pour capturer les papillons diurnes dans le corridor Mantadia-Zahamena, Madagascar.

Fouilles systématiques

Cette méthode sert à découvrir les espèces inactives qui se réfugient et restent souvent dans leurs habitats tels que les écorces d'arbres morts, l'humus ou la litière. Il s'agit de fouiller la terre, d'explorer les pieds des arbres à l'aide d'une hache pour découvrir les insectes qui y logent tels que les Coléoptères de la famille des Buprestidae (Paulian 1994).

Collectes d'informations

Des informations sur la faune entomologique ont été collectées auprès des populations locales pour compléter les données et les rapprocher de la réalité. Les identifications ont été faites à partir des collections de références entomologiques du Parc Botanique et Zoologique de Tsimbazaza (PBZT).

RÉSULTATS

Les insectes peuvent se rencontrer dans différents types de milieux, de la forêt intacte aux zones dégradées. Leur abondance varie en fonction du milieu et de la saison. Les espèces répertoriées dans les cinq sites d'étude pour les deux expéditions dans le corridor Mantadia-Zahamena sont résumées dans l'Annexe 11. Le résultat de capture pour la première expédition est relativement bon tant pour le nombre d'espèces capturées et observées que pour la diversité. Neuf ordres répartis en 44 familles et 144 genres ont été identifiés: Lepidoptera, Coleoptera, Homoptera, Heteroptera, Orthoptera, Blattodea, Mantodea, Odonata (Zygoptera et Anisoptera) et Diptera.

Chez les Lépidoptères (Rhopalocera), on remarque une différence entre les espèces existantes dans les cinq sites. Ceci peut s'expliquer par les différentes plantes qui composent les milieux, plantes sur lesquelles vivent les insectes. Pour la famille des Nymphalidae, on note l'existence de trois espèces particulières dans les quatre premiers sites à savoir *Charaxes andranodorus, Charaxes analalava,* et *Euxanthes madagascariensis,* espèces typiques de forêt intacte se trouvant notamment sur les cimes des arbres (Paulian 1951). Par ailleurs, on note l'existence de cinq autres espèces de Lépidoptères (Heterocera) de la famille des Saturniidae et des Sphingidae dans les cinq sites. Ce sont aussi des espèces typiquement forestières, pourtant observées ici dans des zones dégradés surtout à Mantadia. Ce sont *Argema mittrei, Antherina suraka, Bunea aslauga, Coelonia solan* et *Massenia heydeni*. Par contre, l'espèce *Chrysidia madagascariensis* de la famille des Uranidae n'existe que dans deux sites, à Andriantantely et Sandranantitra qui sont des forêts denses humides et de basse altitude, situées respectivement à 530 m et à 450 m.

Pour les Lépidoptères, la famille des Sphingidae pour les papillons nocturnes (Hétérocères) et celle des Nymphalidae (Rhopalocera) pour les diurnes sont les plus représentées. La richesse en espèces de ces deux grandes familles pour les cinq sites par rapport aux espèces inventoriées, récoltées dans tout Madagascar, dans les collections de références au PBZT, est présentée dans Tableaux 6.1. et 6.2.

Pour les Coléoptères, une très grande différence s'observe dans la composition en espèces pour les cinq sites. Les sites d'Iofa et de Didy ne contiennent que très peu d'espèces par rapport aux trois autres, Andriantantely, Mantadia et Sandranantitra. Par contre, trois espèces sont communes aux quatre premiers sites visités: *Polybotris quadricollis, Polybotris nitidiventris* de la famille des Buprestidae et *Doryscelis calcarata,* de la famille des Scarabeidae-Cetoninae. On n'a pu collecter des Homoptères que dans le site d'Andriantantely et de Sandranatitra qui sont les deux sites de basse altitude. Les genres *Yanga* et *Pycna* de la famille des Cicadidae qui se reconnaissent facilement par leurs cris assourdissants, ont pris royaume dans ces deux sites. L'abondance relative des espèces obtenues par les pièges suspendus placés sur une étendue de 200 m de long pour les cinq sites est résumée dans le Tableau 6.3.

Tableau 6.1. Richesse de la famille des Nymphalidae (Lépidoptères) dans les cinq sites du corridor Mantadia-Zahamena par rapport aux espèces existantes dans les collections de référence du Parc Botanique et Zoologique de Tsimbazaza (PBZT).

Sites	Nbre de genres décrits	Nbre de genres capturés	Nbre d' espèces décrites	Nbres d' espèces capturées
S 1- Iofa	26	11	65	14
S 2 - Didy	26	4	65	6
S 3 - Mantadia	26	10	65	12
S 4 - Andriantantely	26	8	65	10
S 5 - Sandranantitra	26	5	65	6

Tableau 6.2. Richesse de la famille des Sphingidae (Lépidoptères) dans les cinq sites du corridor Mantadia-Zahamena par rapport aux espèces existantes dans les collections de référence du PBZT.

Sites	Nbre de genres décrits	Nbre de genres capturés	Nbre d' espèces décrites	Nbres d' espèces capturées
S 1- Iofa	20	9	67	16
S 2 - Didy	20	4	67	6
S 3 - Mantadia	20	7	67	10
S 4 - Andriantantely	20	8	67	16
S 5 - Sandranantitra	20	5	67	7

Tableau 6.3. Abondance relative des espèces d'insectes obtenues par les pièges suspendus dans les cinq sites du corridor Mantadia-Zahamena.

Sites	Abondance relative (Individu ± écart-type / 200m)
S 1 - Iofa	8,00 ± 2,16
S 2 - Didy	12,66 ± 4,98
S 3 - Mantadia	6,33 ± 0,47
S 4 - Andriantantely	7,33 ± 0,94
S 5 - Sandranantitra	2,66 ± 0,47

Tableau 6.4. Biodiversité entomologique des cinq sites visités dans le Corridor Mantadia-Zahamena.

Sites	Insectes capturés			
	Ordres	Familles	Genres	Espèces
S 1 - Iofa	8	28	80	127
S 2 - Didy	3	16	31	40
S 3 - Mantadia	4	22	68	90
S 4 - Andriantantely	6	27	68	90
S 5 - Sandranantitra	5	27	75	102

Tableau 6.5. Nombre d'espèces d'insectes relevé dans les cinq sites du corridor Mantadia-Zahamena par les différents méthodes de captures.

Sites	Méthode de capture			
	Fouilles systématiques	Pièges suspendus	Piégeage lumineux	Capture au filet
S 1 - Iofa	102	36	110	165
S 2 - Didy	16	60	329	192
S 3 - Mantadia	40	28	87	184
S 4 - Andriantantely	50	22	145	135
S 5 - Sandranantitra	61	8	42	104
Total	**269**	**154**	**713**	**780**
Pourcentage	**14,04 %**	**8,04 %**	**37,21 %**	**40,71 %**

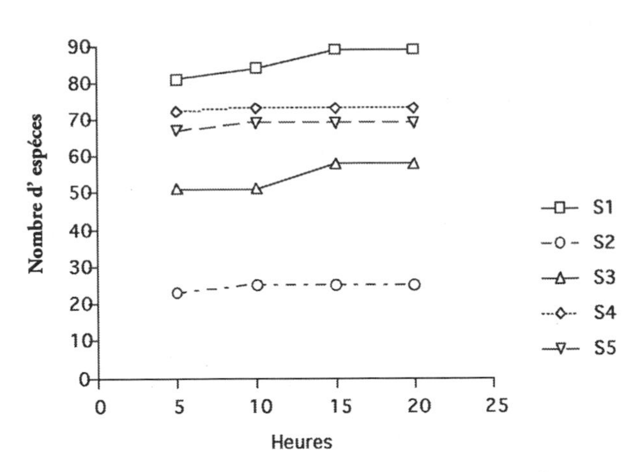

Figure 6.2. Courbes d'accumulation spécifiques des espèces diurnes d'insectes pour les cinq sites visités du corridor Mantadia Zahamena, Madagascar.

Du point de vue diversité entomologique, les cinq sites visités dans le corridor Mantadia-Zahamena sont différents (Tableau 6.4.). La région d'Iofa constitue le site préféré des insectes. On y trouve huit différents ordres avec 28 familles. Viennent ensuite la région d'Andriantantely où on a pu recenser six ordres avec 27 familles, Sandranantitra avec cinq ordres et 27 familles et Mantadia avec quatre ordres et 22 familles. La région de Didy ne contient que trois ordres et 16 familles. Cette différence d'abondance pourrait s'expliquer par la différence de milieu et de végétation. Dans la région d'Iofa, la forêt est plus intacte. La forêt d'Andriantantely est également relativement intacte. Une grande partie des forêts de Didy et de Sandranantitra sont défrichées, ce qui pourrait entraîner une disparition de certaines espèces. Ces défrichements sont d'origine anthropique avec la pratique du *tavy* et l'exploitation du bois. Pourtant, la région de Mantadia, même déjà préservée ne contient que quatre ordres et 22 familles d'insectes.

Le nombre d'espèces relevé dans les cinq sites par les différentes méthodes de capture est résumé dans le Tableau 6.5. D'une façon générale, pour les cinq sites visités, le piégeage lumineux pour les espèces nocturnes, ainsi que la capture au filet pour les diurnes constituent les méthodes les plus efficaces pour cet inventaire rapide, surtout pour les Lépidoptères, avec un taux d'efficacité respectif de 37,21 % et 40 %. Par contre, peu d'espèces visitent les pièges suspendus. Seuls 8,04 % des espèces obtenues y ont été capturées. Environ 14,04 % des espèces ont été obtenues par fouille systématique.

Les courbes d'accumulation spécifiques des espèces diurnes obtenues par le piégeage, par les captures au filet ainsi que par les fouilles systématiques sont représentées dans la Figure 6.2.

CONCLUSION ET RECOMMANDATIONS

Les insectes, malgré leur petite taille, tiennent une place très importante aussi bien dans le règne animal que dans le règne végétal pour le fonctionnement de l'écosystème. Plusieurs animaux se nourrissent des insectes, la pollinisation des certaines plantes dépend d'eux et la faune entomologique est un indicateur de changement du milieu (Kremen 1992). Au niveau des taxons collectés, des différences ont été notées pour chaque site de capture pendant ce programme d'inventaire rapide dans le corridor Mantadia-Zahamena. Les papillons sont d'une grande variété dans les différents sites même si on assiste à une dégradation de la forêt. Cette destruction ayant toujours une origine anthropique, il est indispensable que les programmes de développement dans cette région aient des effets directement ressentis par les paysans, par exemple en favorisant les activités ayant trait à l'accroissement de leurs revenus. Mieux encore, les projets de développement doivent avoir une relation avec la conservation de la biodiversité aussi bien faunistique que floristique.

Recommandations

- Renforcer le programme de délimitation des périmètres de forêts intactes à ne plus toucher, et parallèlement fixer les limites des aires déjà défrichées à l'intérieur de la forêt. Il est évident que ces aires déjà défrichées ne devront plus faire s'étendre pour quelque raison que ce soit. C'est le cas de la forêt de Sandranantitra.

- Réduire par tous les moyens valables les interventions humaines sur la forêt intacte.

- A long terme, stabiliser la population humaine se trouvant dans les ouvertures ou les enclaves forestières là où se passent les activités de culture, car l'accroissement de cette population entraînera inévitablement la création de nouvelles surfaces à cultiver.

BIBLIOGRAPHIE

Kremen, C. 1992. Butterflies as ecological and biodiversity indications. WINGS, the Xerces Society. Vol. 16 # 3. Pp 14-17.

Paulian, R. 1994. Insectes Cetoniidae, genre Pygora. Faune de Madagascar. N°82.

Paulian, R. 1951. Papillons communs de Madagascar. Institut de Recherche Scientifique de Tananarive Tsimbazaza.

Uys, V. M. et Urban, R. P. 1997. How to collect and preserve insects and arachnids. Plant Protection Research Institute Handbook. 7 : 23-40.

Chapitre 7

Inventaire des insectes cicindèles (Coléoptères, Cicindelidae) dans le corridor Mantadia-Zahamena, Madagascar

Lantoniaina Andriamampianina

RÉSUMÉ

L'inventaire semi quantitatif des cicindèles dans quatre sites du corridor Mantadia-Zahamena a permis de collecter 33 espèces dont huit nouvellement recensées dans la région. Avec les 61 espèces connues actuellement dans la région du corridor, cette zone figure parmi les plus riches à Madagascar. Des espèces rares et endémiques de la région ont été observées. Les forêts de basse altitude semblent être plus riches. La structure des communautés de cicindèles et la composition spécifique ont montré une différence assez marquée entre les quatre sites. La dominance des deux genres forestiers *Physodeutera* et *Pogonostoma* et l'absence d'espèces d'endroits dégradés traduisent un caractère encore plus ou moins primaire des forêts de Sandranantitra et d'Andriantantely. Bien que des signes de perturbations aient été observés dans les quatre sites, les espèces liées à la dégradation ont été uniquement observées à Didy et à Mantadia. Les sensibilités des cicindèles aux variations des habitats ont permis de démontrer dans cette étude que les différents lambeaux de forêts du corridor présentent des différences assez marquées les uns des autres. Les quatre sites étudiés sont tout aussi importants les uns que les autres. La mise en place de mesures de conservation est donc recommandée.

INTRODUCTION

Les insectes cicindèles (Coléoptères, Cicindelidae) constituent l'un des groupes étudiés au cours de l'inventaire biologique multidisciplinaire effectué dans les forêts de la région du corridor Mantadia-Zahamena de novembre 1998 à janvier 1999. Cette étude entre dans le cadre du 'Rapid Assessment Program' (RAP), un programme du Center for Applied Biodiversity Science de Conservation International (CI). Le principal objectif du RAP est d'obtenir une évaluation globale des ressources biologiques qui pourraient aider les responsables dans la gestion des projets de conservation et de développement dans la région. Les objectifs spécifiques de cette étude sont donc d'inventorier les Cicindélidés de la région du corridor Mantadia-Zahamena ; d'étudier la distribution des cicindèles dans les différents sites étudiés ; de discuter de l'importance des différents sites quant à la conservation de la biodiversité et enfin d'émettre des recommandations pour orienter les activités futures de recherche et de conservation dans la région.

MATÉRIEL ET MÉTHODE

Collecte des données

Pour cette évaluation rapide de la biodiversité, l'inventaire des cicindèles a été effectué dans quatre sites du corridor à savoir le Parc National (PN) de Mantadia (Site 3, 895 m) et les trois Forêts Classées de Didy (Site 2, 960 m), d'Andriantantely (Site 4, 530 m) et de Sandranantitra (Site 5, 450 m). Dans chaque site, un certain nombre de transects a été défini pour la collecte de cicindèles. Ces transects ont été choisis pour représenter tous les habitats du site. Comme les cicindèles sont adaptées à tous les types d'habitats terrestres, tous les types ont été considérés.

La collecte des cicindèles a été effectuée à l'aide de filet entomologique. Outre la collecte générale effectuée le long des transects, un recensement semi quantitatif a été effectué pour évaluer la densité relative des différentes espèces. Ainsi, en marchant très lentement mais sans se retourner, nous avons capturé tous les insectes que nous avons rencontrés à l'intérieur d'une bande de 100 m de long sur 2 m de large de chaque côté de la piste donc sur une surface de 400 m². Un total de dix bandes de 400 m² a été étudié dans chaque site.

L'absence de méthode de piégeage à la fois efficace et fiable pour capturer les cicindèles rend l'étude de ces insectes difficiles. La seule méthode efficace connue jusqu'à ce jour est le *"sticky-traps"* (ou piège adhésif) mais cette méthode présente la grande faiblesse de tuer toute une gamme d'invertébrés et même de petits vertébrés tels que les *Gecko* et les *Brookesia* (caméléon). Nous préférons donc ne pas adopter cette méthode mais d'opter pour la collecte directe au moyen de filet, une méthode dont l'efficacité dépend surtout de l'habileté et de l'expérience du chercheur.

ANALYSE DES RÉSULTATS

En terme de comparaison des quatre sites, la composition spécifique et la structure des communautés de cicindèles ont été étudiées à trois niveaux conceptuels : la diversité spécifique, le diagramme rang fréquence et la similarité. A l'exception de la richesse spécifique, toutes les autres analyses portent seulement sur les données du recensement semi quantitatif.

La diversité spécifique: pour chaque échantillon, le nombre des espèces présentes a été calculé ainsi que l'indice de diversité de Shannon et l'indice de régularité de Pielou. L'indice de Shannon, dérivé de la théorie de l'information a l'avantage d'être indépendant de la taille de l'échantillon (Frontier et Viale 1991, Legendre et Legendre 1979).

$$H' = -\sum_{i=1}^{n} pi \log_{10} (pi) \qquad H' = R \times \log_{10} n$$

où n = le nombre des espèces contenues dans un échantillon.
pi = la fréquence relative de l'espèce i.
R = la régularité des proportions des espèces (indice de Pielou).

Le diagramme rang fréquence: ce diagramme représente l'abondance relative des espèces classées par ordre d'abondance décroissant. La distribution d'espèces ainsi mise en évidence correspond à une structure quantitative de la communauté (Brunel 1987). En effet, ce n'est pas par hasard ni sans conséquences sur le fonctionnement de l'écosystème, qu'une biocénose est constituée de peu d'espèces très abondantes et de beaucoup d'espèces rares, ou au contraire d'un important contingent d'espèces d'abondance moyenne (Frontier et Viale 1991).

La similarité: deux coefficients de similarité ont été utilisés pour comparer les communautés de cicindèles des quatre sites. L'indice de Jaccard est choisi pour refléter les différences marquées au niveau de la richesse spécifique.

$$Ij = \frac{C}{N1 + N2 - C}$$

où N1 et N2 indiquent respectivement le nombre des espèces dans les Sites 1 et 2. C représente le nombre des espèces communes aux Sites 1 et 2.

L'indice de Bray et Curtis a été également calculé pour refléter les effets des espèces les plus dominantes dans les échantillons (Digby et Kempton 1987).

$$I_{BC} = 1/p \frac{‰ (Xi - Yi)}{‰ (Xi + Yi)}$$

où Xi et Yi indiquent l'abondance de l'espèce i respectivement dans le Site 1 et Site 2.

RÉSULTATS ET DISCUSSION

La diversité spécifique

L'ensemble des résultats obtenus dans les quatre sites montre une composition taxinomique typique des forêts humides de l'Est. La dominance des deux genres forestiers *Physodeutera* et *Pogonostoma* traduit un état encore plus ou moins primaire de ces forêts.

Un total de 33 espèces de cicindèles réparties en dix genres a été recensé au cours de cette expédition (Tableau 7.1., Tableau 7.2.). Environ 53 espèces ont déjà été répertoriées dans le corridor Zahamena et Moramanga auparavant. Seules 25 de ces espèces ont été retrouvées au cours de cette expédition. En revanche, huit autres espèces ont été nouvellement recensées. Le nombre des espèces de cicindèles actuellement connues dans cette région est donc de 61 espèces ce qui représente plus du tiers des cicindèles malgaches (Annexe 12). Cette zone du corridor figure ainsi parmi les zones les plus riches en cicindèles à Madagascar avec Masoala (62 espèces) et l'extrême nord (57 espèces).

Les courbes montrant le nombre des espèces cumulées au cours des six jours de chasse laissent supposer que le nombre maximal des espèces présentes dans ces sites n'est pas encore atteint (Fig. 7.1.). Le début de plateau observé à partir du quatrième jour pour la courbe correspondante à Sandranantitra traduit la capture de presque toutes les espèces communes de cicindèles présentes dans ce site. Pour Andriantantely et Didy, la pente des courbes faiblit et montre que la plupart des espèces communes ont été capturées. Dans le cas de Mantadia, la courbe prend une allure exponentielle et continue encore à monter avec une pente très forte. Un séjour plus long dans ces sites permettrait sans aucun doute de recenser plus d'espèces. Cette remarque est particulièrement vraie pour Mantadia où notre visite a eu lieu avant la tombée des premières pluies. Le climat et le sol étaient encore très secs, ce qui a défavorisé l'émergence des insectes. Nous noterons que cette région de Mantadia a été considérée comme la zone la plus riche en diversité biologique à Madagascar (Lees 1996, Lees et al. 1999, Andriamampianina et al. 2001). Il s'avère donc important de noter que toutes les comparaisons que nous essayons de faire entre les différents sites étudiés sont limitées par le fait que les conditions climatiques

Tableau 7.1. Espèces de cicindèles dans les dix bandes de 400 m^2 du corridor Mantadia-Zahamena, Madagascar. Ab = abréviation d'espèces; S2 = Didy, S3 = Mantadia, S4 = Andriantantely, S5 = Sandranantitra.

Espèces	Ab	S3	S4	S2	S5	Total
Ambalia abberans	Aa	1	0	1	0	2
Calyptoglossa frontalis	Cf	0	0	0	5	5
Cicindelina oculata	Co	1	1	0	0	2
Cylindera ifasina fallax	If	9	0	0	0	9
Hipparidium equestre	He	3	0	9	0	12
Lophyra abbreviata	La	1	0	1	0	2
Physodeutera bellula	Yb	1	0	0	8	9
Physodeutera flammigera	Yf	0	0	0	9	9
Physodeutera megalommoides	Yme	0	1	0	0	1
Physodeutera minima	Ymi	0	12	0	0	12
Physodeutera sp. cf. *rufosignata*	Yr	0	0	26	0	26
Physodeutera natalia	Yn	4	0	0	0	4
Physodeutera obsoleta	Yo	0	27	0	0	27
Physodeutera rufosignata	Ysp	0	0	0	8	8
Physodeutera sikorai	Ys	0	1	0	0	1
Physodeutera uniguttata	Yu	0	0	0	1	1
Pogonostoma brullei	Pb	0	1	0	0	1
Pogonostoma caeruleum	Pca	0	0	1	5	6
Pogonostoma chalybaeum	Pch	0	5	0	12	17
Pogonostoma cylindricum	Pcy	0	0	0	2	2
Pogonostoma flavomaculatum	Pf	1	0	1	0	2
Pogonostoma hamulipenis	Pha	1	0	1	0	2
Pogonostoma horni	Pho	0	1	0	0	1
Pogonostoma ovicolle	Po	0	2	0	1	3
Pogonostoma parvulum	Ppa	0	0	0	4	4
Pogonostoma phalangioïde	Pph	0	0	0	2	2
Pogonostoma pusillum	Ppu	0	2	0	1	3
Pogonostoma rugosoglabrum	Pr	0	0	5	0	5
Pogonostoma spinipenne	Psp	0	0	1	0	1
Pogonostoma srnkai	Psr	0	0	2	0	2
Pogonostoma vadoni	Pv	0	7	0	16	23
Nombre d'individus capturés (n)		**22**	**60**	**48**	**74**	**204**
Nombre d'espèces capturées (S)		**9**	**11**	**10**	**13**	**31**

n'étaient pas les mêmes au cours de notre passage dans les différents sites.

L'ensemble des résultats est récapitulé dans le Tableau 7.3. Ces résultats ont montré que les nombres d'espèces observées dans les quatre sites étudiés sont légèrement différents. En général, il y a une certaine ressemblance quant à la structure de la communauté entomofaunique. Ceci est normal étant donné que tous ces sites se trouvent au niveau du centre est de Madagascar et présentent les mêmes écosystèmes des forêts humides de l'Est. Toutefois, les résultats montrent qu'il y a des variations au niveau rapport de dominance entre les différentes espèces.

En terme de richesse spécifique, le site de Sandranantitra paraît être le plus riche avec 13 espèces, suivi d'Andriantantely (11 espèces), puis de Didy (dix espèces) et enfin de Mantadia (neuf espèces). Toutefois, les indices de Shannon ont placé Mantadia en deuxième place (H' = 0,778) après Sandranantitra (H' = 0,979). Ceci est surtout dû à la bonne répartition des individus entre les différentes espèces observées à Mantadia (R=81,5%) contre 71,2% à Andriantantely et 65,1% à Didy (Fig. 7.2., Tableau 7.3.).

Tableau 7.2. Résultats des collectes générales et des observations directes dans le corridor Mantadia-Zahamena, Madagascar. S2 = Didy, S3 = Mantadia, S4 = Andriantantely, S5 = Sandranantitra.

Espèces	S3	S4	S2	S5	Total
Résultats des collectes générales					
Pogonostoma hamulipenis	0	0	1	0	1
Ambalia abberans	0	0	1	0	1
Physodeutera obsoleta	0	55	0	0	55
Physodeutera sp. cf. *rufosignata*	0	0	37	0	37
Hipparidium equestre	2	0	7	0	9
Physodeutera minima	0	6	0	0	6
Pogonostoma chalybaeum	0	0	0	3	3
Pogonostoma vadoni	0	3	0	9	12
Peridexia fulvipes		x			
Myriochile melancholica	x				

(*) Une espèce à Mantadia et une autre à Andriantantely ont été observées mais n'ont pas été capturées.

Tableau 7.3. Tableau comparatif de la diversité spécifique de cicindèles des quatre sites dans le corridor Mantadia-Zahamena, Madagascar. S2 = Didy, S3 = Mantadia, S4 = Andriantantely, S5 = Sandranantitra.

Espèces	S2	S3	S4	S5
Nombre d'individus	48	22	60	74
Nombre d'espèces	10	9 (+1)(*)	11 (+1)(*)	13
Nombre de genres	8	4	6	5
Indice de Shannon (H')	0,651	0,778	0,741	0,979
Indice de Pielou (R)	65,1 %	81,5 %	71,2 %	87,9 %
Nombre d'espèces particulières	2	6	3	7
Nombre d'espèces endémiques locales	0	1	1	1

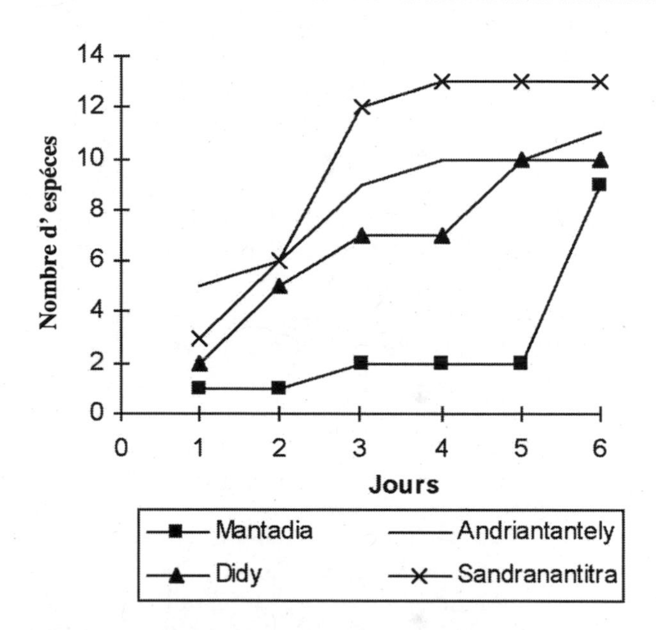

Figure 7.1. Nombre cumulatif des espèces de cicindèles capturées pendant les six jours de capture dans le corridor Mantadia-Zahamena, Madagascar.

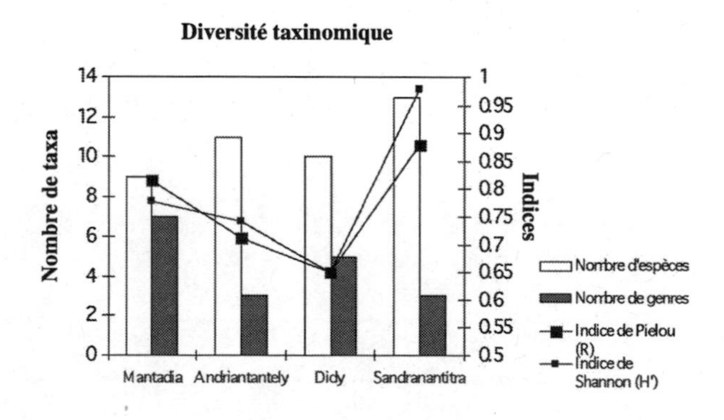

Figure 7.2. La diversité taxinomique de cicindèles observée dans les quatre sites dans le corridor Mantadia-Zahamena, Madagascar.

La diversité au niveau du genre place Mantadia en première position suivi de Didy (Fig. 7.2.). En effet, nous avons observé dans ces deux sites un mélange de groupes d'espèces de forêts primaires et d'espèces d'endroits dégradés. Tandis que dans les deux autres sites (Sandranantitra et Andriantantely), nous avons pu collecter seulement des espèces de forêts primaires. Les résultats ont tendance à montrer que les forêts de basse altitude (Andriantantely et Sandranantitra) sont plus riches en cicindèles que les forêts de moyenne altitude. Bien que cette hypothèse soit confirmée dans d'autres endroits comme Masoala, nous préférons quand même émettre une réserve pour le cas de Mantadia. En effet, pour ce site, les résultats donnés dans cette étude ne représentent que les espèces des lisières de forêts et ne comportent donc pas les espèces de l'intérieur des forêts, ces derniers n'ayant pas encore émergé au cours de notre passage. Pourtant le nombre d'espèces observées à Mantadia (neuf espèces) ne diffère pas beaucoup de celui de Sandranantitra (13 espèces).

Similarité entre les communautés de cicindèles des quatre sites

Chacun de ces sites possède quelques espèces qui lui sont particulières, c'est à dire des espèces qui n'ont pas été retrouvées dans les autres sites au cours de cette expédition. Les valeurs des coefficients de Jaccard et de Bray et Curtis (Tableau 7.4.) ont montré qu'il y a quand même une différence assez marquée entre les quatre sites. Aucune valeur n'a dépassé les 40% de similarité.

Toutefois, ces valeurs ont permis de regrouper, quoique avec un assez faible pourcentage (Ij=20% ; IBC=20.9%), les deux sites de basse altitude (Sandranantitra et Andriantantely) d'un côté et les deux sites de moyenne altitude (Mantadia et Didy avec Ij=35,71% et IBC=20%) de l'autre côté (Tableau 7.4., Fig. 7.3., Fig.7.4.). Aucune espèce commune n'est observée entre les sites d'Andriantantely et de Didy (Tableau 7.1.) et seule l'espèce *Physodeutera bellula* est commune aux sites de Sandranantitra et de Mantadia.

Les rapports de dominance au niveau des différentes communautés mis en évidence dans la Figure 7.5 tendent à confirmer les différences entre les quatre sites. Sandranantitra et Andriantantely sont dominés par les *Pogonostoma* et les *Physodeutera*. Deux espèces *Pogonostoma vadoni* et *Pogonostoma chalybaeum* sont abondantes dans ces deux sites. Ces groupes d'espèces sont indicatrices de forêts primaires à voûte encore plus ou moins fermée. Bien que des signes de dégradation soient observés dans les forêts d'Andriantantely et de Sandranantitra, les espèces liées à la dégradation n'y sont pas encore installées. Les habitats présents ne sont pas encore adéquats pour ces espèces.

Tableau 7.4. Similarité entre les communautés de cicindèles des quatre sites du corridor Mantadia-Zahamena, Madagascar. A = Didy ; B = Mantadia ; C = Andriantantely ; D = Sandranantitra.

	AD	CD	DC	AD	AC	DD
Jaccard (Ij)	35,71	20	5,26	4,55	0	4,76
Bray-Curtis (Ibc)	20	20,90	2,44	1,64	0	2,08

A Mantadia et Didy, *Hipparidium equestre,* une espèce de lisière de forêt, figure parmi les espèces dominantes. Seule, cette espèce ne présente pas une menace pour les espèces de forêts primaires mais associée à d'autres espèces d'endroits dégradés telles que *Lophyra abbreviata* et *Ambalia aberrans,* cette association d'espèces peut causer le déclin des populations d'espèces primitives.

Il est important de noter que les espèces capturées à Mantadia ont presque toutes été collectées au niveau des lisières de forêts. En effet, les petites pluies tombées au cours de notre passage ont pu humidifier le sol au niveau des lisières favorisant ainsi l'émergence des insectes

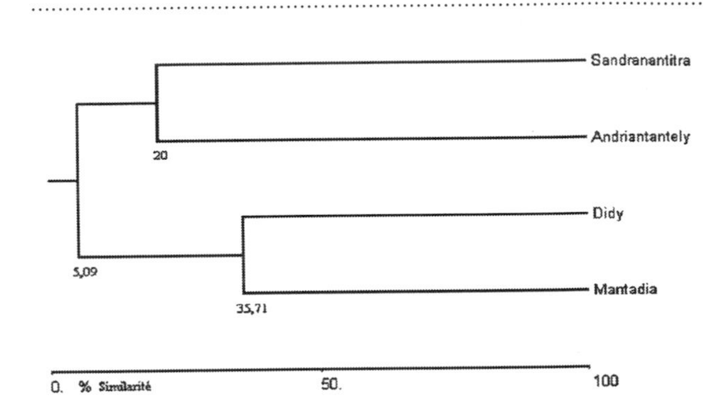

Figure 7.3. Dendrogramme de la similarité des communautés de cicindèles des quatre sites dans le corridor Mantadia-Zahamena, Madagascar, basé sur les indices de Jaccard.

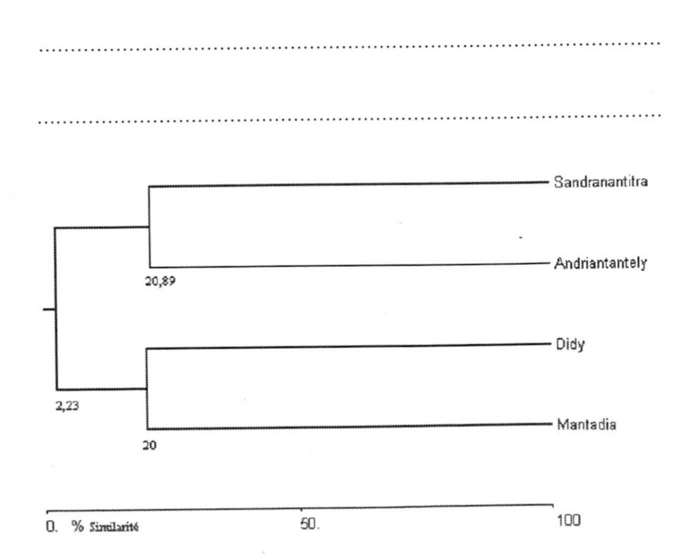

Figure 7.4. Dendrogramme de la similarité des communautés de cicindèles des quatre sites dans le corridor Mantadia-Zahamena, Madagascar, basé sur les indices de Bray-Curtis.

tandis qu'à l'intérieur de la forêt, le sol est resté très sec. Ainsi,nous avons surtout collecté des espèces d'endroits dégradés comme *Ambalia aberrans, Cicindelina oculata, Cylindera fallax* et *Lophyra abbreviata.* Ces espèces n'ont pas été observées ni à Andriantantely ni à Sandranantitra. A Didy, les mêmes espèces d'endroits ouverts ont été également observées mais très faiblement représentées. Ces espèces n'arrivent pas encore à dominer les habitats existants dans la forêt et leurs populations ne sont pas encore bien développées. L'extension des *tavy* et d'autres clairières observées aux alentours de ces forêts risque de favoriser le développement de ces populations au détriment des espèces de forêts primaires.

Espèces d'importance particulière, endémiques locales ou rares

Cette expédition a également permis de redécouvrir certaines espèces très rares. Ainsi l'espèce endémique à cette région *Pogonostoma phalangioïde* a été observée à Sandranantitra avec deux individus. Jusqu'à cette expédition RAP, l'unique échantillon connu de cette espèce a été collecté à Fénérive-Est aux environs de 1892 (Rivalier 1970). De même, des espèces très rares et très mal connues ont été retrouvées à Andriantantely comme *Pogonostoma horni* qui a été uniquement rencontrée dans la région de Masoala et de Mananara. Il en est de même pour *Pogonostoma brullei* et de la race *Physodeutera rufosignata obsoleta* qui ont été collectées à Andriantantely et *Physodeutera bellula* collectée à Mantadia. *Physodeutera natalia,* une autre espèce endémique à cette région a été également observée à Mantadia. Enfin, il est aussi important de mentionner la capture à Sandranantitra de *Pogonostoma parvulum*, une espèce qui a été jusqu'ici connue seulement du nord de l'île. Ce sont toutes des espèces très importantes, habitant les forêts primaires et qui sont très sensibles aux moindres dégradations de leurs habitats. Elles sont donc les plus menacées par les déforestations.

D'autres espèces intéressantes connues seulement dans cette région mais que nous n'avons pas observées au cours de cette expédition sont *Physodeutera cyanea, Physodeutera perroti, Pogonostoma humbloti* et *Pogonostoma pallipes.* Les quatre sites étudiés ne représentent pas tout le corridor, d'autres habitats (ou micro-habitats) de cette région n'y sont pas présents. En outre, les six jours d'observations ne sont pas suffisants pour recenser toutes les espèces. D'autres

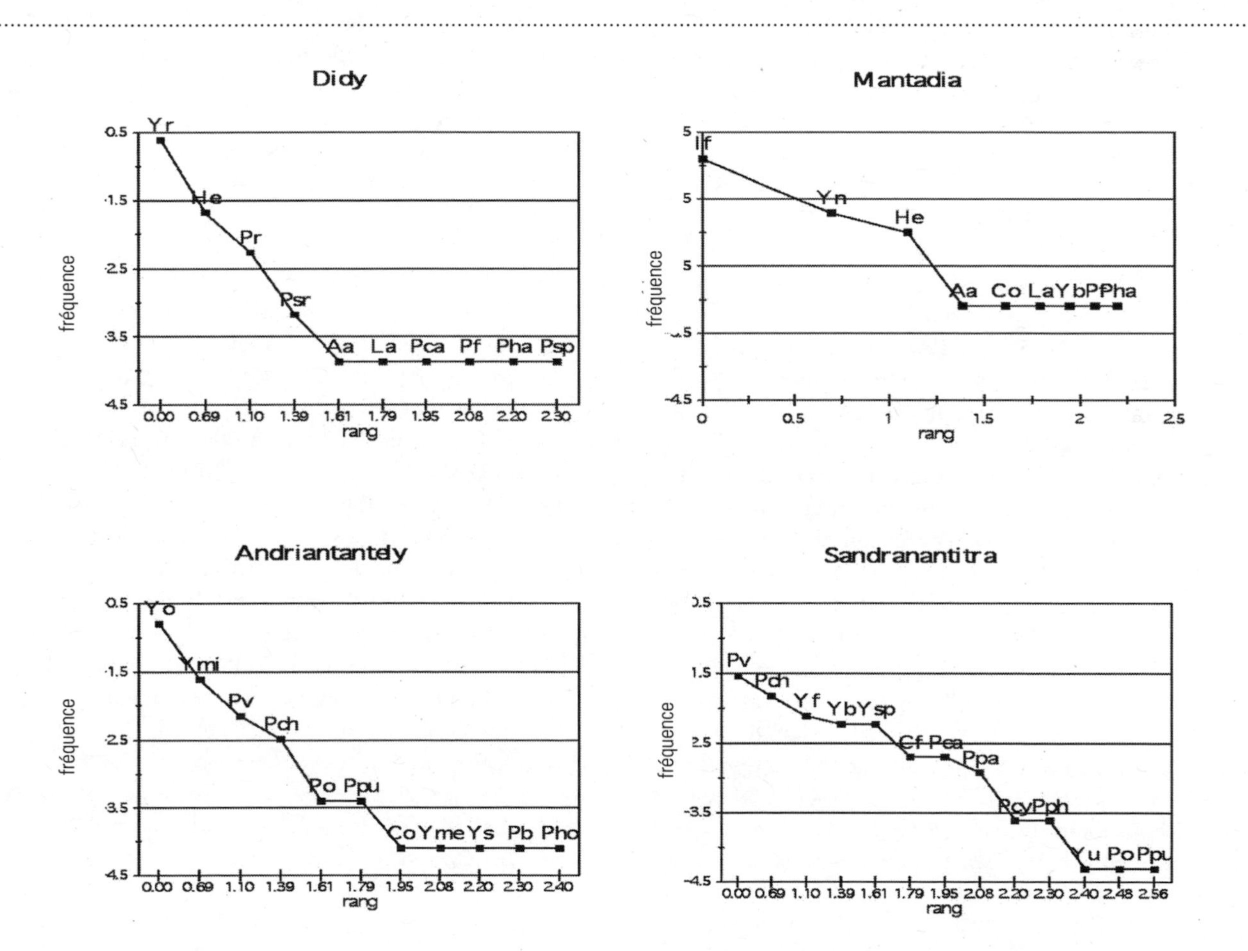

Figure 7.5. Diagramme rang fréquence des communautés de cicindèles des quatre sites dans le corridor Mantadia-Zahamena, Madagascar. Voir Tableau 7.1. pour l'abréviation des noms d'espèces.

inventaires sont donc nécessaires pour compléter la liste des espèces.

Importance du corridor Mantadia-Zahamena pour la conservation de la biodiversité à Madagascar

L'extrême richesse en biodiversité de cette région du centre est de Madagascar n'est plus à démontrer (Lees 1996, Lees et al. 1999, Andriamampianina et al. 2001). De par sa localisation géographique, cette région rassemble les espèces communes de la partie nord de l'île, les espèces communes de la partie sud et même quelques espèces de la partie centrale. En outre, les forêts du corridor abritent un bon nombre d'espèces localement endémiques à cette région. Cette étude a montré la sensibilité des cicindèles aux moindres variations des habitats (ce qui confirme leurs propriétés comme bons indicateurs biologiques). Les cicindèles ne sont pas les seuls dans ce cas car beaucoup d'autres organismes y sont sensibles.

Les différents lambeaux de forêts restants dans ce corridor pourraient abriter des communautés biologiques différentes et donc aussi importantes les unes que les autres. Ces lambeaux de forêts risquent de constituer les derniers refuges de plusieurs espèces. La survie de ces espèces est très menacée par la rapide dégradation que subissent les forêts. Au rythme actuel de la déforestation, les quelques blocs de forêts primaires restants ne tarderont plus à devenir des îlots écologiques, isolés des grands blocs de forêts humides de l'Est.

CONCLUSION ET RECOMMANDATIONS

Cette expédition RAP a permis d'observer 33 espèces de cicindèles. Parmi ces espèces, huit espèces sont nouvellement recensées dans la région et certaines espèces sont très rares. Au total, 61 espèces de cicindèles sont connues actuellement pour la région du corridor Mantadia-Zahamena ; d'autres sont encore à découvrir.

Les quatre sites étudiés ne sont pas très comparables. Ils ont tous présenté des signes extérieurs de perturbation liée à la présence humaine (*tavy*, exploitation de bois précieux, pièges à lémuriens etc.). Pourtant, c'était seulement dans les forêts de Didy et de Mantadia que nous avions observé des espèces associées à la dégradation. On peut citer en exemple la capture des espèces de cicindèles *Ambalia aberrans*, *Lophyra abbreviata* ou encore *Cicindelina oculata*. Dans les autres sites, en particulier Andriantantely et Sandranantitra, les résultats obtenus ont indiqué un état plus ou moins de bonne santé des forêts étudiées. Nous avons observé surtout des espèces de forêts non perturbées avec une grande diversité des deux genres *Physodeutera* et *Pogonostoma* qui sont des cicindèles primitives.

Cette étude a montré l'importance biologique des quatre sites étudiés et du corridor en général. Pourtant, les pressions anthropiques menacent ces forêts et les débuts de fragmentation des habitats forestiers naturels observés dans cette région constituent une menace pour la survie de ces forêts et de leurs habitants. Il est donc recommandé de renforcer les programmes de conservation et de recherche qui existent déjà dans cette région pour assurer une meilleure protection de cette exceptionnelle richesse en biodiversité. La protection de tous les lambeaux forestiers du corridor n'est pas seulement nécessaire mais indispensable si l'on veut sauvegarder son intégrité. En outre, une bonne gestion des ressources naturelles dans ce site devra aller de pair avec un programme de recherche et de suivi bien planifié. Il est indiscutable que la région possède beaucoup d'autres ressources et de potentialités que l'équipe RAP n'a pas recensées au cours de cette première expédition multidisciplinaire et rapide. Toutefois, ces premiers résultats ont pu démontrer la richesse biologique de la région.

BIBLIOGRAPHIE

Andriamampianina, L., C. Kremen, R.I.Vane Wright, D.C. Lees et V. Razafimahatratra. 2001. Taxic richness patterns and conservation evaluation of Madagascan Tiger Beetles (Coleoptera: Cicindelidae). Journal of Insect Conservation. 4 :109-128.

Brunel, C. 1987. Etude entomocoenotique le long d'un transect culture coteau calcaire-vallée humide à la Chaussée-Tirancourt (Vallée de la Somme). Répartition spatio-temporelle du peuplement. Option Biologie Appliquée. Thèse 3ème cycle Lille.

Digby, P.G.N. et R. A. Kempton. 1987. Multivariate analysis of ecological communities. Population and community biology series. Chapman and Hall, USA.

Frontier, S. et D. Viale. 1991. Ecosystèmes: Structure, fonctionnement, évolution. Masson et Cie: 283-307.

Lees, D.C. 1996. The Perinet effet? Diversity gradients in an adaptive radiation of Madagascan butterfly (Satyrinae: Mycalesina) compared with other rainforest taxa. *In*: W.R. Lourenço (ed.). Biogéographie de Madagascar. ORSTOM, Paris. Pp. 479-490.

Lees, D.C., C. Kremen, C. et L. Andriampianina. (1999) A null model for species richness gradients: bounded range overlap of mycalesine butterflies (Lepidoptera: Satyrinae) and other rainforest endemics in Madagascar. Biological Journal of the Linnean Society. 67: 529-584.

Legendre, L. et P. Legendre. 1979. Le traitement multiple des données écologiques. *In* Masson (ed). Ecologie numérique. Collection d'écologie N°12. Paris. Tome 1.

Rivalier, E. 1970. Le genre *Pogonostoma* (Col. Cicindelidae). Révision avec description d'espèces nouvelles. Annales des Sociétés Entomologiques de France (Nouvelle série). 6: 269-338.

Chapitre 8

Diversité des fourmis du corridor Mantadia-Zahamena, Madagascar

Helian J. Ratsirarson et Brian L. Fisher

RÉSUMÉ

Des inventaires de la faune des Formicidés de litière ont été effectués dans quatre sites du corridor Mantadia-Zahamena: Sandranantitra, Andriantantely, Mantadia et Didy. Dans chaque localité, les méthodes d'inventaire ont consisté à combiner des échantillonnages de la litière le long d'un transect de 125 m à des collectes générales. Les fourmis dacétonines, en particulier le genre Strumigenys, ont été sélectionnées pour analyse car elles se sont révélées être de bons représentants des taxons de la faune de fourmis de toute la forêt humide malgache. A partir des échantillons de litière, 25 genres et 19 espèces de fourmis dacétonines ont été collectées. Seize de ces espèces sont nouvelles pour la science. La richesse en espèces des dacétonines était maximale à Andriantantely (15 espèces). Sur la base du nombre d'espèces de Strumigenys présentent dans chaque localité, le nombre de toutes les espèces de fourmis a été estimé comme étant le plus élevé à Andriantantely (87,9 espèces). A partir du nombre d'espèces de fourmis exotiques envahissantes, du niveau de richesse en espèces, du niveau de mouvement des espèces, et des mesures de complémentarité et de similarité de la faune, Andriantantely est classé premier site prioritaire de conservation, suivi de Didy, de Sandranantitra et enfin de Mantadia.

INTRODUCTION

L'évaluation de la biodiversité (ex.: la définition des priorités) et la création d'aires protégées pour préserver la biodiversité sont et continuent d'être l'un des principaux objectifs de la conservation biologique. La mesure appropriée et exacte des modes géographiques de richesse en espèces, de mouvement des espèces et des zones d'endémisme est très importante pour atteindre ces objectifs de conservation. Afin de déterminer des zones prioritaires ayant une forte richesse en espèces, un niveau élevé de complémentarité et d'endémisme à Madagascar, plusieurs taxons tels que les arthropodes, qui représentent la majeure partie de la diversité, doivent être inventoriés.

Les procédures d'échantillonnage et d'estimation relatives à un groupe d'insectes terrestres diversifié et important du point de vue écologique, ont été utilisées afin d'évaluer les quatre sites dans le corridor entre Zahamena et Mantadia (la région biogéographique de l'Indri) au nord est de Madagascar. Des méthodes similaires ont été utilisées pour inventorier les fourmis de la Réserve Naturelle Intégrale (RNI) d'Andringitra (Fisher 1996), de Vohibasia et Isoky-Vohimena (Fisher et Razafimandimby 1997), de la Station Forestière (SF) de Tampolo (Fisher et al. 1998), de la Réserve Spéciale (RS) d'Anjanaharibe-Sud et l'ouest de la presqu'île de Masoala (Fisher 1998) ainsi que la RNI d'Andohahela (Fisher 1999a).

Bien que les fourmis ne représentent qu'une petite fraction du nombre total d'espèces à Madagascar (on estime qu'il existe environ 1000 espèces de fourmis à Madagascar, Fisher 1997), elles sont importantes pour l'évaluation de la biodiversité car elles constituent l'une des taxons les plus dominants de tous les habitats de Madagascar en termes de biomasse ou d'interactions écologiques et ont un impact important – bien qu'encore mal compris - sur la structure de ces habitats. En outre, les fourmis se sont révélées être de bons indicateurs du taux de décomposition et la présence de fourmis exotiques est un important indicateur d'habitats perturbés (Andersen et Sparling 1997).

A Madagascar, les fourmis dacétonines comprennent le genre Strumigenys, l'un des genres les plus riches en espèces à Madagascar (Fisher 1999b). Les autres genres existant à Madagascar sont pauvres en espèces et rarement collectés; ceux-ci comprennent les genres Glamyromyrmex, Kyidris, Serrastruma et Smithistruma. Une analyse de 15 sites de la forêt humide de l'est de Madagascar (Fisher 1999b) a montré que la richesse en espèces des Strumigenys était étroitement liée avec la richesse en espèces (Pearson r= 0,915) et la valeur de complémentarité (Pearson r= 0,895) de toutes les autres espèces de fourmis. Comparé à des résultats se rapportant à toutes les espèces de fourmis, les espèces échantillons du seul genre Strumigenys produisaient des valeurs relatives de richesse en espèces similaires entre les sites et altitudes au sein d'une localité et une richesse totale en espèces entre les localités (Fisher 1999b). Ces résultats suggèrent fortement que le genre Strumigenys peut être utilisé comme un représentant (ou substitut) de tous les taxons de fourmis de l'Est de Madagascar.

Les objectifs de la présente étude étaient: (1) de déterminer l'importance des quatre sites en matière de conservation et de préservation de la diversité des fourmis de la région, et (2) d'évaluer le niveau de perturbation de l'habitat dans chaque localité en utilisant les fourmis exotiques comme indicateurs. Nous avons déterminé le niveau de priorité de conservation en comparant la richesse en espèces et les mesures de la similarité faunique et de la beta diversité des fourmis dacétonines dans les quatre sites. Strumigenys, le genre dominant dans la tribu des dacétonines, est utilisé comme un indicateur de la richesse totale en espèces de fourmis (Fisher 1999b). De plus, nous avons utilisé la présence d'espèces de fourmis exotiques et envahissantes pour évaluer le niveau de perturbation de chaque site. Un aspect complémentaire important de l'étude est l'amélioration substantive des connaissances écologiques et taxinomiques de la faune des fourmis dans l'une des régions les plus menacées de Madagascar.

MÉTHODES

Méthodes utilisées pour l'étude

Les fourmis ont été étudiées de manière intensive dans quatre sites du corridor Mantadia-Zahamena dans l'Est de Madagascar, le long de sept transects et à travers des collectes générales. Les sites sont: Sandranantitra (450 m), Andriantantely (530 m), Mantadia (895 m) et Didy (960 m). A Sandranantitra, Andriantantely et Mantadia des études intensives des fourmis ont été menées sur deux transects situés entre 500 à 1000 m l'un de l'autre. A Didy, seul un transect a été utilisé. Chaque transect consistait en 25 échantillons de litière de feuilles (mini-Winkler), pris tous les 5 m sur un transect de 125 m.

Les invertébrés ont été extraits des échantillons de litière (feuilles pourries, bois ramassés du sol forestier) à l'aide d'une forme modifiée d'extracteur Winkler (voir Figure 1 dans Fisher 1996, et Figure 1 dans Fisher 1998). Les échantillons de litière ont été pris en établissant des parcelles de 25,1 m2, séparés de 5 m le long de la ligne de transect. La litière dans chaque parcelle était ensuite collectée et tamisée à l'aide d'un tamis en fil muni de mailles de 1 cm chacune. Avant le passage au tamis, les matériaux de la litière étaient hachés à la machette afin de déranger les nids de fourmis cachés dans les petites branches et les morceaux de bois mort. Environ 2 l de litière tamisée ont été pris de chaque parcelle de 1 m^2, placés dans des sacs à maille, puis dans les sacs du mini-Winkler. Les fourmis et les autres invertébrés étaient passivement extraits de la litière tamisée au cours d'une période de 48 heures dans les sacs mini-Winkler. Pour une explication détaillée de la méthode mini-Winkler, voir Fisher, 1996; 1998.

Les fourmis ont été étudiées à l'aide de collectes générales, définies comme toute collection, séparément des transects à mini-Winkler, par fouille des morceaux de bois et des souches pourries, des branches mortes et vivantes, des bambous, de la petite végétation, sous la mousse et les épiphytes de canopée et sous les pierres. Sur chaque transect, des collectes générales ont été effectuées pendant environ 12 heures à Andriantantely, Mantadia et Didy et pendant environ 24 heures à Sandranantitra. Les collectes générales étaient effectuées dans un rayon de 200 m de chaque site de transect et approximativement à la même altitude. Les collectes générales comprenaient des échantillons de fourmis arboricoles trouvées dans les basses végétations n'ayant pas été échantillonnées par tamis. Les fourmis échantillonnées par collecte générale n'ont pas été utilisées dans l'analyse de l'efficacité de l'étude des fourmis de litière, de la similarité faunique et du mouvement des espèces.

Transects de 25 échantillons

Une évaluation de 15 sites inventoriés à travers 50 échantillons de litière dans la forêt humide orientale de Madagascar a démontré que 25 échantillons étaient suffisamment complets pour permettre des comparaisons de la richesse en espèces avec le mouvement des espèces entre les sites (Fisher 1999b). Pour les 15 sites inventoriés avec 50 échantillons, 25 échantillons ont suffi pour permettre une comparaison du degré relatif de mouvement des espèces avec la richesse en espèces entre les sites et localités. Des collectes supplémentaires au-delà des 25 échantillons ont fourni des informations taxinomiques importantes mais n'ont pas changé l'ordre de priorité des sites basé sur le mouvement des espèces ou la richesse en espèces. Ainsi, le chiffre de 25 échantillons par transect utilisé dans cette étude devrait suffire pour comparer la richesse en espèces de fourmis et le mouvement des espèces de fourmis dans tous les sites et localités. Dans le cadre de la présente étude, deux transects de 25 échantillons ont été étudiés dans chaque site excepté celui de Didy.

Traitement des échantillons

Pour chaque transect de 25 échantillons, qui nécessitait 2-3 jours de travail, il faut en moyenne un mois de travail en laboratoire pour classer, identifier et préparer les spécimens pour la conservation. Au retour du terrain, les spécimens de fourmis ont d'abord été séparés des échantillons de litière. Pour distinguer facilement les échantillons sales, la procédure d'extraction à l'aide d'eau salée à saturation décrite dans Fisher (1999b) a été utilisée pour séparer la matière organique de la matière inorganique des échantillons de litière. Puis chaque échantillon était classé par genre. Les genres de fourmis dacétonines étaient ensuite sélectionnés pour une analyse détaillée, puis classés par espèces.

Les espèces de dacétonines

Dans ce rapport nous présentons les résultats des espèces de fourmis de la tribu des dacétonines qui comprend les genres Strumigenys, Kyidris et Smithistruma. Un rapport complet sur les espèces de tous les genres de fourmis sera publié ultérieurement. Les dacétonines ont été identifiées à l'aide des moyens d'identification développés par B.L. Fisher. Un ensemble représentatif de spécimens de fourmis a été déposé au South African Museum au Cap, au Museum of Comparative Zoology de l'Université de Harvard aux Etats-Unis et enfin à Madagascar.

Analyse des données

Evaluation des méthodes d'échantillonnage: pour évaluer si l'étude était complète pour chaque localité, nous avons tracé des courbes d'accumulation des espèces pour chaque transect. L'accumulation des espèces était calculée en fonction du nombre d'échantillons de litière pris. Les courbes d'accumulation des espèces pour les 25 échantillons par transect étaient tracées pour chaque échantillon successif. Pour les courbes d'accumulation, l'ordre des échantillons a été rendu aléatoire 100 fois et l'espèce observée en moyenne était enregistrée pour chaque station successive à l'aide du programme EstimateS (Colwell 1997).

Diversité des fourmis: les données sur la richesse et sur l'abondance des espèces ont été utilisées pour évaluer les changements dans la composition des espèces d'une localité à l'autre. Seuls les relevés de fourmis ouvrières ont été utilisées dans ces calculs. Comme les fourmis mâles ou les reines ailées peuvent se déplacer sur des distances considérables pendant la période de dispersion, leur présence n'implique pas forcément la présence d'une colonie de l'espèce en question dans la zone de transect. De plus, la collecte des reines et des mâles dispersés de leurs nids lors de l'étude pourrait fausser l'évaluation de l'abondance relative des espèces. Etant donné que les fourmis vivent en colonies, les mesures d'abondance n'étaient pas basées sur le nombre total d'ouvrières collectées dans chaque transect, mais plutôt sur la fréquence de l'espèce définie comme étant le pourcentage d'échantillons sur les 25, de collecte de chaque espèce dans un site donné.

La similarité faunique et le taux de mouvement des assemblages de fourmis dans les quatre sites ont été évalués. Les similarités de la faune des fourmis étaient évaluées à l'aide de l'indice de Jaccard basé sur la présence/absence: $Cj = j/(a+b - j)$ où j = nombre d'espèces relevées dans les deux sites; a = nombre d'espèces au site A et b= nombre d'espèces au site B (Magurran 1988). La beta diversité (mouvement des espèces entre différentes altitudes) était calculée à l'aide la mesure de beta diversité de Whittaker (1960): $Beta = (S/a) - 1$, où S = le nombre total d'espèces dans les deux localités combinées et a = le nombre moyen d'espèces dans les deux localités.

Comme nous n'avons pris que 25 échantillons à Didy, nous avons estimé le nombre d'espèces pour 50 échantillons. Nous avons fait concorder les courbes d'accumulation des espèces de 25 échantillons à l'aide du modèle logarithmique de Soberón et Llorente (1993): $S(t) = \ln(1+zat)/z$, où t est la mesure de l'effort d'échantillonnage (échantillons), et z et a sont les paramètres de concordance des courbes. Les modèles logarithmiques n'ont pas d'asymptote et sont considérés comme appropriés pour les taxons riches en espèces (Soberón et Llorente 1993, Mawdsley 1996). Nous avons donc utilisé un modèle non-asymptotique parce que nous présumons que les courbes ne seront jamais complètement plates, même si l'échantillonnage était complet. Utiliser un modèle non-asymptotique pourrait donc donner une évaluation prudente du nombre d'espèces présumé à mesure que les efforts de collecte augmentent. Nous avons ajusté le modèle logarithmique avec la méthode de régression non linéaire des carrés du programme JMP et extrapolé aux 50 échantillons (SAS 1994).

Le nombre total d'espèces de fourmis présumé pour une localité était calculé sur la base de la régression dans Fisher (1999b) du nombre d'espèces de Strumigenys collectées par rapport à toutes les espèces de fourmis collectées dans les 15 sites de la forêt humide de l'Est de Madagascar. Total des espèces de fourmis = 4,00 + 7,63 * (nombre d'espèces de Strumigenys collectées dans 50 échantillons).

RÉSULTATS

Dans les quatre localités, nous avons répertorié 29 genres et 21 espèces de fourmis dacétonines à partir de la collecte générale et de la méthode d'échantillonnage de la litière (Tableaux 8.1. – 8.4., Annexe 13). Seize des espèces de Strumigenys sont nouvelles pour la science (Tableaux 8.3., 8.4.). Les courbes d'accumulation des espèces de dacétonines pour chaque transect de 25 échantillons (Fig. 8.1.) et des transects combinés pour chaque localité (Fig. 8.2.) montraient une diminution du taux d'accumulation des espèces, mais augmentaient encore lentement. Ces courbes sont similaires dans leur forme aux courbes des études antérieures et démontrent un niveau suffisant d'échantillonnage (Fisher 1999b).

Sur les quatre localités, Andriantantely possédait le plus grand nombre d'espèces de dacétonines répertorié (15 espèces au total sur toutes les méthodes; 13 espèces au total par échantillonnage de la litière; Tableaux 8.3. et 8.4.). Mantadia possédait le nombre de dacétonines le plus faible et Didy et Sandranantitra étaient approximativement égaux (Tableau 8.3., Fig. 8.1., 8.2.). Cet ordre relatif dans la richesse en espèces des dacétonines entre les localités reste le même lorsque l'on compare 25 échantillons et 50 échantillons (Fig. 8.2).

Sur la base des espèces de fourmis dacétonines obtenues à partir des échantillons de litière pris dans les quatre sites (19 espèces), 68% se trouvaient à Andriantantely. Le plus grand pourcentage d'espèces de dacétonines obtenu de deux localités combinées était de 84% (Andriantantely et Didy; Sandranantitra et Didy; Fig. 8.3.). En combinant les trois localités, 95% de la faune est obtenue (Fig. 8.3.).

La plus faible similarité (indice de Jaccard) et la plus forte valeur de mouvement des espèces (beta diversité) entre les localités étaient celles entre les plus faible et plus haute altitude (Sandranantitra 450 m et Didy 960 m; Tableau 8.5.). Les deux sites de faible altitude, Sandranantitra et Andriantantely ont montré la plus forte similarité et la plus faible valeur de beta diversité (Tableau 8.5.).

A partir de la richesse en espèces des Strumigenys dans chaque localité, il est estimé que le nombre de toutes les espèces de fourmis par localité est le plus élevé à Andriantantely (87,9 espèces; Tableau 8.6).

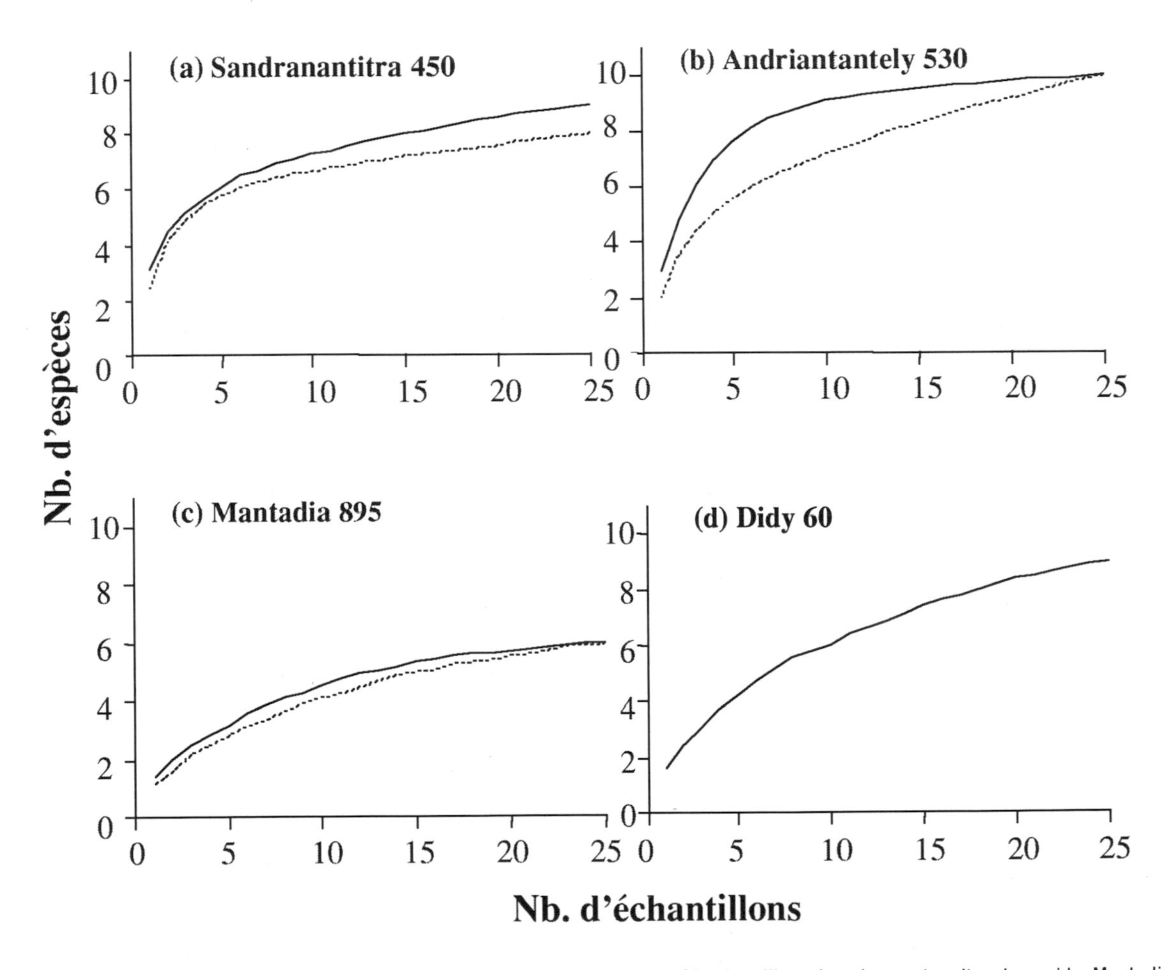

Figure 8.1. Evaluation des techniques d'échantillonnage de litière pour chaque transect de 25 échantillons dans les quatre sites du corridor Mantadia-Zahamena, Madagascar (a-d). A Sandranantitra, Andriantantely et Mantadia, deux transects ont été tracés (courbes en lignes et tirets a c) tandis qu'un seul transect a été tracé à Didy (d). Les courbes d'accumulation des espèces dans chaque figure représentent le nombre observé d'espèces de dacétonines en fonction du nombre d'échantillons collectés. Pour les courbes d'accumulation, l'ordre des échantillons a été rendu aléatoire 100 fois et l'espèce observée en moyenne était enregistrée pour chaque station successive.

Sandranantitra possède la plus forte abondance et le plus grand nombre d'espèces exotiques répertoriées (2 espèces) alors qu'il n'y en a eu aucune à Andriantantely (Tableau 8.7).

DISCUSSION

Informations taxinomiques

Les fourmis représentent l'un des organismes les plus abondants à Madagascar, mais elles comprennent également les espèces parmi les plus rares et les plus secrètes. Cette étude a permis de mieux connaître la biologie de l'une des espèces les plus rares à Madagascar. Les collectes générales ont permis la première collecte d'une colonie du genre Metapone dans la forêt humide de l'Est de Madagascar depuis que l'échantillon type initial avait été collecté. Ce genre est l'un des genres de fourmis les plus rares à Madagascar et semble ne nidifier que dans les grands arbres tombés au sol.

Par ailleurs, l'étude a collecté deux genres de la tribu hypothétique basale ponérine d'Amblyoponini, Mystrium (2 espèces) et Amblyopone (2 espèces) (Tableaux 8.1., 8.2.). Les secondes espèces de Mystrium et d'Amplyopone n'ont été collectées qu'à Andriantantely. Amblyoponini a longtemps été considéré comme un groupe de fourmis «plutôt primitif», reflétant peut-être un stage antérieur de l'évolution des fourmis (Hölldobler et Wilson 1990, Ward 1994) et la forte diversité des genres-reliques de fourmis Mystrium et Amblyopone à Madagascar est considérée comme étant le résultat de la longue isolation de l'île (Fisher 1997).

Les colonies du genre Kyidris ont été répertoriées pour la première fois à Madagascar. Kyidris est souvent collecté dans les échantillons de litière mais c'est la première fois qu'un nid dans un morceau de bois pourri et d'un sol presque sableux avec plusieurs racines, a été répertorié. L'on pensait que Kyidris était restreint aux régions biogéographiques indo-australiennes et orientales où il existe quatre espèces. En 1993 cependant, Kyidris fut découvert pour la première fois à Madagascar (Fisher 1999a). Wilson et Brown (1956) ont documenté les colonies de Kyidris yaleogyna en Nouvelle-Guinée comme étant des parasites de Strumigenys loriae, l'une des fourmis les plus communes en Papouasie. Dans cette association parasitique, les fourmis sont mélangées dans la colonie mais les Strumigenys assument la majeure partie des soins de la progéniture et fournissent le gros de l'alimentation pour les Kyidris. Depuis la découverte de Kyidris à Madagascar en 1993, il a été supposé que Kyidris était un parasite d'une des espèces de Strumigenys. Le Strumigenys sp. nov 7 pourrait être un hôte potentiel puisque c'est l'une des espèces les plus abondantes dans ces habitats et c'est le seul membre du groupe d'espèces konigsbergeri à Madagascar, dont les

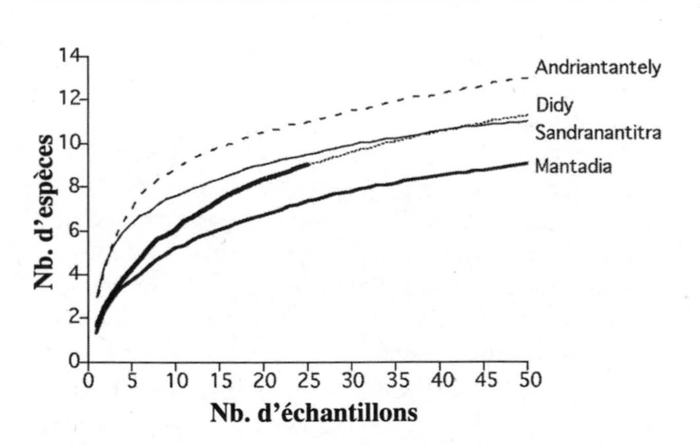

Figure 8.2. Evaluation des techniques d'échantillonnage de la litière pour un total combiné de 50 échantillons à Sandranantitra, Andriantantely et Mantadia et 25 échantillons de Didy. Les courbes d'accumulation des espèces représentent le nombre observé de fourmis dacétonines en fonction du nombre d'échantillons collectés. Pour les courbes d'accumulation, l'ordre des échantillons a été rendu aléatoire 100 fois et l'espèce observée en moyenne était enregistrée pour chaque station successive. f dacetonine ants as a function of the number of samples collected. Pour Didy, la ligne en gras représente l'accumulation pour les 25 échantillons observés. Une extrapolation est faite pour 50 échantillons (tirets) en utilisant la fonction logarithmique par la méthode standard des moindres carrés.

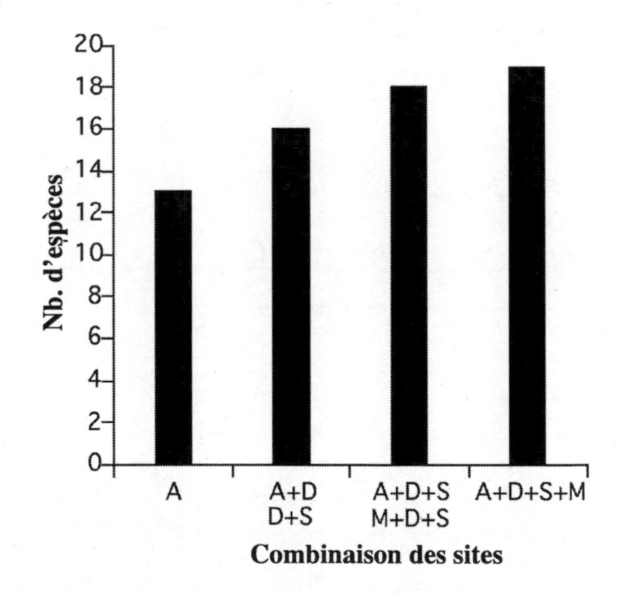

Figure 8.3. Accumulation des espèces de fourmis dacétonines pour les sites combinés pendant l'inventaire RAP du corridor Mantadia-Zahamena, Madagascar. Le nombre maximal d'espèces collectées pour 1, 2, 3, et le total des sites est présenté ici. A = Andriantantely; S = Sandranantitra; D = Didy; M = Mantadia.

Tableau 8.1. Genres de fourmis collectées sur les quatre sites du corridor Mantadia-Zahamena, Madagascar avec indication de la méthode de collecte. G=collectes générales ; W= échantillons de litière de feuilles (mini-Winkler).

Genre	Sandranantitra 450m	Andriantantely 530m	Mantadia 895m	Didy 960m
Amblyopone	W	W	W	—
Anochetus	W	W	W	W, G
Aphaenogaster	—	W, G	—	—
Camponotus	W, G	W, G	W, G	W,G
Cerapachys	W, G	W, G	W, G	W, G
Crematogaster	W, G	G	G	G
Dacetonine	W, G	W,G	W, G	W
Discothyrea	W	W	W	—
Hypoponera	W, G	W, G	W	W
Leptogenys	—	W, G	W, G	W
Monomorium	W, G	W, G	W	W, G
Metapone	—	—	G	—
Mystrium	W, G	W, G	—	—
Odontomachus	—	G	—	—
Oligomyrmex	W	W	W	W
Pachycondyla	W, G	W, G	W,G	W, G
Paratrechina	W, G	W, G	W, G	W, G
Pheidole	W, G	W, G	W, G	W, G
Plagiolepis	W	W	W	—
Prionopelta	W	W	W, G	W, G
Proceratium	G	W, G	—	G
Tapinoma	—	—	—	—
Technomyrmex	W	—	G	—
Terataner	—	—	—	—
Tetramorium	W, G	W, G	W	W, G
Tetraponera	G	G	W, G	—
Genus nov.	W	—	W	—
TOTAL	**21**	**22**	**21**	**15**

autres membres sont restreints aux régions indo-australienne et orientales. Toutefois deux collectes de nids de Kyidris à Sandranantitra et Andriantantely n'a révélé aucune association avec Strumigenys, suggérant que Kyidris n'est pas parasite à Madagascar. Sandranantitra et Andriantantely, avec une forte abondance en Kyidris, offrent l'habitat idéal pour étudier la biologie sociale de cet étrange genre de fourmis à Madagascar.µ

Espèces envahissantes

L'introduction des espèces est une composante importante des changements mondiaux provoqués par l'homme et constitue une menace sérieuse pour la biodiversité (Vitousek et al. 1997). Les fourmis ont été transportées à travers la planète à travers le commerce international et se sont établies dans des zones où elles sont libres de leurs agents de contrôle naturels et des espèces concurrentes. Les fourmis envahissantes ont causé des changements radicaux dans les communautés insulaires d'Hawaii, des Galápagos, des Caraïbes, des Seychelles et de Maurice (Ward 1990, Williams, 1994). Fisher et al. (1998) ont démontré la dominance des fourmis exotiques dans la SF de Tampolo dans le nord est de Madagascar et la vulnérabilité des habitats forestiers perturbés et fragmentés de Madagascar à l'invasion par des espèces exotiques de fourmis. Les effets à long terme de l'invasion par les fourmis exotiques à Madagascar pourraient être importantes de deux manières. Premièrement, l'invasion pourrait mener à l'extinction de composantes de la faune fortement endémique et écologiquement importante de fourmis natives et, deuxièmement, les invasions pourraient diminuer le degré de distinction entre les communautés de fourmis du pays. Des régions différentes partageraient la même espèce de fourmi exotique et réduiraient ainsi le niveau de beta diversité entre les sites. Une fois que les espèces exotiques sont établies dans un habitat, il n'y a pratiquement pas de moyen d'éradication.

La découverte des espèces de fourmis exotiques Technomyrmex albipes et Strumigenys rogeri à Sandranantitra, Mantadia et Didy (Tableau 8.7.) attire l'attention sur le besoin urgent d'entreprendre des études sur l'impact des fourmis exotiques à Madagascar. Dans la présente étude, les espèces exotiques étaient les plus abondantes dans le site de basse altitude de Sandranantitra, ce qui suggère que ce site est le plus perturbé des quatre. A cause de leur longue histoire de perturbation et de proximité avec les sites d'introduction, les forêts de basse altitude telles que Sandranantitra sont aussi plus vulnérables aux invasions par des espèces exotiques que les forêts de haute altitude. A long terme, la faune des fourmis indigènes des forêts de basse altitude de plus en plus fragmentées de Madagascar pourrait être la plusmenacée par les espèces de fourmis exotiques. Afin de commencer à répondre à ce problème, nous devons entreprendre des études détaillées sur l'écologie des espèces envahissantes ainsi que sur la répartition et les modes d'expansion de ces espèces.

CONCLUSION SUR L'ÉVALUATION DE L'ORDRE DE PRIORITÉ DES SITES POUR LA CONSERVATION

L'objectif de ce projet était d'évaluer les priorités de conservation de la région sur la base des mesures de la biodiversité dans les localités sélectionnées. Pour maintenir la biodiversité de la région, les stratégies de conservation doivent incorporer et préserver la plus grande valeur de biodiversité de la région. A partir des mesures de la richesse en espèces, de la beta diversité et du niveau de perturbation, nous avons conclu qu'Andriantantely est le moins perturbé des sites, contient la plus forte diversité de fourmis et est donc le premier site prioritaire pour la conservation.

Sur la base de la richesse en espèces des fourmis dacétonines, qui peut être liée à la richesse totale en espèces de fourmis, préserver Andriantantely permettrait de conserver 63% des espèces de fourmis dans la région (Fig. 8.3.).

En ajoutant une localité de plus à la stratégie de préservation, 85% des espèces pourraient être considérées (Fig. 8.3.). En combinant Andriantantely à soit Didy soit Sandranantitra, l'on préserverait le même nombre d'espèces. Deux autres facteurs suggèrent que Didy est le second site prioritaire de conservation pour la région et devrait passer avant Sandranantitra. Tout d'abord, Didy a été échantillonné avec un seul transect et nous pensons que des espèces supplémentaires seraient collectées avec davantage d'échantillons. Ensuite, la beta diversité et les mesures de similarité démontrent une division au sein des communautés de fourmis entre la forêt de basse altitude et Didy (960 m), qui suggère que les deux habitats de haute altitude doivent être incorporés au réseau de réserves afin de préserver la biodiversité des fourmis de la région. Bien que Sandranantitra ait une beta diversité légèrement plus élevée qu'Andriantantely, préserver Andriantantely et Didy permettra de préserver les faunes de fourmis de haute et de basse altitude. Sandranantitra est la troisième priorité de conservation. Les sites de forêt de basse altitude sont soumis à des pressions extrêmes de perturbation directe de l'habitat et d'invasion des espèces exotiques et

Tableau 8.2. Abondance des genres de fourmis pour chaque transect dans les quatre sites, mesurée par le nombre d'échantillons de litière de feuilles sur 25 pour lequel un genre est enregistré. Le pourcentage de fréquence est indiqué entre parenthèses. Les numéros de transect font référence au catalogage de Helian J. Ratsirarson (HJR).

	Site et numéro de transect						
	Sandranantitra		Andriantantely		Mantadia		Didy
Genre	**#101**	**#102**	**#121**	**#122**	**#111**	**#112**	**#131**
Amblyopone	2 (8)	4 (16)	6 (24)	4 (16)	6 (24)	—	—
Anochetus	5 (2)	8 (32)	14 (56)	15 (60)	2 (8)	4 (16)	13 (52)
Aphaenogaster	—	—	2 (8)	2 (8)	—	—	—
Camponotus	1 (4)	1 (4)	3 (12)	—	2 (8)	1 (4)	2 (8)
Cerapachys	12 (48)	5 (20)	2 (8)	2 (8)	6 (24)	6 (24)	8 (32)
Crematogaster	—	3 (12)	—	—	—	—	—
Dacetonine	20 (80)	11 (44)	21 (84)	22 (88)	18 (72)	14 (66)	23 (92)
Discothyrea	4 (16)	1 (4)	—	1 (4)	4 (16)	1 (4)	—
Hypoponera	25 (100)	25 (100)	25 (100)	23 (92)	23 (92)	7 (28)	22 (88)
Leptogenys	—	—	1 (4)	1 (4)	—	2 (8)	1 (4)
Monomorium	25 (100)	23 (92)	21 (84)	21 (84)	9 (36)	21 (84)	14 (66)
Mystrium	4 (16)	3 (12)	2 (8)	1 (4)	—	—	—
Oligomyrmex	12 (48)	16 (64)	15 (60)	9 (36)	10 (40)	7 (28)	12 (48)
Pachycondyla	10 (40)	5 (20)	10 (40)	5 (20)	8 (32)	4 (16)	5 (20)
Paratrechina	15 (60)	17 (68)	13 (52)	10 (40)	24 (96)	24 (96)	24 (96)
Pheidole	25 (100)	25 (100)	25 (100)	25 (100)	23 (92)	24 (96)	25 (100)
Plagiolepis	2 (8)	—	3 (12)	8 (32)	12 (48)	7 (28)	—
Prionopelta	12 (48)	23 (92)	12 (48)	8 (32)	12 (48)	5 (20)	11 (44)
Proceratium	—	—	—	1 (4)	—	—	—
Technomyrmex	1 (4)	2 (8)	—	—	—	—	—
Tetramorium	23 (92)	17 (68)	20 (80)	22 (88)	23 (92)	24 (96)	24 (96)
Tetraponera	—	—	—	—	—	2 (8)	—
Genus nov.	—	2 (8)	—	—	1 (4)	—	—
Total site	**17**	**18**	**17**	**18**	**16**	**17**	**13**
Total localité	**19**		**19**		**19**		**13**

Tableau 8.3. Liste d'espèces de fourmis dacétonines *(Strumigenys, Smithistruma, Kyidris)* pour les quatre localités, avec indication de la méthode de collecte. G = collectes générales; W = échantillons de litière de feuilles (mini-Winkler).

Espèces	Sandranantitra	Andriantantely	Mantadia	Didy
Kyidris sp. 1	W, G	W, G	W	W
Smithistruma sp. 1	W	W	—	—
Strumigenys grandidieri	—	—	W	—
Strumigenys rogeri	W	—	—	—
Strumigenys scotti	—	G	—	W
Strumigenys sp. nov. 1	—	—	—	W
Strumigenys sp. nov. 2	—	W	—	—
Strumigenys sp. nov. 3	W	W	W	W
Strumigenys sp. nov. 4	—	W	—	W
Strumigenys sp. nov. 5	—	W	W	—
Strumigenys sp. nov. 6	W	W	—	—
Strumigenys sp. nov. 7	W	W	W	W
Strumigenys sp. nov. 8	W	W	W	—
Strumigenys sp. nov. 9	W	W	W, G	W
Strumigenys sp. nov. 10	—	—	—	G
Strumigenys sp. nov. 11	W	—	—	—
Strumigenys sp. nov.12	—	—	—	W
Strumigenys sp. nov.13	—	G	—	—
Strumigenys sp. nov. 14	W	W	W	—
Strumigenys sp. nov.15	W	W	—	—
Strumigenys sp. nov.16	—	W	W	W
Total	**11**	**15**	**9**	**10**

en même temps, contiennent une biodiversité unique qui n'est pas présente à des altitudes plus élevées. Bien que le nombre d'espèces exotiques soit le plus élevé à Sandranantitra, ce site doit être considéré comme une priorité plus forte que celui de Mantadia à cause des menaces extrêmement fortes qui pèsent sur les forets de basse altitude et leur grande richesse en espèces. Par ailleurs, le PN de Mantadia est déjà protégé.

BIBLIOGRAPHIE

Andersen, A. N. et G P. Sparling. 1997. Ant as indicators of restoration success: Relationship with soil microbial biomass in the Australian seasonal tropics. Restoration Ecology 5: 109-114

Colwell, R. K. 1997. Estimate: Statistical estimation of species richness and shared species from samples. Version 5. User's Guide and application published at: http://viceroy.eeb.uconn.edu/estimates.

Fisher, B. L. 1996. Ant diversity patterns along an elevational gradient in the Réserve Naturelle Intégrale d'Andringitra, Madagascar. In Goodman, S. M. (ed.) A floral and faunal inventory of the eastern slopes of the Réserve Naturelle Intégrale d'Andringitra, Madagascar: With reference to elevational variation. Fieldiana: Zoology, New Series N°85. Pp 93–108.

Fisher, B. L. 1997. Biogeography and ecology of the ant fauna of Madagascar. Journal of Natural History. 31: 269–302.

Fisher, B. L. 1998. Ant diversity patterns along an elevational gradient in the Réserve Spéciale d'Anjanaharibe-Sud and on the western Masoala Peninsula, Madagascar. In Goodman, S. M. (ed.). A Floral and Faunal Inventory of the Réserve Spéciale d'Anjanaharibe-Sud, Madagascar: With Reference to Elevational Variation. Fieldiana:Zoology, New Series N°90. Pp 39-67.

Fisher, B. L. 1999a. Ant diversity patterns in the Réserve Naturelle Intégrale d'Andohahela, Madagascar. In Goodman, S. M. (ed.) A Floral and Faunal Inventory of the Réserve Naturelle Intégrale d'Andohahela, Madagascar: With Reference to Elevational Variation. Fieldiana:Zoology, New Series N°94. Pp 129-147.

Fisher, B. L. 1999b. Improving inventory efficiency: a case study of leaf litter ant diversity in Madagascar. Ecological Application.

Fisher, B. L. et S. Razafimandimby. 1997. The ant fauna (Hymenoptera: Formicidae) of Vohibasia and Isoky-Vohimena dry forests in southwestern Madagascar. In Langrand, O. et S. M. Goodman (eds.). Inventaire biologique des forêts de Vohibasia et d'Isoky-Vohimena. Série Sciences Biologiques. N°12. Spéciale. Centre d'Information et de Documentation Scientifique et Technique, Antananarivo, Madagascar. Pp 104–109.

Fisher, B. L., H. Ratsirarson et S. Razafimandimby. 1998. Les Fourmis (Hymenoptera: Formicidae) In J. Ratsirarson et S.M. Goodman (eds.) Inventaire biologique de la Foret Littorale de Tampolo (Fenoarivo Atsinaanana). Recherches pour le Développement, Série Sciences Biologiques. N° 14. Centre d'Information et de Documentation Scientifique et Technique, Antananarivo, Madagascar. Pp 107-131.

Hölldobler, B. et E. O. Wilson. 1990. The ants. Harvard University Press, Cambridge.

Magurran, A. E. 1988. Ecological diversity and its measurement. Princeton University Press, Princeton, New Jersey.

Mawdsley, N. 1996. The theory and practice of estimating regional species richness from local samples. In Edwards, D. S., W. E. Booth et S. C. Choy (eds.) Tropical rainforest research–current issues: proceedings of the conference held in Bandar Seri Begawan, April 1993. Kluwer Academic Publishers, Netherlands. Pp 193–213.

SAS Institute. 1994. JMP statistics and graphics guide, version 3. SAS Institute, Cary, NC, USA.

Soberón M., J. et J. B. Llorente. 1993. The use of species accumulation functions for the prediction of species richness. Conservation Biologist. 7:480–488.

Vitousek, P. M., C. M. Dantonio, L. L. Loope, M. Rejmanek et R. Westbrooks. 1997. Introduced species: A significant component of human-caused global change. New Zealand Journal of Ecology. 21: 1-16.

Ward, P.S. 1990. The endangered ants of Mauritius: doomed like the Dodo? Notes from the underground. 4: 3-5.

Ward, P. S. 1994. Adetomyrma, an enigmatic new ant genus from Madagascar (Hymenoptera: Formicidae), and its implications for ant phylogeny, Systematic Entomology. 19: 159-175.

Whittaker, R. M. 1960. Vegetation of the Siskiyou Mountains, Oregon and California. Ecological Monographs. 30: 279-338.

Williams, D. F. 1994. Exotic ants: biology, impact, and control of introduced species. Boulder, Westview Press.

Wilson, E. O. et Brown W. L. 1956. New parasitic ants of the genus Kyidris, with notes on ecology and behavior. Insectes Sociaux. 3: 439-454.

Tableau 8.4. Abondance en espèces de fourmis dacétonines (*Strumigenys, Smithistruma, Kyidris*) pour chaque transect sur les quatre sites, mesurée par le nombre d'échantillons de litière de feuilles sur 25 pour lequel chaque espèce est enregistrée. Les numéros de transect font référence au catalogage de HJR.

	Site et numéro de transect						
Espèces	**Sandranantitra**		**Andriantantely**		**Mantadia**		**Didy**
	#101	**#102**	**#121**	**#122**	**#111**	**#112**	**#131**
Kyidris sp. 1	6	—	7	13	1	—	2
Smithistruma sp.1	1	—	—	1	—	—	—
Strumigenys grandidieri	—	—	—	—	—	—	—
Strumigenys rogeri	—	1	—	—	—	—	—
Strumigenys scotti	—	—	—	—	—	—	1
Strumigenys sp. nov. 1	—	—	—	—	—	—	3
Strumigenys sp. nov. 2	—	—	5	—	—	—	—
Strumigenys sp. nov. 3	5	14	12	10	3	7	1
Strumigenys sp. nov. 4	—	—	—	2	—	—	2
Strumigenys sp. nov. 5	—	—	1	—	3	1	—
Strumigenys sp. nov. 6	1	1	—	—	—	—	—
Strumigenys sp. nov. 7	14	11	12	14		6	6
Strumigenys sp. nov. 8	12	5	10	—	4	—	—
Strumigenys sp. nov. 9	23	—	14	6	22	3	21
Strumigenys sp. nov. 11	2	—	—	—	—	—	—
Strumigenys sp. nov. 12	—	—	—	—	—	—	1
Strumigenys sp. nov. 14	12	9	6	7	2	—	—
Strumigenys sp. nov. 15	—	7	6	1	—	—	—
Strumigenys sp. nov. 16	—	—	2	1	—	2	6
Total espèces	**9**	**8**	**10**	**10**	**6**	**6**	**9**

Tableau 8.5. Mesures de similarité et de mouvement des espèces entre les quatre sites échantillonnés. Les chiffres au-dessus de la diagonale représentent l'indice de Jaccard et au-dessous la beta diversité. Plus l'indice de Jaccard est élevé, plus la similarité est importante. Les valeurs élevées de la beta diversité indiquent un plus fort mouvement des espèces. Les comparaisons sont basées sur 50 échantillons à Sandranantitra, Andriantantely, Mantadia et sur 25 échantillons à Didy.

Site	Sandranantitra 450 m	Andriantantely 530 m	Mantadia 895 m	Didy 960 m
Sandranantitra	—	0,60	0,42	0,25
Andriantantely	0,25	—	0,57	0,37
Mantadia	0,40	0,27	—	0,38
Didy	0,60	0,45	0,44	—

Tableau 8.6. Nombre total d'espèces de *Strumigenys* pour chacun des quatre sites à partir des collectes de litière. Les totaux pour Sandranantitra, Andriantantely et Mantadia sont basés sur les espèces observées sur deux transects de 25 échantillons pour un total de 50 échantillons par site. Le total des espèces de *Strumigenys* pour Didy est le nombre d'espèces estimé pour 50 échantillons en utilisant la fonction logarithmique basée sur les 25 échantillons observés. Le nombre total estimé d'espèces de fourmis est basé sur la fonction de régression: nombre total d'espèces de fourmis = 4,00 + 7,63 *(nombre d'espèces de *Strumigenys* sur 25 échantillons).

Site	Nombre d'espèces de Strumigenys	Nombre total estimé d'espèces de fourmis
Sandranantitra	9	72,7
Andriantantely	11	87,9
Mantadia	8	65,0
Didy	9,9	79,5

Tableau 8.7. Espèces de fourmis exotiques envahissantes dans les quatre sites, avec indication de la méthode de collecte. G = collectes générales ; W = échantillons de litière de feuilles (mini-Winkler).

Espèces	Sandranantitra	Andriantantely	Mantadia	Didy
Technomyrmex albipes	W, G	—	G	G
Strumigenys rogeri	W	—	—	—

Chapter 8

Ant (Formicidae) diversity in the Mantadia-Zahamena corridor, Madagascar

Helian J. Ratsirarson and Brian L. Fisher

ABSTRACT

Leaf litter ant faunas were inventoried at four sites within Mantadia-Zahamena corridor: Sandranantitra, Andriantantely, Mantadia, and Didy. Within each locality, survey methods involved a combination of leaf litter sampling along a 125 m transect and general collecting. Dacetonine ants, particularly the genus *Strumigenys*, were selected for analysis because they have been shown to be a good surrogate taxon for the overall Malagasy rainforest ant fauna. From leaf litter samples, 25 genera and 19 species of dacetonines ants were collected. Sixteen of these species are new to science. Dacetonine species richness was greatest at Andriantantely (15 species). Based on the number of *Strumigenys* species present at each locality, the number of all ant species is estimated to be greatest for Andriantantely (87.9 species). Based on the number of exotic invasive ant species, and the patterns of species richness, species turnover, complementarity and faunal similarity measures, we rank Andriantantely as the highest conservation priority, followed by Didy, Sandranantitra, and lastly Mantadia.

INTRODUCTION

The assessment of biodiversity (e.g. "prioritizing") and the creation of protected areas to preserve biodiversity are and will continue to be one of the central objectives of conservation biology. Successful and accurate measurement of geographic patterns of species richness, species turnover and areas of endemism are critical steps in achieving these aims. To assign priority to areas with high species richness, complementarity and endemism in Madagascar, diverse taxa such as arthropods, which represent the bulk of diversity, must be inventoried.

Sampling and estimation procedures for a diverse and ecologically important group of terrestrial insects, ants, were used to assess four sites in the corridor between Zahamena and Mantadia (the Indri Biogeographic region) of northeastern Madagascar. Similar methods were used to inventory ants in the Réserve Naturelle Intégrale (RNI) d'Andringitra (Fisher 1996), Vohibasia and Isoky-Vohimena (Fisher and Razafimandimby 1997), Station Forestière (SF) de Tampolo (Fisher et al. 1998), Réserve Spéciale (RS) d'Anjanaharibe-Sud and on the western Masoala Peninsula (Fisher 1998), and RNI d'Andohahela (Fisher 1999a).

Although ants include only a small fraction of the total number of species in Madagascar (estimated 1000 ant species in Madagascar, Fisher 1997), they are important for biodiversity assessment because they are one of the most dominant taxa in all habitats in Madagascar in terms of biomass or ecological interactions and have an important, though little understood, impact on the structure of these habitats. In addition, ants have been shown to be useful indicators of decomposition rate and the presence of exotic ants are important indicators of disturbed habitats (Andersen and Sparling 1997).

In Madagascar, dacetonine ants include the genus *Strumigenys* which is one of the most species rich genera of Madagascar (Fisher 1999b). Other genera in the tribe which occur in Madagascar are species poor and often rarely collected and include the genera *Glamyromyrmex, Kyidris, Serrastruma* and *Smithistruma*. An analysis of 15 sites in the eastern rainforest of Madagascar (Fisher 1999b) showed that the species richness of *Strumigenys* was significantly correlated with species richness (Pearson $r = 0.915$) and complementarity values (Pearson $r = 0.895$) of all other ant species. Compared with results using all ant species, sampling species in the single genus *Strumigenys* produced similar relative ranking of species richness between sites and elevations within a locality and total species richness between localities (Fisher 1999b). These results strongly support the use of *Strumigenys* as a surrogate taxon in eastern Madagascar for all ant species.

The objectives of this study were: (1) to determine the conservation importance of the four localities in relation to preserving ant diversity in the region, and (2) to evaluate the level of habitat disturbance of each locality by using invasive ants as indicators. We determined the conservation importance by comparing species richness and measures of faunal similarity and beta diversity of dacetonine ants across the four localities. *Strumigenys*, the dominant genus in the dacetonine tribe, is used as an indicator of total ant species richness (Fisher 1999b). In addition we used the presence of invasive and exotic ants to evaluate the level of disturbance at each locality. An important complementary aspect of this study is the substantial increase in taxonomic and ecological knowledge of the ant fauna in one of the most threatened regions of Madagascar.

METHODS

Survey Methods

Ants were intensively surveyed at four localities in the Mantadia-Zahamena corridor in eastern Madagascar along seven transects and by general collecting. The sites included: Sandranantitra (450 m), Andriantantely (530 m), Mantadia (895 m), and Didy (960 m). At Sandranantitra, Andriantantely, and Mantadia, intensive ant surveys were conducted using two transects located between 500 - 1000 m apart. At Didy, only one transect was used. Each transect consisted of 25 leaf litter samples (mini-Winkler), 5 m apart, along a 125 m transect.

Invertebrates were extracted from samples of leaf litter (rotten leaves, wood from the forest floor) using a modified form of the Winkler extractor (see Fig. 1 in Fisher 1996, and Fig. 1 in Fisher 1998). The leaf litter samples involved establishing 25, 1m^2 plots, separated by 5 m along the transect line. The leaf litter inside each plot was collected and sifted through a wire sieve of 1 cm grid size. Before sifting, the leaf litter material was minced using a machete to disturb ant nests in small twigs and decayed logs. Approximately 2 l of sifted litter was taken from each 1 m^2 plot, placed inside mesh bags, and then placed inside the mini-Winkler sacks. Ants and other invertebrates were passively extracted from the sifted litter during a 48-hour period in mini-Winkler sacks. For a detailed discussion of the mini-Winkler method, see Fisher, 1996; 1998.

Ants were also surveyed through general collecting, defined as any collection that was separate from the mini-Winkler transects, including searching in rotten logs and stumps, in dead and live branches, in bamboo, on low vegetation, under canopy moss and epiphytes, and under stones. At each transect site, general collections were conducted for approximately 12 hours at Andriantantely, Mantadia, and Didy and for approximately 24 hours at Sandranantitra. General collections were made within 200 m ground distance of each transect site and at approximately the same elevation. General collections included samples of the arboreal ants found on low vegetation that were not sampled by leaf litter sifting. Ants sampled with general collection methods were not used in the analysis of the efficacy of the survey of the leaf litter ants, of faunal similarity, or species-turnover.

Transects of 25 Samples

An evaluation of 15 sites that were inventoried with 50 leaf litter samples in the eastern rain forest of Madagascar, demonstrated that 25 samples were complete enough for comparisons of both species richness and species turnover between sites (Fisher 1999b). For the 15 sites inventoried with 50 samples, 25 samples were sufficient for comparing the relative ranking of species turnover and species richness between sites and localities. Additional collecting beyond 25 samples provided important taxonomic information, but did not change the ranking of sites based on species turnover or species richness. Therefore, 25 samples per transect used in this study should be sufficient to compare ant species richness and turnover across sites and localities. Two 25 sample transects were surveyed at all sites except Didy in this study.

Sample Processing

For every 25-sample transect, which requires between 2-3 field days to complete, one month on average is required in the lab to sort, identify, and curate specimens. After returning from the field, ant specimens were first sorted from each leaf litter sample. To facilitate sorting of dirty samples, the saturated salt water extraction procedure described in Fisher (1999a) was used to separate organic matter from inorganic matter in the leaf litter samples. Next, each sample was sorted to genus. Dacetonine ant genera were selected for detailed analysis and sorted to species.

Dacetonine species

For this report we present results on the ant species from the dacetonine ant tribe which includes the genera *Strumigenys*, *Kyidris*, and *Smithistruma*. A full report including species from all genera will be published at a later date. The dacetonines were identified using identification keys developed by B. L. Fisher. A representative set of ant specimens have been deposited at the South African Museum in Cape Town, the Museum of Comparative Zoology at Harvard University, USA, and in Madagascar.

Data Analysis

Evaluation of Sampling Method: To assess survey completeness for each locality, we plotted species accumulation curves for each transect. Species accumulation was plotted as a function of the number of leaf litter samples taken. Species-accumulation curves for the 25 samples per transect are plotted for each succeeding sample. For species-accumulation curves, sample order was randomized 100 times and the mean observed species was computed for each succeeding station using the program EstimateS (Colwell 1997).

Ant Diversity: Data on both species richness and abundance were used to assess the change in species composition across localities. Only records of ant workers were used in these calculations. Since alates (winged queens and males) may travel considerable distances during dispersal, their presence does not necessarily signify the establishment of a colony of that species within the transect zone. In addition, collections of queens and males dispersing from nearby nests at the time of the survey may bias the relative abundance of the species. Because ants are colonial, abundance measures were not based on the total number of individual workers collected at each transect site, but rather on species frequency defined as the percentage of samples, out of 25, in which each species was collected at a site.

Faunal similarity and species turnover of the ant assemblages at the four localities were assessed. Similarity of the ant fauna was assessed using the Jaccard Index based on presence/absence data: $C_J = j/(a + b - j)$ where j = number of species found at both localities, a = number of species at locality A, and b = number of species at locality B (Magurran 1988). Beta-diversity (species turnover between elevations) was calculated using the beta-diversity measure of Whittaker (1960): Beta = $(S/a) - 1$, where S = the total number of species in the two localities combined, and a = the mean number of species in both localities.

Because only 25 samples were taken at Didy, we estimated the number of species for 50 samples. We fitted the observed species accumulation curves of 25 samples using the Soberón and Llorente (1993) logarithmic model: $S(t) = \ln(1 + zat)/z$, where t is the measure of sampling effort (samples), and z and a are curve-fitting parameters. Log models do not have an asymptote and are considered appropriate for species rich taxa (Soberón and Llorente 1993, Mawdsley 1996). That is, we use a non-asymptotic model because we assume the curves will never completely flatten out, even with complete sampling. Using a non-asymptotic model, therefore, may result in a conservative estimate of the number of species predicted with increasing effort. We fitted the log model using the nonlinear least squares method of regression in the program JMP and extrapolated out to 50 samples (SAS 1994).

The predicted total number of ant species at a locality was calculated based on the regression in Fisher (1999b) of the number of *Strumigenys* species collected to all ant species collected at 15 sites in the eastern rainforest of Madagascar. Total ant species = 4.00 + 7.63*(number of *Strumigenys* species collected in 50 samples).

RESULTS

In the four localities, we recorded 29 genera and 21 species of dacetonine ant species from general collections and leaf litter methods (Tables 8.1.- 8.4, Appendix 13). Sixteen of the *Strumigenys* species are new to science (Tables 8.3., 8.4.). Species accumulation curves for dacetonines for each 25 sample transect (Fig. 8.1.) and for combined transects for each locality (Fig. 8.2.) showed a decrease in the rate of species accumulation, but were still increasing slowly. These curves are similar in shape to curves from previous studies and demonstrate a sufficient level of sampling (Fisher 1999b).

Within the four localities, Andriantantely had the greatest number of dacetonine species recorded (15 species total from all methods; 13 species total from litter samples; Tables 8.3., 8.4.). Mantadia had the lowest number of dacetonines and Didy and Sandranantitra were approximately equal (Table 8.3., Figs. 8.1., 8.2.). This same relative ranking in observed species richness of dacetonines between localities was unchanged when comparing 25 samples and 50 samples (Fig. 8.2.).

Based on dacetonine ant species obtained from litter samples at the four localities (19 species), 68% of the fauna was found at Andriantantely. The greatest percentage of dacetonine species obtained from two localities combined is 84% (Andriantantely and Didy; Sandranantitra and Didy; Fig. 8.3.). By combining three localities, 95% of the fauna is obtained (Fig. 8.3.).

The lowest similarity (Jaccard Index) and greatest species turnover (beta-diversity) value between localities occurred between the lowest and highest elevations (Sandranantitra 450 m and Didy 960 m; Table 8.5.). The two low elevation sites, Sandranantitra and Andriantantely showed the greatest similarity and lowest species-turnover (Table 8.5.).

Based on the species richness of *Strumigenys* at each locality, the estimated number of all ant species at each locality is greatest for Andriantantely (87.9 species; Table 8.6.).

Sandranantitra had the greatest abundance and number of exotic species recorded (2 species) while none where recorded from Andriantantely (Table 8.7.).

DISCUSSION

Taxonomic highlights

Ants represent some of the most abundant organisms in Madagascar, but they also include some of the rarest and most cryptic species. This study provided insight into the biology of one of the rarest in Madagascar. General collections provided the first colony collection of the genus *Metapone* in the eastern rainforest of Madagascar since the original type material was collected. This genus is one of the rarest ants in Madagascar and appears to be restricted to nesting in large fallen trees.

In addition, this study collected two genera of the hypothesized basal ponerine tribe Amblyoponini, *Mystrium* (2 species) and *Amblyopone* (2 species) (Tables 8.1., 8.2.). The second species of *Mystrium* and *Amblyopone* were collected only at Andriantantely. Amblyoponini has long been considered a rather "primitive" group of ants, possibly reflective of an early stage in ant evolution (Hölldobler and Wilson 1990, Ward, 1994) and the high diversity of the relict ant genera *Mystrium* and *Amblyopone* in Madagascar is thought to be the result of Madagascar's long isolation (Fisher 1997).

Colonies of the ant genus *Kyidris* were found for the first time in Madagascar. *Kyidris* is often collected in leaf litter samples but this is the first time that the nesting location, in a rotten log and from a ground next

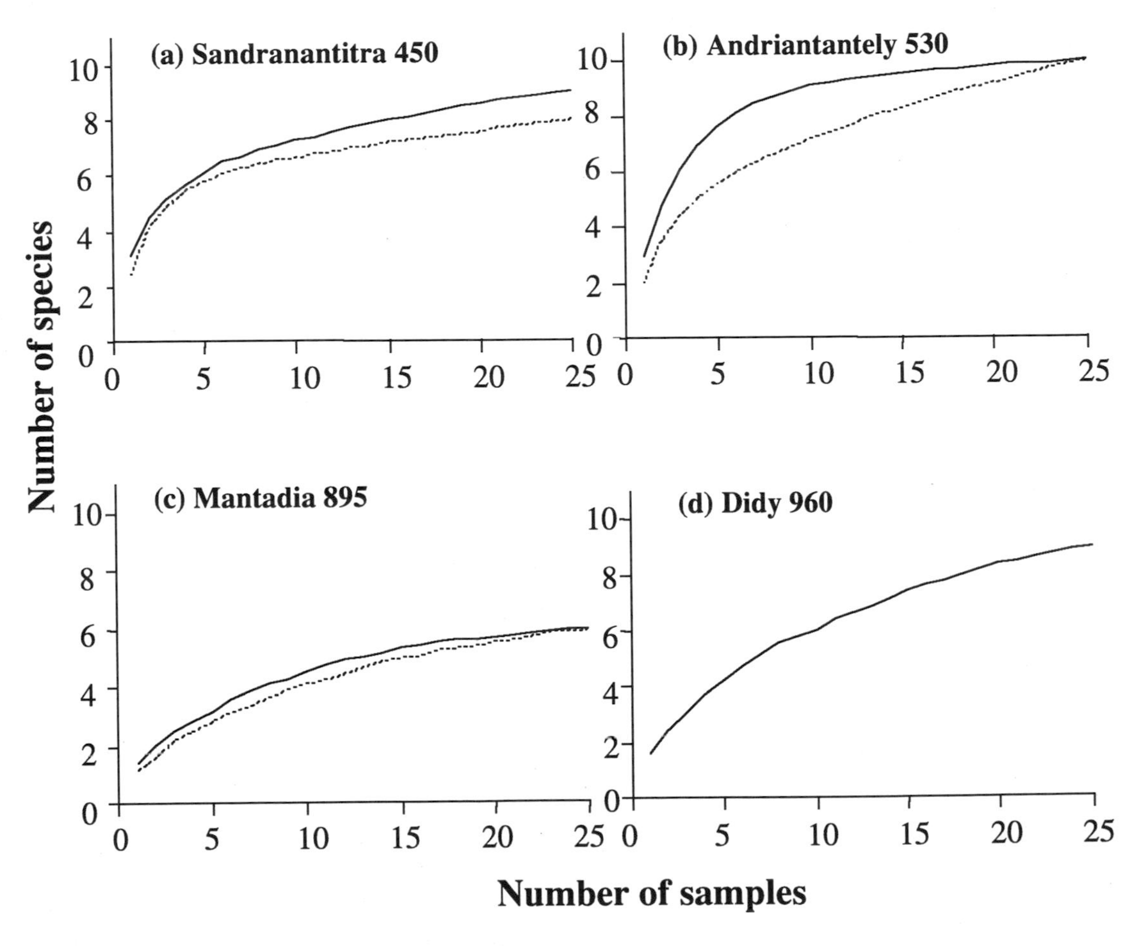

Figure 8.1. Assessment of leaf litter sampling techniques for each 25-sample transect at the four localities in the Mantadia-Zahamena corridor, Madagascar (a-d). At Sandranantitra, Andriantantely, and Mantadia, two transects were conducted (solid and dashed curves in a-c) while only one transect was taken in Didy (d). The species accumulation curves in each chart plots the observed number of species of dacetonine ants as a function of the number of samples collected. Curves are plotted from the means of 100 randomizations of sample accumulation order.

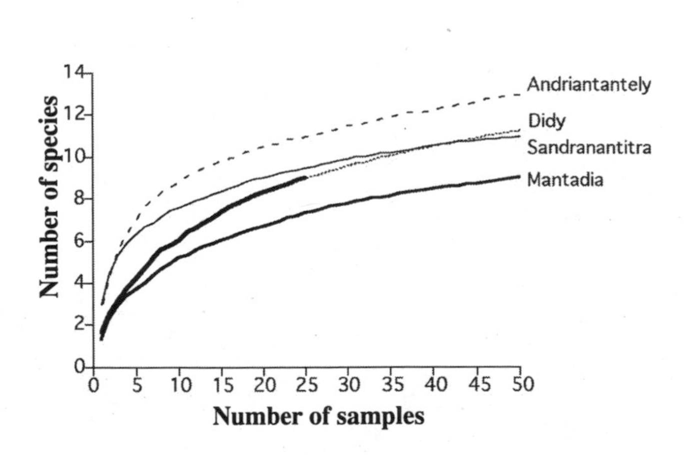

Figure 8.2. Assessment of leaf litter sampling techniques for a combined 50 samples for Sandranantitra, Andriantantely, and Mantadia and 25 samples from Didy. The species accumulation curves in each chart plots the observed number of species of dacetonine ants as a function of the number of samples collected. Curves are plotted from the means of 100 randomizations of sample accumulation order. For Didy, the bold line represent the accumulation of the 25 samples observed, which is extrapolated out to 50 samples (dashed line) using the logarithmic function by the standard least squares method.

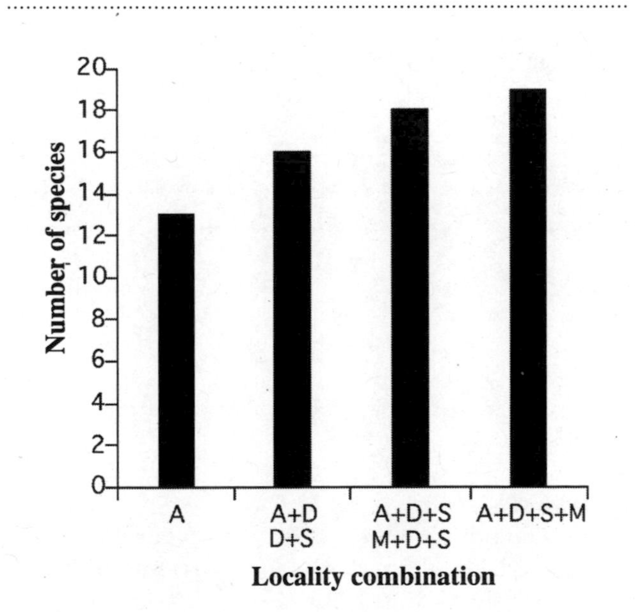

Figure 8.3. Accumulation of dacetonine ant species for combined localities during the RAP in the Mantadia-Zahamena corridor, Madagascar. The maximum number of species collected for 1, 2, 3, and all localities are presented. A = Andriantantely; S = Sandranantitra; D = Didy; M = Mantadia.

in sandy soil with many roots, has been documented. *Kyidris* was thought to be restricted to Indo-Australian and Oriental biogeographic regions where four species occur. In 1993, however, *Kyidris* was discovered for the first time in Madagascar (Fisher 1999a). Wilson and Brown (1956) documented *Kyidris yaleogyna* colonies in New Guinea as parasitic on *Strumigenys loriae*, which is one of the most widespread of the Papuan ants. In this parasitic association, the ants are mixed in the colony but *Strumigenys* provides most of the brood care and food for *Kyidris*. In New Guinea, the *Strumigenys* host only slightly outnumbered the *Kyidris* parasites. Since

Table 8.1. Ant genera collected at the four localities within the Mantadia-Zahamena corridor, Madagascar, including collection method. G = general collections; W = mini-Winkler leaf litter transect samples.

Genus	Sandranantitra 450m	Andriantantely 530m	Mantadia 895m	Didy 960m
Amblyopone	W	W	W	—
Anochetus	W	W	W	W, G
Aphaenogaster	—	W, G	—	—
Camponotus	W, G	W, G	W, G	W,G
Cerapachys	W, G	W, G	W, G	W, G
Crematogaster	W, G	G	G	G
Dacetonine	W, G	W,G	W, G	W
Discothyrea	W	W	W	—
Hypoponera	W, G	W, G	W	W
Leptogenys	—	W, G	W, G	W
Monomorium	W, G	W, G	W	W, G
Metapone	—	—	G	—
Mystrium	W, G	W, G	—	—
Odontomachus	—	G	—	—
Oligomyrmex	W	W	W	W
Pachycondyla	W, G	W, G	W,G	W, G
Paratrechina	W, G	W, G	W, G	W, G
Pheidole	W, G	W, G	W, G	W, G
Plagiolepis	W	W	W	—
Prionopelta	W	W	W, G	W, G
Proceratium	G	W, G	—	G
Tapinoma	—	—	—	—
Technomyrmex	W	—	G	—
Terataner	—	—	—	—
Tetramorium	W, G	W, G	W	W, G
Tetraponera	G	G	W, G	—
Genus nov.	W	—	W	—
TOTAL	**21**	**22**	**21**	**15**

Table 8.2. Abundance of ant genera for each transect at the four localities measured as the number of leaf litter samples out of 25 at which each genus was recorded. The percentage of occurrence is given in parentheses. Transect numbers refer to Helian J. Ratsirarson (HJR) accession field numbers.

	Site and transect number						
	Sandranantitra		Andriantantely		Mantadia		Didy
Genus	**#101**	**#102**	**#121**	**#122**	**#111**	**#112**	**#131**
Amblyopone	2 (8)	4 (16)	6 (24)	4 (16)	6 (24)	—	—
Anochetus	5 (2)	8 (32)	14 (56)	15 (60)	2 (8)	4 (16)	13 (52)
Aphaenogaster	—	—	2 (8)	2 (8)	—	—	—
Camponotus	1 (4)	1 (4)	3 (12)	—	2 (8)	1 (4)	2 (8)
Cerapachys	12 (48)	5 (20)	2 (8)	2 (8)	6 (24)	6 (24)	8 (32)
Crematogaster	—	3 (12)	—	—	—	—	—
Dacetonine	20 (80)	11 (44)	21 (84)	22 (88)	18 (72)	14 (66)	23 (92)
Discothyrea	4 (16)	1 (4)	—	1 (4)	4 (16)	1 (4)	—
Hypoponera	25 (100)	25 (100)	25 (100)	23 (92)	23 (92)	7 (28)	22 (88)
Leptogenys	—	—	1 (4)	1 (4)	—	2 (8)	1 (4)
Monomorium	25 (100)	23 (92)	21 (84)	21 (84)	9 (36)	21 (84)	14 (66)
Mystrium	4 (16)	3 (12)	2 (8)	1 (4)	—	—	—
Oligomyrmex	12 (48)	16 (64)	15 (60)	9 (36)	10 (40)	7 (28)	12 (48)
Pachycondyla	10 (40)	5 (20)	10 (40)	5 (20)	8 (32)	4 (16)	5 (20)
Paratrechina	15 (60)	17 (68)	13 (52)	10 (40)	24 (96)	24 (96)	24 (96)
Pheidole	25 (100)	25 (100)	25 (100)	25 (100)	23 (92)	24 (96)	25 (100)
Plagiolepis	2 (8)	—	3 (12)	8 (32)	12 (48)	7 (28)	—
Prionopelta	12 (48)	23 (92)	12 (48)	8 (32)	12 (48)	5 (20)	11 (44)
Proceratium	—	—	—	1 (4)	—	—	—
Technomyrmex	1 (4)	2 (8)	—	—	—	—	—
Tetramorium	23 (92)	17 (68)	20 (80)	22 (88)	23 (92)	24 (96)	24 (96)
Tetraponera	—	—	—	—	—	2 (8)	—
Genus nov.	—	2 (8)	—	—	1 (4)	—	—
Site total	**17**	**18**	**17**	**18**	**16**	**17**	**13**
Locality total	**19**		**19**		**19**		**13**

the discovery of *Kyidris* in Madagascar in 1993, it has been assumed that *Kyidris* was a parasite of a *Strumigenys* species. A possible host is *Strumigenys* sp. nov.7 since it is one of the most abundant species in these habitats and it is also the only member of the *konigsbergeri* species-group in Madagascar, which has its other members restricted in the Indo-Australian and Oriental regions. However, two nest collections of *Kyidris* in Sandranantitra and Andriantantely did not reveal any association with *Strumigenys*, suggesting that *Kyidris* is not a parasite in Madagascar. The high abundance of *Kyidris* at Sandranantitra and Andriantantely provide the ideal habitat to investigate the social biology of this bizarre ant genus in Madagascar.

Invasive species

Species introduction is an important component of human-induced global change and is a serious threat to biodiversity (Vitousek et al. 1997). Ants have been transported around the world during the course of international trade and have become established in areas where they have been released from their natural control agents and competitors. Invading ants have caused drastic changes in island communities in the Hawaiian, Galapagos, Caribbean, Seychelles and Mauritius islands

Table 8.3. Species list of dacetonine ant species (*Strumigenys, Smithistruma, Kyidris*) for the four localities, including collection method. G = general collections; W = mini-Winkler leaf litter transect samples.

Species	Sandranantitra	Andriantantely	Mantadia	Didy
Kyidris sp. 1	W, G	W, G	W	W
Smithistruma sp. 1	W	W	—	—
Strumigenys grandidieri	—	—	W	—
Strumigenys rogeri	W	—	—	—
Strumigenys scotti	—	G	—	W
Strumigenys sp. nov. 1	—	—	—	W
Strumigenys sp. nov. 2	—	W	—	—
Strumigenys sp. nov. 3	W	W	W	W
Strumigenys sp. nov. 4	—	W	—	W
Strumigenys sp. nov. 5	—	W	W	—
Strumigenys sp. nov. 6	W	W	—	—
Strumigenys sp. nov. 7	W	W	W	W
Strumigenys sp. nov. 8	W	W	W	—
Strumigenys sp. nov. 9	W	W	W, G	W
Strumigenys sp. nov. 10	—	—	—	G
Strumigenys sp. nov. 11	W	—	—	—
Strumigenys sp. nov.12	—	—	—	W
Strumigenys sp. nov.13	—	G	—	—
Strumigenys sp. nov. 14	W	W	W	—
Strumigenys sp. nov.15	W	W	—	—
Strumigenys sp. nov.16	—	W	W	W
Total	**11**	**15**	**9**	**10**

(Ward 1990, Williams 1994). Fisher et al. (1998) demonstrated the dominance of exotic ants in the SF de Tampolo in Northeastern Madagascar and the vulnerability of disturbed and fragmented forest habitats in Madagascar to invasion by exotic ant species. Long-term effects of invasion of exotic ants in the Malagasy region could potentially be significant in two ways. First, invasion could lead to the extinction of components of the highly endemic and ecologically important native ant fauna and second, invasions could decrease the distinctness of the region's ant communities. Different regions would share the same exotic species and thus reduce the level of species-turnover between sites. Once invasive ants are established in a habitat, there is unlikely to be any means of eradication.

The discovery of the exotic ant species *Technomyrmex albipes* and *Strumigenys rogeri* in Sandranantitra, Mantadia and Didy (Table 8.7.) calls attention to the urgent need for studies on the effects of invasive ants in Madagascar. In this study, exotic species were most abundant in the lowland site of Sandranantitra suggesting that it is the most disturbed of the four sites. Because of their long history of disturbance and proximity to sites of introduction, lowland forests such as Sandranantitra are also more vulnerable to invasion by exotic ants than higher elevation sites. In the long-term, the native ant fauna of the increasingly fragmented lowland forest in Madagascar could suffer its greatest threat from invading exotic ants. To begin to address these concerns, we need detailed studies on the ecology of the invasive species and documentation of the distribution and expansion patterns of these species.

CONSERVATION ASSESSMENT CONCLUSIONS

The objective of this project was to assess the conservation priorities of this region based on biodiversity measurements at select localities. To maintain the biodiversity of the region, conservation strategies must incorporate and preserve the greatest amount of diversity in the region. Based on patterns of ant species richness, species turnover and disturbance, we conclude that Andriantantely is the least disturbed site, contains the greatest ant diversity and, therefore, is of high conservation priority. Based on the dacetonine ant species richness, which may be correlated to total ant species richness, preserving Andriantantely would conserve 63% of the ant species in the region (Fig. 8.3.).

By adding one additional locality to the preservation strategy, 85% of the species could be conserved (Fig. 8.3.). Combining Andriantantely with either Didy or Sandranantitra would preserve the same number of species. Two additional factors suggest that Didy is of second conservation priority for the region and should be ranked above Sandranantitra. First, Didy was sampled only with one transect and we would expect additional species to be collected with more sampling. Second, species turnover, and faunal similarity measures demonstrated a division in ant communities between lowland forest and Didy (960 m) suggesting that both elevation habitats need to be included in the reserve network to preserve the ant biodiversity in the region. Though Sandranantitra showed slightly greater species turnover than Andriantantely, preserving Andriantantely and Didy will conserve both the lowland and mid-elevation ant faunas. Sandranantitra is of third conservation priority. Lowland rainforest sites are under extreme pressure from both direct habitat disturbance and invasion of exotics and at the same time, contain unique biodiversity that is not present at higher elevation sites. Though the number of exotic species was greatest at Sandranantitra, it should be considered of a higher conservation priority over Mantadia because of the extreme threats to lowland forests sites, and its greater species richness, and the fact that the PN de Mantadia is already protected.

Table 8.4. Abundance of dacetonine ant species (*Strumigenys, Smithistruma, Kyidris*) for each transect at the four localities measured as the number of leaf litter samples out of 25 at which each species was recorded. Transect numbers refer to HJR accession field numbers.

Species	Site and transect number						
	Sandranantitra		Andriantantely		Mantadia		Didy
	#101	#102	#121	#122	#111	#112	#131
Kyidris sp. 1	6	—	7	13	1	—	2
Smithistruma sp.1	1	—	—	1	—	—	—
Strumigenys grandidieri	—	—	—	—	—	—	—
Strumigenys rogeri	—	1	—	—	—	—	—
Strumigenys scotti	—	—	—	—	—	—	1
Strumigenys sp. nov. 1	—	—	—	—	—	—	3
Strumigenys sp. nov. 2	—	—	5	—	—	—	—
Strumigenys sp. nov. 3	5	14	12	10	3	7	1
Strumigenys sp. nov. 4	—	—	—	2	—	—	2
Strumigenys sp. nov. 5	—	—	1	—	3	1	—
Strumigenys sp. nov. 6	1	1	—	—	—	—	—
Strumigenys sp. nov. 7	14	11	12	14		6	6
Strumigenys sp. nov. 8	12	5	10	—	4	—	—
Strumigenys sp. nov. 9	23	—	14	6	22	3	21
Strumigenys sp. nov. 11	2	—	—	—	—	—	—
Strumigenys sp. nov. 12	—	—	—	—	—	—	1
Strumigenys sp. nov. 14	12	9	6	7	2	—	—
Strumigenys sp. nov. 15	—	7	6	1	—	—	—
Strumigenys sp. nov. 16	—	—	2	1	—	2	6
Species total	**9**	**8**	**10**	**10**	**6**	**6**	**9**

Table 8.5. Measurements of faunal similarity and species-turnover between the four localities sampled. Above the diagonal is the Jaccard Index of similarity and below the diagonal. beta diversity. Higher values of Jaccard Index represent greater similarity. Higher values of beta diversity represent greater species turnover. Comparisons are based on 50 samples at Sandranantitra. Andriantantely. Mantadia. and 25 samples at Didy.

Site	Sandranantitra 450 m	Andriantantely 530 m	Mantadia 895 m	Didy 960 m
Sandranantitra	—	0.60	0.42	0.25
Andriantantely	0.25	—	0.57	0.37
Mantadia	0.40	0.27	—	0.38
Didy	0.60	0.45	0.44	—

Table 8.6. Total number of *Strumigenys* species for each of the four localities from leaf litter collections. Totals for Sandranantitra, Andriantantely, and Mantadia are based on observed species from two 25 sample transects for a total of 50 samples per locality. Total species of *Strumigenys* for Didy is the predicted number of species for 50 samples using the logarithmic function based on the 25 samples observed. The estimated total ant species is based on the regression function: Total ant species = 4.00 + 7.63*(number of *Strumigenys* species from 50 samples).

Site	Number of *Strumigenys* species	Estimated total number of ant species
Sandranantitra	9	72.7
Andriantantely	11	87.9
Mantadia	8	65.0
Didy	9.9	79.5

Table 8.7. Exotic invasive ant species for the four localities, including collection method. G = general collections, W = mini-Winkler leaf litter transect samples.

Species	Sandranantitra	Andriantantely	Mantadia	Didy
Technomyrmex albipes	W, G	—	G	G
Strumigenys rogeri	W	—	—	—

LITERATURE CITED

Andersen, A. N. and G P. Sparling. 1997. Ant as indicators of restoration success: Relationship with soil microbial biomass in the Australian seasonal tropics. Restoration Ecology 5: 109-114

Colwell, R. K. 1997. Estimate: Statistical estimation of species richness and shared species from samples. Version 5. User's Guide and application published at: http://viceroy.eeb.uconn.edu/estimates.

Fisher, B. L. 1996. Ant diversity patterns along an elevational gradient in the Réserve Naturelle Intégrale d'Andringitra, Madagascar. *In* Goodman, S. M. (ed.) A floral and faunal inventory of the eastern slopes of the Réserve Naturelle Intégrale d'Andringitra, Madagascar: With reference to elevational variation. Fieldiana: Zoology, New Series N°85. Pp 93–108.

Fisher, B. L. 1997. Biogeography and ecology of the ant fauna of Madagascar. Journal of Natural History. 31: 269–302.

Fisher, B. L. 1998. Ant diversity patterns along an elevational gradient in the Réserve Spéciale d'Anjanaharibe-Sud and on the western Masoala Peninsula, Madagascar. *In* Goodman, S. M. (ed.). A Floral and Faunal Inventory of the Réserve Spéciale d'Anjanaharibe-Sud, Madagascar: With Reference to Elevational Variation. Fieldiana:Zoology, New Series N°90. Pp 39-67.

Fisher, B. L. 1999a. Ant diversity patterns in the Réserve Naturelle Intégrale d'Andohahela, Madagascar. *In* Goodman, S. M. (ed.) A Floral and Faunal Inventory of the Réserve Naturelle Intégrale d'Andohahela, Madagascar: With Reference to Elevational Variation. Fieldiana:Zoology, New Series N°94. Pp 129-147.

Fisher, B. L. 1999b. Improving inventory efficiency: a case study of leaf litter ant diversity in Madagascar. Ecological Application.

Fisher, B. L. and S. Razafimandimby. 1997. The ant fauna (Hymenoptera: Formicidae) of Vohibasia and Isoky-Vohimena dry forests in southwestern Madagascar. *In* Langrand, O. and S. M. Goodman (eds.). Inventaire biologique des forêts de Vohibasia et d'Isoky-Vohimena. Série Sciences Biologiques. N°12. Spéciale. Centre d'Information et de Documentation Scientifique et Technique, Antananarivo, Madagascar. Pp 104–109.

Fisher, B. L., H. Ratsirarson and S. Razafimandimby. 1998. Les Fourmis (Hymenoptera: Formicidae) *In* J. Ratsirarson and S.M. Goodman (eds.) Inventaire biologique de la Foret Littorale de Tampolo (Fenoarivo Atsinaanana). Recherches pour le Développement, Série Sciences Biologiques. N° 14. Centre d'Information et de Documentation Scientifique et Technique, Antananarivo, Madagascar. Pp 107-131.

Hölldobler, B. and E. O. Wilson. 1990. The ants. Harvard University Press, Cambridge.

Magurran, A. E. 1988. Ecological diversity and its measurement. Princeton University Press, Princeton, New Jersey.

Mawdsley, N. 1996. The theory and practice of estimating regional species richness from local samples. *In* Edwards, D. S., W. E. Booth and S. C. Choy (eds.) Tropical rainforest research–current issues: proceedings of the conference held in Bandar Seri Begawan, April 1993. Kluwer Academic Publishers, Netherlands. Pp 193–213.

SAS Institute. 1994. JMP statistics and graphics guide, version 3. SAS Institute, Cary, NC, USA.

Soberón M., J. and J. B. Llorente. 1993. The use of species accumulation functions for the prediction of species richness. Conservation Biologist. 7:480–488.

Vitousek, P. M., C. M. Dantonio, L. L. Loope, M. Rejmanek and R. Westbrooks. 1997. Introduced species: A significant component of human-caused global change. New Zealand Journal of Ecology. 21: 1-16.

Ward, P.S. 1990. The endangered ants of Mauritius: doomed like the Dodo? Notes from the underground. 4: 3-5.

Ward, P. S. 1994. *Adetomyrma*, an enigmatic new ant genus from Madagascar (Hymenoptera: Formicidae), and its implications for ant phylogeny, Systematic Entomology. 19: 159-175.

Whittaker, R. M. 1960. Vegetation of the Siskiyou Mountains, Oregon and California. Ecological Monographs. 30: 279-338.

Williams, D. F. 1994. Exotic ants: biology, impact, and control of introduced species. Boulder, Westview Press.

Wilson, E. O. and Brown W. L. 1956. New parasitic ants of the genus *Kyidris*, with notes on ecology and behavior. Insectes Sociaux. 3: 439-454.

Index géographique

IOFA (SITE 1)

Situé dans la province de Toamasina. Forêt classée, à 45 kilomètres au NE de Morarano, 18°42.1'S, 48°28.O'E. Altitude : 835 mètres a.s.l, forêt tropicale de moyenne altitude.

La forêt est fortement perturbée due à une intense exploitation forestière commerciale. Une importante route forestière relie l'est de Morarano Gara au village d'Andekaleka et traverse directement la Forêt Classée d'Iofa, pouvant être de ce fait un des facteurs de dégradation de la dite forêt. Notre premier campement a été installé dans une clairière au sud de cette route, à peu près à 10 kilomètres du village de Raboana, clairière occupée également par les ouvriers travaillant dans la concession forestière, site accessible par un petit sentier. De nombreux pistes et sentiers sillonnent la forêt ce qui fait qu'il a été inutile d'ouvrir de nouveaux sentiers. Aucun travail d'évaluation sur les coléoptères tigres (Cincindelidae) ou les fourmis (Formicidae) n'a été réalisé sur ce site. L'inventaire biologique ou RAP a été menée au cours de la période du 9 au 14 novembre 1998.

DIDY (SITE 2)

Situé dans la province de Toamasina. Forêt classée, à peu près à six kilomètres au nord du village de Didy, 18°11.9'S, 48°34.7'E. Altitude: 960 m a.s.l, forêt tropicale de moyenne altitude.

Parmi les pressions les plus importantes observées, on peut citer l'agriculture sur brûlis (ou *tavy*), l'exploitation de grands arbres pour la construction de pirogues et les occupations illicites.

La population locale vit principalement des activités de la pêche. Aucun signe d'exploitation forestière commerciale n'a été notée dans cette partie de la forêt. Le campement a été installé au sud de la rivière Ivondro, site accessible par un sentier reliant le village de Didy à la partie nord de la rivière. Parfois des traversées en pirogue ont été nécessaires. Du fait de l'existence de nombreux sentiers dans cette région, nous n'avons eu besoin d'ouvrir qu'un seul sentier. L'inventaire biologique ou RAP a été réalisé du 17 au 22 novembre, sauf l'inventaire des coléoptères tigres (Cicindelidae) et des fourmis (Formicidae), qui a été mené entre le 16 et le 23 décembre 1998.

MANTADIA (SITE 3)

Situé dans la province de Toamasina dans le Parc National d'Andasibe-Mantadia. Parc national (PN), à 15 kilomètres au nord-est du village d'Andasibe, 18°47.5'S, 48°25.6'E. Altitude : 895 m a.s.l., forêt tropicale de moyenne altitude.

Le site d'inventaire a été choisi le long de la route principale qui part du village d'Andasibe vers le nord (au PK 15). Le campement, situé à quelques dizaines de mètres à l'intérieur de la limite ouest du PN de Mantadia, était accessible en voiture. Une exploitation minière de graphite se trouve le long de la limite sud et ouest du parc. La forêt de Mantadia est relativement peu perturbée à part les quelques sentiers utilisés par les chercheurs ou les rares touristes, sentiers utilisés également par l'équipe du RAP. L'inventaire biologique ou RAP a été mené pendant la période du 25 novembre au 1er décembre 1998.

ANDRIANTANTELY (SITE 4)

Situé dans la province de Toamasina. Forêt classée, à 35 kilomètres au nord-ouest de Brickaville, 18°41.7'S, 48°48.8'E. Altitude: 530 m a.s.l., forêt de basse altitude.

Aucune trace d'exploitation intensive n'a été observée dans la forêt, sauf quelques signes de ramassage du bois de chauffe. Par contre, l'agriculture sur brûlis était pratiquée à la limite de la forêt.

Le site de campement a été choisi proche de la rivière Rianala, site accessible aussi bien par la rivière que par un sentier jusqu'à la limite de la forêt d'Andriantantely. Par rapport aux autres sites cités ci-dessus, les sentiers et les pistes étaient inexistants et il a fallu en ouvrir.

L'inventaire biologique ou RAP a été menée pendant la période du 4 au 9 décembre.

SANDRANANTITRA (SITE 5)

Situé dans la province de Toamasina. Forêt Classée, à 10 kilomètres au nord-ouest d'Ambodilazana, 18°02.9'S, 49°05.5'E. Altitude : 450 m a.s.l., forêt de basse altitude.

D'importantes traces de pressions ont été notées dans la forêt à savoir les pièges à lémuriens, l'écrémage des grands arbres et l'exploitation forestière, ainsi que l'ouverture de nombreux pistes et sentiers.

Le campement a été installé à 6 km au nord du village d'Ankaraina, accessible par une piste conduisant au village d'Ambodilazana le long de la rivière Ivondro. Bien que de nombreuses pistes existaient, il nous a fallu en créer d'autres. Le RAP a été mené pendant la période du 18 au 23 janvier 1999.

Gazetteer

IOFA (SITE 1)

Located in the Province of Toamasina, Madagascar. Classified forest (Forêt Classée, FC), 45 km NE of Morarano, 18°42.1'S, 48°28.0'E. Elevation: 835 m a.s.l., mid-elevation rainforest.

The forest showed a high level of disturbance due to commercial timber exploitation. A big logging road runs eastward from Morarano Gara to Andekateka (?) and passes directly through the FC de Iofa. This main logging road was flanked by heavy disturbance, whereas away from the main tracks the forest was somewhat less disturbed. Our first camp was located in a clearing south of this road and about 10 km away from the small village of Raboana. The site was accessible via a small trail running from the main road down the slope. Local people working for the logging concession lived in huts located in the middle of the clearing. The forest zone contained an extensive path system, and no new trails were cut. No survey work on tiger beetles (Cicindelidae) or ants (Formicidae) was undertaken at this site. Field survey was conducted during the period of 9 - 14 November 1998.

DIDY (SITE 2)

Located in the Province of Toamasina, Madagascar. Classified forest (Forêt Classée, FC), about 6 km SE of Didy village, 18°11.9'S, 48°34.7'E. Elevation: 960 m a.s.l., mid-elevation rainforest.

Slash and burn agriculture (tavy) is practiced in this forest zone, and large trees were harvested for boats. A few settlements of single families were found in the forest. The local people mainly live on fishing and not on hunting. There was no sign of commercial logging in this zone of the forest. The camp was located south of the Ivondro River. Access to this transect zone was along an established trail from Didy village to the northern side of the Ivondro River. We crossed the river with small pirogues. The area had relatively extensive trailsystems, and only one new path was cut. Field survey was conducted during the period of 17 - 22 Nov 1998, except the inventory of tiger beetles (Cicindelidae) and ants (Formicidae), which was carried out from 16 - 23 December 1998.

MANTADIA (SITE 3)

Located in the Province of Toamasina, Madagascar in the Parc National d'Andasibe-Mantadia. National Park (Parc National, PN), 15 km NE of Andasibe, 18°47.5'S, 48°25.6'E. Elevation: 895 m a.s.l., mid-elevation rainforest.

The survey site was located along the main road that runs from Andasibe to the north (PK 15). The camp, just a few tens of meters inside the western limit of the PN d'Andasibe- Mantadia, was accessible by vehicle. Extensive graphic mining is found along the southern and western limit of the reserve. There were only limited signs of disturbance inside the forest, such as research and tourist trails. This established trail system was utilized during the RAP, and only one new trail was cut and laid out. Field survey was conducted during the period of 25 November - 1 December 1998.

ANDRIANTANTELY (SITE 4)

Located in the Province of Toamasina, Madagascar. Classified forest (Forêt Classée, FC), 35 km NW of Brickaville, 18.41.7'S, 48°48.8'E. Elevation: 530 m a.s.l., lowland forest.

There was no sign of intensive exploitation inside the forest, except some evidence that this zone was visited occasionally by local villagers to collect firewood. However, slash and burn agriculture (tavy) was practiced at the edge of the forest. Our camp site was located in closed canopy forest along a little stream, a few hundred meters from a steep ridge decending to the Rianila River. The site was accessible via the Rianila River from Brickaville to Sahalampona, and then via a small preexisting trail up to the edge of the forested area of Andriantantely. No trails existed inside the forest, and all of the transect trails used in this area were cut by expedition members. Field survey was conducted during the period of 4 - 9 December 1998.

SANDRANANTITRA (SITE 5)

Located in the Province of Toamasina, Madagascar. Classified forest (Forêt Classée, FC), 10 km NW of Ambodilazana, 18°02.9'S, 49°05.5'E. Elevation: 450 m a.s.l., lowland forest.

This area showed a high level of disturbance and was laced with abandoned logging trails, forest clearings, lemur traps, and stumps of large trees. The major use of the timber was for constructing boats and for firewood. The camp was located in the forested area along a running stream, about 6 km north of the small village of Ankaraina. Access to this site was along an established trail from Ambodilazana along the Ivondro River and up a steep slope to the forest of Sandranantitra. Numerous trails existed in this area of the forest, and only some new connecting paths were established. Field survey was conducted during the period of 18 - 23 January 1999.

Annexes/Appendices

Annexe/Appendix 1

Résumé des températures et précipitations minimales et maximales pendant l'évaluation RAP réalisée dans le corridor Mantadia-Zahamena, Madagascar.

Summary of minimum and maximum temperatures and precipitation during the RAP survey in the Mantadia-Zahamena corridor, Madagascar.

Période de mesure de sur chaque site/ Period of measurement at each site	Température/Temperature (°C)*		
	Minimum	Maximum	Pluie/Rainfall (mm)#
Site 1 9 - 14 Nov 1998	15.12 ± 2.1 (5) [12.5-18.0]	27.4 ± 0.9 (5) [26.6-28.9]	--(0) [--]
Site 2 17 - 22 Nov 1998§	13.7 ± 2.1 (5) [11.4-16.9]	22.3 ± 1.5 (5) [20.3-23.6]	0.9 ± 0.99 (2) [0.2-1.6]
Site 3 25 Nov - 1 Dec 1998	12.1 ± 0.6 (5) [11.1-12.5]	25.6 ± 2.4 (5) [21.4-26.9]	0.2 (1) [0.2]
Site 4 4 - 9 Dec 1998	18.3 ± 1.8 (5) [16.7-21.1]	22.4 ± 2.8 (5) [20.0-26.9]	15.2 ± 18.1 (5) [1.3-44.0]
Site 5 18 - 23 Jan 1999	19.8 ± 0.5 (6) [19.4-20.5]	24.0 ± 0.5 (6) [23.3-25.0]	2.8 ± 4.2 (5) [0.3-10.0]

*Les données présentées sont la moyenne ± l'écart-type, le nombre de mesures entre parenthèses ( ), et l'amplitude entre [ ].

*Data are presented as mean±SD, number of records in parentheses ( ), and range in [ ].

#Les données présentées sont la moyenne ± l'écart-type, le nombre de jours entre parenthèses ( ), et l'amplitude entre [ ].

#Data are presented as mean±SD, number of days with rain in parentheses ( ), and range in [ ].

§L'étude des cicindèles (Cicindelidae) et des fourmis (Formicidae) dans ce site fut réalisée du 16 au 23 décembre 1998.

§Surveys of tiger beetles (Cicindelidae) and ants (Formicidae) at this site were conducted from 16 - 23 December 1998.

Annexe/Appendix 2

Résumé du diamètre à hauteur de poitrine, de la hauteur, de la dominance et de l'abondance des espèces d'arbres répertoriées pendant l'évaluation du RAP réalisée dans le corridor Mantadia-Zahamena, Madagascar

Summary of diameter at breast height, height, dominance, and abundance of tree species inventoried during the RAP survey of the Mantadia-Zahamena corridor, Madagascar

Lanto H. Andriambelo, Michèle Andrianarisata, Marson L. Randrianjanaka, Richard Razakamalala et Rolland Ranaivojaona

Cl de diam = classe de diamètre à hauteur de poitrine (cm); D moy = diamètre moyen (cm); H moy = hauteur moyenne (m); G/ha = abondance (m/ha); D/ha = densité (nombre d/arbres/ha)

Cl de diam = class of diameter at breast height (cm); D moy = mean diameter (cm); H moy = mean height (m); G/ha = dominance (m/ha); D/ha = density (number of stems/ha)

	Cl de diam	D moy	H moy	G/ha	D/ha
Iofa					
Transect 1	1 à 5	1,92	3,75	4,01	10 684
	5 à 15	8,31	9,10	12,34	2 073
	15 et +	25,36	14,91	26,04	440
Transect 2	1 à 5	2,08	4,03	2,70	6 378
	5 à 15	8,42	9,42	8,67	1 434
	15 et +	23,02	15,79	31,06	684
Transect 3	1 à 5	1,93	3,17	3,46	9 422
	5 à 15	7,62	7,90	11,03	2 101
	15 et +	25,89	14,39	46,90	540
Transect 4	1 à 5	1,91	3,43	2,40	6 602
	5 à 15	7,62	7,73	10,23	2 041
	15 et +	22,40	14,11	22,96	524
Didy					
Transect 1	1 à 5	1,97	3,21	3,09	7 845
	5 à 15	8,81	8,10	12,31	1 834
	15 et +	24,94	13,95	28,99	526
Transect 2	1 à 5	1,72	2,84	2,39	8 242
	5 à 15	7,86	7,19	10,24	1 951
	15 et +	29,21	14,07	50,68	639
Transect 3	1 à 5	1,88	2,91	3,20	9 259
	5 à 15	8,84	7,07	17,62	2 613
	15 et +	22,00	9,72	30,37	701
Transect 4	1 à 5	1,74	2,91	2,69	9 102

	Cl de diam	D moy	H moy	G/ha	D/ha
	5 à 15	8,56	8,24	17,68	2 863
	15 et +	25,34	15,36	41,99	673
Mantadia					
Transect 1	1 à 5	2,67	3,20	2,81	4 534
	5 à 15	9,48	7,60	7,49	949
	15 et +	25,28	10,86	22,12	393
Transect 2	1 à 5	2,73	3,21	3,82	5 943
	5 à 15	8,84	7,71	7,78	1 127
	15 et +	23,36	11,59	19,77	418
Transect 3	1 à 5	2,24	2,41	2,28	4 802
	5 à 15	8,96	8,15	8,16	1 169
	15 et +	26,30	13,51	26,35	417
Transect 4	1 à 5	2,63	2,83	4,00	5 734
	5 à 15	8,53	7,09	7,67	1 234
	15 et +	24,97	13,07	21,80	385
Andriantantely					
Transect 1	1 à 5	2,48	3,26	3,36	5 716
	5 à 15	8,09	7,32	7,25	1 285
	15 et +	30,94	15,28	47,18	480
Transect 2	1 à 5	2,65	3,15	3,90	6 039
	5 à 15	9,24	8,03	11,11	1 252
	15 et +	29,60	14,85	35,77	444
Transect 3	1 à 5	2,72	2,79	3,63	5 443
	5 à 15	8,97	8,92	7,52	1 085
	15 et +	29,37	16,07	38,88	423
Transect 4	1 à 5	2,81	2,64	1,56	2 259
	5 à 15	8,75	8,78	7,87	1 222
	15 et +	24,58	14,68	22,48	414
Sandranantitra					
Transect 1	1 à 5	2,41	3,76	3,99	7 310
	5 à 15	8,97	7,94	14,28	2 063
	15 et +	20,70	10,84	15,37	414
Transect 2	1 à 5	2,13	3,28	3,19	7 353
	5 à 15	8,46	7,86	9,48	1 566
	15 et +	26,28	12,37	31,90	479
Transect 3	1 à 5	2,37	3,34	3,02	5 482
	5 à 15	8,18	6,86	6,71	1 114
	15 et +	25,82	12,16	22,59	351
Transect 4	1 à 5	1,84	3,04	3,41	10 027
	5 à 15	8,16	7,60	11,51	1 989
	15 et +	26,88	11,93	39,40	464

Annexe/Appendix 3

Les espèces botaniques collectées pendant l'évaluation RAP réalisée dans le corridor Mantadia-Zahamena, Madagascar.

Botanical specimens collected during the RAP survey in the Mantadia-Zahamena corridor, Madagascar.

Lanto H. Andriambelo, Michèle Andrianarisata, Marson L Randrianjanaka, Richard Razakamalala et Rolland Ranaivojaona

+ = présent/present

	Site				
Nom scientifique/Scientific name	**Iofa**	**Didy**	**Mantadia**	**Andriantantely**	**Sandranantitra**
Acridocarpus adenophorus	+		+		+
Adenantera mantaroa					+
Agauria salicifolia	+		+		
Agelea pentagyna (liane)	+		+	+	
Alangium grisoleoides	+	+	+	+	+
Albizzia gummifera	+	+	+	+	+
Alchornea sp.		+		+	
Alophyllus cobbe arboreus	+	+	+	+	+
Ambavia gerardii		+			+
Anacolosa caseariοïdes				+	
Anisophyllea fallax				+	+
Anthocleista longifolia				+	+
Anthocleista madagascariensis	+	+	+		+
Anthostema madagascariensis				+	+
Antidesma petiolare	+	+		+	+
Antirrhea borbonica	+		+	+	+
Aphloia theaeformis	+	+	+	+	+
Apodocephala pauciflora	+		+	+	+
Apodytes bebile			+		
Apodytes dimidiata	+	+	+		
Aspidostemon scintillans	+		+	+	+
Asteropeia micraster		+			
Astrotrichilia elegans				+	+
Astrotrichilia parvifolia		+			
Astrotrichilia sp.	+				
Astrotrichilia thouvenotii			+		

Nom scientifique/Scientific name	Site				
	Iofa	Didy	Mantadia	Andriantantely	Sandranantitra
Bathiorhamnus louvelii				+	
Becariopheonyx madagascariensis		+			
Begueia apetala	+	+		+	+
Beilschmiedia oppositifolia	+	+	+	+	+
Beilschmiedia velutina	+		+	+	
Bivinia jaubertia	+		+	+	
Blotia hildebrandtii	+	+		+	
Blotia oblongifolia			+	+	+
Brachylaena merana	+	+	+		
Brachylaena ramiflora	+	+	+		+
Breonia fragifera	+				
Breonia grandistipulatum					+
Breonia longistipulata					+
Breonia madagascariensis	+		+	+	
Brexiella illicifolia	+	+	+	+	+
Brexiella sp.					+
Bridelia tulasneana	+	+		+	+
Brochoneura vourii				+	+
Broussonetia greveana				+	
Budlejia madagascariensis (liane)			+		
Burasaia madagascariensis	+	+	+	+	+
Cabucala erythrocarpa				+	+
Cadia ellisiana			+		
Callantica cerasifolia	+				+
Callantica sp.					+
Calliandra sp.			+		+
Calophyllum inophyllum	+	+	+	+	+
Calophyllum mulvum			+		
Campilospermum deltoideum	+				
Campnosperma micrantheia	+		+	+	+
Campylospermum anceps		+	+		+
Campylospermum lanceolatum			+	+	
Canarium madagascariense	+	+	+	+	+
Canthium medium	+	+		+	
Canthium sp.	+	+	+	+	+
Capurodendron pseudoterminalioides				+	
Capurodendron terminaloides	+		+	+	+
Carallia brachyata	+			+	
Carissa sessiliflora		+		+	+
Casearia madagascariensis		+			
Casearia nigrescens	+	+	+	+	+

	Site				
Nom scientifique/Scientific name	**Iofa**	**Didy**	**Mantadia**	**Andriantantely**	**Sandranantitra**
Cassinopsis ciliata	+				+
Cassinopsis madagascariensis		+			
Chassalia sp.			+		
Chouxia sorindeoides	+			+	
Chrysophyllum boivinianum	+	+	+	+	+
Cinnamosma fragrans	+	+	+	+	+
Cleistanthus perrieri	+		+	+	+
Clerodendron ocubifolium	+	+	+	+	+
Cnestis polyphylla	+		+		
Coffea sp.	+	+	+		
Colea fusea	+	+			+
Colea nana			+	+	
Colubrina faralaotra	+				
Craspidospermum verticillatum	+				
Craterispermum sp.	+		+	+	+
Croton argyrodaphne	+	+	+	+	+
Croton mongue	+			+	+
Croton sp.	+	+	+		+
Cryptocarya perrieri	+				+
Cryptocarya sp.					+
Cuphocarpus aculeatus	+				+
Cussonia sp.	+				
Cyathea sp.	+			+	+
Cyathea thouarsii	+	+	+	+	+
Dalbergia madagascariensis				+	
Dalbergia monticola	+	+	+	+	
Dalbergia purpurescens					+
Danais sp.	+				
Deinbollia macrocarpa	+	+	+	+	+
Deinbollia retusa				+	
Deinbollia sp.					+
Deuteromallotus macranthus			+	+	+
Dialium unifoliolatum				+	+
Dicapetalum sp. (liane)	+				
Dichaetanthera crassinodis	+	+	+	+	+
Dichrostachys sp.		+			
Dicoryphe stipulacea	+	+	+	+	+
Dillenia triquetra				+	+
Dilobeia thouarsii	+	+	+	+	+
Dioscorea oviala (liane)	+				
Diospyros boivini				+	+

Nom scientifique/Scientific name	Site				
	Iofa	Didy	Mantadia	Andriantantely	Sandranantitra
Diospyros brachyclada				+	
Diospyros buxifolia	+			+	
Diospyros calophylla				+	+
Diospyros ferrea				+	+
Diospyros gracilipes var parvifolia				+	+
Diospyros haplostylis	+	+	+	+	+
Diospyros laevis				+	
Diospyros megasepala		+		+	+
Diospyros sp.				+	+
Diospyros sphaerosepala		+		+	+
Diospyros subsessifolia	+	+	+	+	+
Diospyros tampoketsensis			+		
Diporidium cilliatum	+			+	+
Diporidium sp.	+				
Dombeya dolichophylla					+
Dombeya laurifolia	+	+	+	+	+
Dombeya longicuspidata		+			
Dombeya longicuspis			+	+	
Dombeya lucida	+	+	+	+	+
Dombeya macrophylla	+				
Dombeya mollis	+	+	+	+	+
Dombeya palmatisecta			+	+	+
Dombeya pentandra					+
Dombeya spectabilis					+
Domohinea perrieri	+	+	+	+	+
Donella fenerivensis				+	+
Donella sp.				+	
Doratoxylon sp.		+			
Dracaena reflexa	+	+	+	+	+
Drypetes capuronii	+	+	+	+	+
Drypetes madagascariensis	+	+	+	+	+
Drypetes megasepala				+	
Drypetes perrieri	+	+		+	
Drypetes sp.					+
Drypetes thouvenotii				+	
Dypsis catatiana	+		+	+	+
Dypsis fibrosa					+
Dypsis hildebrandtii	+		+	+	+
Dypsis lastelliana					+
Dypsis pillulifera					+
Dypsis pinnatifrons	+	+	+	+	+

Nom scientifique/Scientific name	Site				
	Iofa	Didy	Mantadia	Andriantantely	Sandranantitra
Dypsis plurisecta				+	
Dypsis sp.	+		+	+	
Dypsis thyriana				+	
Dypsis tokoravina					+
Dypsis utilis	+				+
Elaeocarpus alnifolius		+	+		+
Elaeocarpus subserratus	+	+	+	+	+
Enterospermum bernierianum			+		
Enterospermum humbertii				+	
Enterospermum longistipulum			+	+	+
Enterospermum lucidum					+
Eremolaena sp.				+	
Erythrina fusca				+	
Erythroxylum buxifolium	+	+	+	+	+
Erythroxylum corymbosum	+	+	+	+	
Erythroxylum excelsum	+				
Erythroxylum lucidum					+
Erythroxylum nitidulum	+	+	+	+	+
Erythroxylum platicladum	+	+			
Eugenia arthroopoda				+	+
Eugenia gavoala	+		+	+	+
Eugenia lokohensis			+	+	
Eugenia pilulifera				+	
Eugenia pluricymosa	+		+	+	+
Eugenia sakalavarum			+		
Eugenia sp.	+	+	+		+
Euphorbia tetraptera	+	+	+	+	+
Evodia belae		+			
Evodia fatraina			+		
Excoecaria sp.			+	+	+
Faucherea laciniata	+		+	+	+
Faucherea lanceolata	+				
Faucherea parvifolia	+		+	+	+
Faucherea sp.	+				
Faucherea thouvenotii	+		+	+	+
Faurea forficuliflora	+	+	+		
Ficus antandronarum			+		
Ficus baroni				+	
Ficus brachyclada	+			+	+
Ficus pirifolia		+		+	
Ficus politoria	+	+	+	+	+

	Site				
Nom scientifique/Scientific name	**Iofa**	**Didy**	**Mantadia**	**Andriantantely**	**Sandranantitra**
Ficus tiliaefolia		+			
Ficus torrentium				+	
Filicium decipiens		+		+	+
Foetidia assymetrica				+	
Foetidia obliqua					+
Gaertnera obovata	+				
Gaertnera sp.	+	+	+	+	+
Garcinia longipedicelata	+			+	+
Garcinia madagascariensis			+	+	+
Garcinia pauciflora	+	+	+	+	+
Garcinia perrieri					+
Garcinia sp.	+				
Garcinia verrucosa	+		+		
Gawesia sp.				+	
Gouania sp.			+		
Grewia apetala		+	+	+	+
Grewia aprina	+	+		+	+
Grewia brideliaefolia	+		+	+	
Grewia cuneifolia	+	+			+
Grewia selizaotra		+	+		
Grewia sp.	+				
Grewia thouvenotii var suarvissima				+	+
Grisollea miriantheia			+	+	+
Harungana madagascariensis	+	+	+		+
Helmiopsiela sp.					+
Hildegardia perrieri	+	+	+	+	+
Homalium albiflorum	+	+	+	+	+
Homalium axillare	+	+	+	+	+
Homalium laxiflorum				+	+
Homalium louvelianum					+
Homalium nudiflorum		+	+	+	+
Homalium oppositifolium	+				+
Ilex mitis	+	+	+	+	
Ixora sp.	+	+	+	+	+
Labramia bojeri			+		+
Labramia costata			+		
Lautembergia coriacea	+	+	+		+
Lautembergia sp.					+
Leea guineensis				+	
Leptaulus citroides	+		+	+	+
Leptolaena multiflora		+	+		

	Site				
Nom scientifique/Scientific name	**Iofa**	**Didy**	**Mantadia**	**Andriantantely**	**Sandranantitra**
Leptolaena pauciflora		+	+		
Lingelsheimia ambingua	+		+	+	
Londolphia sp. (liane)				+	
Ludia antanosarum				+	+
Ludia scolopioides	+	+		+	
Ludia sp.		+			+
Ludia spinea		+			
Ludwigia octoralis	+				
Maba buxifolia				+	
Macaranga alnifolia	+		+		
Macaranga cuspidata	+	+	+	+	
Macaranga decaryana				+	+
Macaranga obovata	+	+	+		
Macarisia lanceolata	+				
Macphersonia gracilipes		+			+
Macphersonia radlkoferi			+	+	
Magidea sp.					+
Magnistipula tamenaka			+	+	+
Malleastrum gracile		+	+	+	
Malleastrum orientale					+
Malleastrum sp.				+	
Mallotus spinulosus	+		+	+	
Mammea bongo	+	+		+	+
Mammea perrieri			+	+	+
Mammea punctata		+		+	+
Mammea subsessifolia	+				
Manilkara perrieri				+	+
Mapouria sp.	+	+	+	+	+
Mapouria sp. 1		+			
Mascarenhasia arborea		+	+		+
Melanophylla humbertiana	+	+	+	+	+
Melanophylla sp.					+
Memecylon albescens					+
Memecylon bakerianum	+				
Memecylon clavistaminum			+	+	+
Memecylon deltoideum		+			
Memecylon eduliforme	+	+	+	+	+
Memecylon faucherei	+				
Memecylon grandifolium			+	+	
Memecylon sp.	+	+		+	
Memecylon thouarsianum	+		+	+	+

	Site				
Nom scientifique/Scientific name	**Iofa**	**Didy**	**Mantadia**	**Andriantantely**	**Sandranantitra**
Memecylon vaccinioides	+				
Mendolia sp (liane)				+	+
Micronichya tsiramiramy		+		+	
Molinaea sessilifolia				+	+
Molinaea tolambitou var obtusa			+		
Monanthotaxis valida			+		
Morinda sp. *(liane)*	+				
Mostuea brunonis	+		+		
Mundulea sp.		+	+		
Mussaenda sp.	+			+	+
Myrica spatulata			+		
Nastus capitata		+			
Nastus elongatus			+		
Nastus sp.	+				+
Neotina coursii		+			
Neotina isoneura	+	+			
Nesogordonia abrahamii	+	+	+	+	+
Noronhia sp.	+	+	+	+	+
Noronhia verticillata		+			
Nuxia capitata					+
Nuxia sphaerocephala	+		+		
Ochrocarpus sp.		+			
Ocotea cymosa	+	+	+	+	+
Ocotea laevis			+	+	+
Ocotea sp.					+
Ocotea thouvenotii				+	
Ocotea trichophlebia			+		
Octolepis dioica				+	
Olax emirnensis	+		+	+	
Olea lanceolata		+		+	
Omphalea biglandulosa				+	+
Oncostemon botryoides	+	+	+	+	+
Oncostemon brevipedatum	+	+	+	+	+
Oncostemon cauliflorum					+
Oncostemon macrophyllum				+	
Oncostemon palmiforme	+	+		+	+
Oncostemon reticulatum	+	+	+	I	+
Oncostemon sp.		+	+	+	+
Ophiocolea floribunda	+				+
Pandanus concretus	+	+	+	+	+
Pandanus sp.	+	+			+

Nom scientifique/Scientific name	Site				
	Iofa	Didy	Mantadia	Andriantantely	Sandranantitra
Paropsia edulis			+	+	+
Pauridiantha lyallii	+	+	+	+	+
Peddiea involucrata	+	+		+	+
Phyllantus sp.					+
Phyllarthron madagascariensis	+			+	
Phyllarthron multiarticulatum				+	+
Phylloxylon perrieri				+	
Physaena madagascariensis	+				
Pittosporum ochrosaemifolium	+	+	+		+
Pittosporum polyspermum					+
Pittosporum verticillatum				+	+
Plagioscyphus jumellei	+	+	+	+	+
Plagioscyphus sp. 1				+	
Plagioscyphus sp. 2				+	
Podocarpus madagascariensis	+	+	+		+
Podocarpus sp.	+				+
Polyalthia ghesqueriana	+	+	+	+	+
Polyscias briquetianus			+	+	
Polyscias carolorum	+	+	+		
Polyscias maralia	+	+	+	+	+
Polyscias ornifolia			+		+
Polyscias repanda		+			
Polyscias sp.	+				
Polyscias tripinnata			+	+	+
Polysphaeria congesta				+	+
Popowia sp.	+				+
Potameia crassifolia				+	+
Potameia obovata	+	+		+	
Potameia thouarsii	+	+	+	+	+
Protium madagascariensis				+	+
Protorhus ditimena	+	+	+	+	+
Protorhus thouarsii	+				+
Protorhus viguieri		+			
Psorospermum lanceolatum	+	+	+	+	+
Psorospermum umbelatum	+				
Psychotria sp.	+	+	+	+	+
Pygeum africanum		+	+		
Ravenala madagascariensis	+	+	+	+	+
Ravenea robustior	+		+	+	+
Ravensara acuminata	+	+	+	+	+
Ravensara aromatica	+	+			

	Site				
Nom scientifique/Scientific name	**Iofa**	**Didy**	**Mantadia**	**Andriantantely**	**Sandranantitra**
Ravensara corriacea				+	
Ravensara crassifolia	+	+	+	+	
Ravensara elliptica	+	+	+	+	
Ravensara flavescens				+	
Ravensara floribunda	+	+	+	+	+
Ravensara sp.		+	+		
Rheedia pauciflora	+				
Rheedia sp.	+				+
Rhopalocarpus coriaceus var trichopetalus				+	+
Rhopalocarpus louvelii				+	+
Rhopalocarpus lucidus	+			+	+
Rhopalocarpus pseudothouarsianum					+
Rhus thouarsii	+		+	+	
Rinorea angustifolia		+	+		
Rothmannia poivrii	+	+		+	+
Rothmannia talangnigna	+	+	+	+	+
Salacia madagascariensis	+		+		+
Saldinia sp.		+	+	+	+
Sarcolaena multiflora		+			
Sarcolaena oblongifolia			+		
Savia sp.		+			
Schefflera vantsilana	+		+		
Schismatoclada farahimpensis	+	+	+		
Schizolaena elongata			+		
Schizolaena rosea					+
Schysmatoclada farahimpensis					+
Scolopia erythrocarpa	+	+	+	+	+
Scolopia madagascariensis		+	+	+	+
Senna occidentale		+			
Sloanea rhodantha	+	+	+		+
Solanum sp.	+				
Sorindeia madagascariensis				+	+
Spirospermum penduliforme			+	+	+
Stadmania sp.			+		+
Stephanodaphne sp.	+	+			+
Sterculia tavia	+			+	+
Streblus dimepate	+	+	+	+	+
Strychnopsis sp.			+		+
Strychnos decussata	+				
Suregada boiviniana	+	+	+		+
Symphonia fasciculata	+	+	+	+	+

	Site				
Nom scientifique/Scientific name	**Iofa**	**Didy**	**Mantadia**	**Andriantantely**	**Sandranantitra**
Symphonia louveli	+				
Symphonia pauciflora	+		+	+	+
Symphonia sp.					+
Symphonia tanalensis			+	+	+
Symphonia urophylla			+		
Symphonia verrucosa	+			+	
Syzygium emirnensis fa. *cuneifolia*	+	+	+	+	+
Tabernaemontana coffeoïdes			+		
Tabernaemontana crassifolia					+
Tabernaemontana retusa			+	+	
Tabernaemontana sessilifolia			+		
Tambourissa purpurea			+	+	
Tambourissa religiosa	+	+	+	+	+
Tambourissa thouvenotii	+	+	+	+	+
Tarenna clavatum	+	+			
Tarenna longistipula		+			
Tarenna prunosum	+				
Tarenna sp.	+	+		+	
Teclea boiviniana					+
Teclea punctata	+		+	+	
Terminalia mantaly	+				
Terminalia ombrophila					+
Terminalia rufovestita	+				
Terminalia tetrandra	+	+	+	+	+
Tetraptera sp. (liane)					+
Tina chapelieriana	+	+	+	+	+
Tina striata	+	+	+	+	
Tinopsis phellocarpa	+	+	+		+
Tinopsis sp.	+				
Treculia madagascarica	+	+	+		+
Trianolepis sp.	+				
Tricalysia sp.	+	+	+	+	+
Trichilia tavaratra	+	+	+	+	
Trilepisium madagascariensis	+	+	+	+	+
Trilepisium sp.		+			
Tristellateia sp.	+		+		
Trophis montana			+	+	+
Turraea cericea					+
Uapaca densifolia	+	+	+	+	+
Uapaca ferruginea					+
Uapaca thouarsii	+	+	+		+
Uvaria sp.				+	

Annexe/Appendix 4

Présence et absence des familles de plantes par site enregistrées pendant l'évaluation RAP réalisée dans le corridor Mantadia-Zahamena, Madagascar.

Presence and absence of plant families per site recorded during the RAP survey in the Mantadia-Zahamena corridor, Madagascar.

Lanto H. Andriambelo, Michèle Andrianarisata, Marson L. Randrianjanaka, Richard Razakamalala et Rolland Ranaivojaona

+ = présent/present

Famille/Family	Iofa	Didy	Mantadia	Andriantantely	Sandranantitra
Agavaceae	+	+	+	+	+
Alangicaceae	+	+	+	+	+
Anacardiaceae	+	+	+	+	+
Anisophylleaceae				+	
Anonaceae	+	+	+	+	+
Apocynaceae	+	+	+	+	+
Aquifoliaceae	+	+	+	+	
Araliaceae	+	+	+	+	+
Arecaceae	+	+	+	+	+
Asteraceae	+	+	+	+	+
Asteropeiaceae		+			
Bambusaceae	+	+	+		
Bignoniaceae	+	+	+	+	+
Burseraceae	+	+	+	+	+
Canellaceae	+	+	+	+	
Celastraceae	+	+	+	+	+
Clusiaceae	+	+	+	+	+
Combretaceae	+	+	+	+	+
Connaraceae	+				
Cunoniaceae		+	+	+	+
Cyatheaceae	+	+	+	+	+
Dillenicaceae				+	+
Ebenaceae	+	+	+	+	+
Elaeocarpaceae	+	+	+	+	+
Ericaceae	+		+		
Erythroxylaceae	+	+		+	+
Euphorbiaceae	+	+	+	+	+

Famille/Family	Iofa	Didy	Mantadia	Andriantantely	Sandranantitra
Fabaceae	+	+	+	+	+
Flacourtiaceae	+	+	+	+	+
Hamamelidaceae	+	+	+	+	+
Hypericaceae	+	+			+
Hypocrateaceae	+		+		+
Icacinaceae	+	+	+	+	+
Lauraceae	+	+	+	+	+
Lecythidaceae				+	+
Leeaceae				+	
Loganiaceae	+	+	+	+	+
Mylpighiaceae	+		+		+
Melanophyllaceae	+	+	+	+	+
Melastomataceae	+		+	+	+
Meliaceae	+	+	+	+	+
Menispermaceae	+	+	+	+	+
Monimiaceae	+	+	+	+	+
Moraceae	+	+	+	+	+
Myristiaceae				+	+
Myrsinaceae	+	+	+	+	+
Myrtaceae	+	+	+	+	+
Ochnaceae	+	+	+	+	+
Olacaceae	+		+	+	
Oleaceae	+	+	+	+	+
Onagraceae	+				
Pandananceae	+	+	+	+	+
Passifloraceae				+	+
Pittosporaceae	+	+	+		+
Podocarpaceae	+	+	+		+
Proteaceae	+	+	+	+	+
Rhamnaceae	+			+	
Rhizophoraceae	+			+	
Rosaceae		+	+	+	+
Rubiaceae	+	+	+	+	+
Rutaceae	+	+	+	+	
Sapindaceae	+	+	+	+	+
Sapotaceae	+	+	+	+	+
Sarcolaenaceae		+	+	+	+
Sphaerosepalaceae				+	+
Sterculiaceae	+	+	+	+	+
Strelitziaceae	+	+	+	+	+
Thymeleaceae	+	+		+	+
Tiliaceae	+	+	+	+	
Vacciniaceae	+				
Verbenaceae	+	+	+	+	+
Violaceae		+	+		

Annexe/Appendix 5

Niveau d'endémisme par genre, espèce et famille des plantes enregistrées pendant l'évaluation RAP réalisée dans le corridor Mantadia-Zahamena, Madagascar.

Level of endemism of plant genera, species, and families recorded during the RAP survey in the Mantadia-Zahamena corridor, Madagascar.

Lanto H. Andriambelo, Michèle Andrianarisata, Marson L. Randrianjanaka, Richard Razakamalala et Rolland Ranaivojaona

	Nombre Total /Total Number	Nombre Endémiques/ Number of Endemics	Taux (%)	Percent (%)
Iofa				
Famille/Family	60	1	1,67	1.67
Genre/Genus	144	21	14,58	14.58
Espèce/Species	214	108	50,47	50.47
Didy				
Famille/Family	55	3	5,45	5.45
Genre/Genus	129	24	18,60	18.60
Espèce/Species	187	88	47,06	47.6
Mantadia				
Famille/Family	56	2	3,57	3.57
Genre/Genus	138	23	16,67	16.67
Espèce/Species	202	105	51,98	51.98
Andriantantely				
Famille/Family	60	3	5,00	5.00
Genre/Genus	150	26	17,33	17.33
Espèce/Species	244	118	48,36	48.36
Sandranantitra				
Famille/Family	56	3	5,36	5.36
Genre/Genus	152	32	21,05	21.05
Espèce/Species	242	122	50,41	50.41

Annexe 6

Description des habitats trouvés le long des transects des lémuriens sur chacun des sites dans le corridor Mantadia-Zahamena, Madagascar

Jutta Schmid, Joanna Fietz, and Zo Lalaina Randriarimalala Rakotobe

S1 = Iofa; S2 = Didy; S3 = Mantadia; S4 = Andriantantely; S5 = Sandranantitra
Voir le document Index Géographique pour des descriptions plus complètes des transects et des sites.

Site	Longueur du transect et amplitude de l'élévation	Caractéristiques générales de l'habitat
S1	**1-T1**: 1 300 m 840-925 m	vallée: forêt dégradée (hauteur sous feuilles : 10 à 18m), bambous, fougères, pente: forêt à ciel ouvert (hauteur sous feuilles: 8 à 14m), lianes, pas de végétation terrienne; crête: forêt dense (hauteur sous feuilles: 5 à 8m)
	1-T2: 1000 m 845-940 m	vallée: forêt dégradée, trouées de déboisement; pente: forêt à ciel ouvert et abrupte (hauteur sous feuilles 8 à 18m), bambous, lianes, épais fourrés; crête: forêt à ciel ouvert (hauteur sous feuilles 5 à 10m), palmiers
	1-T3: 750 m 840-920 m	vallée: forêt à ciel couvert en bordure de rivière (hauteur sous feuilles 8 à 12m), bambous de verdure, fougères, lianes, végétation au sol dense, trouées de déboisement; pente: forêt à ciel ouvert et abrupte, quelques arbres épais (hauteur sous feuilles 12 à 18m, dbh: 25 à 35cm)
S2	**2-T4**: 2 600 m 965-1 040 m	vallée: forêt humide en bordure de rivière, lianes, fougères, troncs épais de bambous, bambous de verdure, plusieurs cours d'eau; pente: forêt à ciel ouvert et abrupte (hauteur sous feuilles 12 à 18 m), lianes, végétation au sol 40 à 60 cm; crête: forêt à ciel ouvert (hauteur sous feuilles 10 à 15 m), moins de végétation rampante, bambous fins
	2-T5: 1 400 m 960-1 020 m	vallée: deux clairières (d'environ 300x200 m; 50x20 m) avec quelques habitations, végétation de broussaille; bord de l'eau: forêt dégradée; pente et crête: forêt à ciel ouvert (hauteur sous feuilles 10 à 16 m), importante végétation au sol
S3	**3-T6**: 2 700 m 870-1 080 m	vallée: forêt riveraine à ciel ouvert (hauteur sous feuilles 6 à 15m), bambous; pente: forêt dense (hauteur sous feuilles 8 à 20m), épaisse végétation au sol, bambous de verdure, pentes abruptes; crête : forêt à ciel ouvert (hauteur sous feuilles 4 à 6 m), sol couvert de mousse
	3-Tm: 2 500 m 875-875 m	route principale (largeur: 20 à 25 m): côté est couvert de forêt dégradée le long de la rivière, bambous; côté ouest: pente abrupte avec forêt à ciel ouvert (hauteur sous feuilles 12 à 18 m)
S4	**4-T8**: 1700 m 500-610 m	vallée: forêt riveraine humide (hauteur sous feuilles 12 à 18 m), fougères; pente: abrupte, forêt avec ciel de feuilles (8 à 14 m); crête: forêt à ciel ouvert, lianes, quelques palmiers, clairière avec pièges à lémuriens (largeur de la clairière: environ 10 m)
	4-T9: 1800 m 535-680 m	vallée: forêt riveraine à ciel ouvert, fougères, palmiers, pas de bambou, rocailleuse; pente: abrupte, forêt à ciel couvert (10 à 15 m), rocailleuse, quelques bambous, et bambous de verdure, palmiers,quelques hauts arbres (15 à 20 m); crête: forêt à ciel ouvert (hauteur sous feuilles 10 à 16 m), végétation au sol; clairière: largeur d'environ 10 m, rocailleuse, quelques arbres subsistent 8 à 14 m, dbh: 10 à 30 cm)
S5	**5-T10**: 1 800 m 440-695 m	forêt à ciel ouvert avec majorité de grands *Ravenala madagascariensis* (hauteur sous feuilles 12 à 16 m, dbh: 40 à 60 cm); vallée: forêt riveraine et humide, lianes, fougères, rocailles; pente: abrupte, forêt à ciel ouvert (hauteur sous feuilles 10 à 18 m), importante sous-végétation, plusieurs clairières avec pièges à lémuriens (largeur d'environ 10 m); crête: forêt à ciel ouvert (hauteur sous feuilles 10 à 16 m), ancien sentier emprunté par les zébus (environ 400 m), trouées de déboisement
	5-T11: 1 500 m 430-670 m	vallée: forêt à ciel ouvert le long de la rivière avec une majorité de grands *Ravenala madagascariensis* (hauteur sous feuilles 12 à 16 m, dbh: 40 à 60 cm), lianes; pente: forêt dégradée abrupte avec de nombreuses trouées de déboisement, végétation secondaire, rocailleuse; crête: forêt dégradée à ciel ouvert (hauteur sous feuilles 12 à 18 m), végétation au sol épaisse 30 à 50 cm; lianes, ancien sentier emprunté par les zébus (environ 1000 m), clairière (largeur d'environ 8 m)

Appendix 6

Description of habitats found along the lemur transects at each site in the Mantadia-Zahamena corridor, Madagascar.

Jutta Schmid, Joanna Fietz, and Zo Lalaina Randriarimalala Rakotobe

S1 = Iofa; S2 = Didy; S3 = Mantadia; S4 = Andriantantely; S5 = Sandranantitra
See Gazetteer for further descriptions of transects and sites.

Site	Transect length and elevational range	General habitat characteristics
S1	**1-T1**: 1300m 840-925m	valley: degraded forest (canopy 10-18m), bamboo, ferns, slope: open forest (canopy 8-14m), liana, no ground vegetation; ridge: -dense forest (canopy 5-8m)
	1-T2: 1000m 845-940m	valley: degraded forest, logging gaps; slope: steep and open forest (canopy 8-18m), bamboo, lianas, thick understory vegetation; ridge: open forest (canopy 5-10m), palm trees
	1-T3: 750m 840-920m	valley: closed riverine forest (canopy 8-12m), grassy bamboo, ferns, lianas, dense ground vegetation, logging gaps; slope: steep and open forest, few thick trees (canopy 12-18m, dbh: 25-35cm)
S2	**2-T4**: 2600m 965-1040m	valley: riverine and humid forest, lianas, ferns, thick bamboo trunks, grassy bamboo, several little rivers; slope: steep and open forest (canopy 12-18m), lianas, ground vegetation 40-60cm; ridge: open forest (canopy 10-15m), less understorye vegetation, thin bamboo
	2-T5: 1400m 960-1020m	valley: two clearings (ca. 300x200m; 50x20m) with some settlement, bushy vegetation; streamside: degraded forest; slope and ridge: open forest (canopy 10-16m), dense understorye vegetation
S3	**3-T6**: 2700m 870-1080m	valley: open riverine forest (canopy 6-15m), bamboo; slope: dense forest (canopy 8-20m), thick ground vegetation, grassy bamboo, steep slopes; ridge: open forest (canopy 4-6m), mossy understorye
	3-Tm: 2500m 875-875 m	main road (width: 20-25m): eastern side with degraded forest along riverside, bamboo; western side: steep slope with open forest (canopy 12-18m)
S4	**4-T8**: 1700m 500-610m	valley: riverine and humid forest (canopy 12-18m), ferns; slope: steep, forest with closed canopy (8-14m); ridge: open forest, lianas, few palm trees, clearing with lemur traps (width of clearing: ca. 10m)
	4-T9: 1800m 535-680m	valley: riverine open forest along river, ferns, palm trees, no bamboo, rocky; slope: steep, closed forest (10-15m), rocky, few bamboo and grassy bamboo, palm trees, few tall trees (15-20m); ridge: open forest (canopy 10-16m), ground vegetation; clearing: width ca. 10m, rocky, some trees left (canopy 8-14m, dbh: 10-30cm)
S5	**5-T10**: 1800m 440-695m	open forest with a high proportion of tall *Ravenala madagascariensis* (canopy 12-16m, dbh: 40-60cm); valley: riverine and humid forest, lianas, ferns, rocky; slope: steep, open forest (canopy 10-18m), dense understorye vegetation, several clearings with lemur traps (width: ca. 10m); ridge: open forest (canopy 10-16m), old zebu trail (ca. 400m), logging gaps
	5-T11: 1500m 430-670m	valley: open forest along river with a high proportion of tall *Ravenala madagascariensis* (canopy 12-16m, dbh: 40-60cm), lianas; slope: steep degraded forest with lots of logging gaps, secondary vegetation, rocky; ridge: degraded open forest (canopy 12-18m), thick ground vegetation 30-50cm; lianas, old zebu trail (ca. 1000m), clearing (width: ca. 8m)

Annexe/Appendix 7

Présence des espèces d'oiseaux en registrées pendant l'évaluation RAP réalisée dans le corridor Mantadia-Zahamena, Madagascar.

Presence of bird species recorded during the RAP survey in the Mantadia-Zahamena corridor, Madagascar.

Hajanirina Rakotomanana, Harison Randrianasolo et Sam The Seing

S1 = Iofa; S2 = Didy; S3 = Mantadia; S4 = Andriantantely; S5 = Sandranantitra

* =espèces présentes/species present; E = espèces endémiques/endemic species; Er = espèces endémiques à Madagascar et aux Comores/species endemic to Madagascar and the Comoros ; n = espèces non endémiques/non-endemic species; VU = vulnérable/vulnerable; NT = en danger/endangered; CR = critiquement en danger/critically endangered

			Sites inventoriés/Sites inventoried				
Espèces/Species	Endémisme/ Endemism	Statut/Status	S1	S2	S3	S4	S5
Accipiter henstii	E	NT				*	
Accipiter madagascariensis	E	NT	*				
Alcedo vintsioides	Er		*	*	*	*	
Alectroenas madagascariensis	E				*	*	*
Anas melleri	E	NT		*			
Asio madagascariensis	E		*	*	*		
Atelornis crossleyi	E	VU	*		*	*	
Atelornis pittoides	E	NT	*	*	*	*	*
Brachypteracias leptosomus	E	VU	*		*	*	
Brachypteracias squamiger	E	VU	*		*	*	*
Buteo brachypterus	**E**		*	*	*	*	*
Calicalicus madagascariensis	E		*	*	*	*	*
Canirallus kioloides	E		*	*	*	*	
Caprimulgus madagascariensis	Er			*			*
Centropus toulou	Er		*	*	*	*	*
Cisticola cherina	E		*				*
Copsychus albospecularis	E		*	*	*	*	*
Coracina cinerea	Er		*	*	*	*	*
Coracopsis nigra	Er		*	*	*	*	*
Coracopsis vasa	Er		*	*	*	*	*

			Sites inventoriés/Sites inventoried				
Espèces/Species	**Endémisme/ Endemism**	**Statut/Status**	**S1**	**S2**	**S3**	**S4**	**S5**
Coua caerulea	E		*	*	*	*	*
Coua cristata	E					*	*
Coua reynaudii	E		*	*	*	*	*
Coua serriana	E		*				*
Crossleyia xanthophrys	E	VU	*				
Cryptosylvicola randrianasoloi	E				*		
Cuculus rochii	E		*	*	*	*	
Cyanolanius madagascarinus	Er		*	*	*	*	*
Cypsiurus parvus	n						*
Dicrurus forficatus	Er		*	*	*	*	*
Dromaeocercus brunneus	E	NT			*		
Dromaeocercus seebohmi	E		*				
Dryolimnas cuvieri	Er		*	*	*		
Eurystomus glaucurus	n						*
Eutriorchis astur	E	CR		*			
Falco newtoni	Er						*
Foudia madagascariensis	E		*	*			*
Foudia omissa	E		*	*	*	*	*
Glareola ocularis	E			*			
Hartlaubius auratus	E		*	*			*
Hypositta corallirostris	E		*	*			
Hypsipetes madagascariensis	n		*	*	*	*	*
Ispidina madagascariensis	E				*		*
Leptopterus chabert	E		*	*	*	*	*
Leptopterus viridis	E		*	*		*	*
Leptosomus discolor	Er		*	*	*	*	*
Lonchura nana	E		*				
Lophotibis cristata	E	NT	*	*		*	*
Merops superciliosus	n		*	*			
Motacilla flaviventris	E		*	*	*		*
Mystacornis crossleyia	E			*	*	*	
Nectarinia notata	Er		*	*	*	*	*
Nectarinia souimanga	Er		*	*	*	*	*
Neodrepanis coruscans	E			*	*		*
Neodrepanis hypoxantha	E	CR			*		
Neomixis striatigula	E		*	*	*	*	
Neomixis tenella	E		*	*	*	*	*
Neomixis viridis	E		*	*	*	*	

Espèces/Species	Endémisme/ Endemism	Statut/Status	Sites inventoriés/Sites inventoried				
			S1	S2	S3	S4	S5
Nesillas typica	Er		*	*	*		*
Newtonia amphichroa	E			*	*		
Newtonia brunneicauda	E		*	*	*	*	*
Oriolia bernieri	E	VU					*
Otus rutilus	Er		*	*	*	*	*
Oxylabes madagascariensis	E		*	*	*	*	*
Phalacrocorax africanus	n			*			
Phedina borbonica	E		*				
Philepitta castanea	E		*	*	*	*	*
Phyllastrephus cinereiceps	E	VU			*		
Phyllastrephus madagascariensis	E		*	*	*	*	*
Phyllastrephus tenebrosus	E	CR			*		
Phyllastrephus zosterops	E		*	*	*	*	*
Ploceus nelicourvi	E		*	*	*	*	*
Polyboroides radiatus	E		*	*	*	*	*
Pseudobias wardi	E	NT	*	*	*		*
Pseudocossyphus sharpei	E	NT	*	*	*		
Randia pseudozosterops	E	NT	*	*	*	*	
Sarothrura insularis	E		*	*	*	*	*
Saxicola torquata	n		*				
Schetba rufa	E					*	*
Streptopelia picturata	Er		*	*	*	*	*
Tachybaptus pelzelnii	E	VU		*			
Terpsiphone mutata	E		*	*	*	*	*
Treron australis	Er						*
Tylas eduardi	E		*	*	*	*	
Tyto soumagnei	E	CR			*		
Upupa epops	n		*				
Vanga curvirostris	E		*	*	*	*	*
Zoonavena grandidieri	Er				*		*
Zosterops maderaspatana	Er		*	*	*	*	*
Nombre d'espèces par site/ Numbers of species per site			**63**	**60**	**60**	**49**	**54**
Nombre total d'espèces/Total number of species							**89**
Nombre d'espèces en danger par site/Number of endangered species per site			**10**	**8**	**12**	**7**	**5**
Endémicité par site/Endemism per site (%)			**69,84**	**66,66**	**70**	**71,42**	**61,11**

Annexe/Appendix 8

Abondance relative (index MacKinnon) de 67 espèces d'oiseaux enregistrées pendant l'évaluation RAP réalisée dans le corridor Mantadia-Zahamena, Madagascar.

Relative abundance (MacKinnon Index) of 67 bird species recorded during the RAP survey in the Mantadia-Zahamena corridor, Madagascar.

Hajanirina Rakotomanana, Harison Randrianasolo et Sam The Seing

S1 = Iofa; S2 = Didy; S3 = Mantadia; S4 = Andriantantely; S5 = Sandranantitra; S6* = Betampona; S7* = Mangerivola (* = l'abondance relative a été calculée en utilisant des données non publiées des Zones d'Importance pour la Conservation des Oiseaux à Madagascar ou ZICOMA/relative abundances were calculated using unpublished data from Zones d'Importance pour la Conservation des Oiseaux à Madagascar, ZICOMA).

	Sites inventoriés/Sites inventoried						
Espèces/Species	**S1**	**S2**	**S3**	**S4**	**S5**	**S6***	**S7***
Accipiter henstii	0,00	0,00	0,00	0,04	0,00	0,07	0,00
Accipiter madagascariensis	0,00	0,00	0,00	0,00	0,00	0,00	0,04
Alectroenas madagascariensis	0,00	0,00	0,00	0,00	0,07	0,14	0,07
Atelornis crossleyi	0,03	0,00	0,00	0,00	0,00	0,00	0,04
Atelornis pittoides	0,27	0,15	0,36	0,00	0,07	0,07	0,07
Aviceda madagascariensis	0,00	0,00	0,00	0,00	0,00	0,00	0,04
Brachypteracias leptosomus	0,03	0,00	0,16	0,04	0,00	0,00	0,04
Brachypteracias squamiger	0,00	0,00	0,00	0,04	0,00	0,07	0,00
Buteo brachypterus	0,07	0,12	0,08	0,15	0,07	0,07	0,04
Calicalicus madagascariensis	0,50	0,65	0,40	0,77	0,50	0,14	0,82
Canirallus kioloides	0,08	0,04	0,08	0,15	0,00	0,07	0,07
Centropus toulou	0,19	0,19	0,20	0,38	0,25	0,57	0,36
Copsychus albospecularis	0,35	0,27	0,52	0,77	0,36	0,43	0,11
Coracina cinerea	0,32	0,02	0,20	0,23	0,25	0,14	0,29
Coracopsis nigra	0,35	0,15	0,16	0,31	0,57	0,43	0,57
Coracopsis vasa	0,11	0,38	0,28	0,27	0,25	0,14	0,21
Coua caerulea	0,24	0,31	0,16	0,58	0,61	0,79	0,39
Coua cristata	0,00	0,00	0,00	0,00	0,07	0,14	0,04
Coua reynaudii	0,11	0,15	0,08	0,04	0,07	0,21	0,11
Coua serriana	0,10	0,00	0,00	0,00	0,00	0,00	0,00
Cryptosylvicola randrianasoloi	0,00	0,00	0,08	0,00	0,00	0,00	0,00
Cuculus rochii	0,37	0,35	0,16	0,69	0,04	0,29	0,00
Cyanolanius madagascarinus	0,21	0,04	0,08	0,00	0,11	0,07	0,21

	Sites inventoriés/Sites inventoried						
Espèces/Species	**S1**	**S2**	**S3**	**S4**	**S5**	**S6***	**S7***
Cypsiurus parvus	0,00	0,00	0,04	0,00	0,00	0,00	0,04
Dicrurus forficatus	0,39	0,04	0,40	0,42	0,57	0,43	0,57
Eurystomus glaucurus	0,11	0,12	0,08	0,04	0,39	0,00	0,11
Falco newtoni	0,00	0,00	0,00	0,00	0,04	0,00	0,00
Foudia madagascariensis	0,00	0,08	0,00	0,00	0,00	0,00	0,04
Foudia omissa	0,32	0,04	0,04	0,04	0,04	0,36	0,14
Hartlaubius auratus	0,00	0,00	0,00	0,00	0,04	0,00	0,07
Hypositta corallirostris	0,02	0,00	0,00	0,00	0,00	0,00	0,07
Hypsipetes madagascariensis	0,76	0,50	0,68	0,81	0,79	0,50	0,89
Ispidina madagascariensis	0,00	0,00	0,00	0,00	0,00	0,14	0,00
Leptopterus chabert	0,09	0,15	0,08	0,00	0,11	0,14	0,14
Leptopterus viridis	0,15	0,00	0,00	0,00	0,04	0,00	0,00
Lonchura nana	0,00	0,04	0,00	0,00	0,00	0,00	0,00
Lophotibis cristata	0,00	0,00	0,00	0,04	0,04	0,14	0,00
Merops superciliosus	0,00	0,00	0,00	0,00	0,00	0,07	0,00
Mesitornis unicolor	0,00	0,00	0,00	0,00	0,00	0,07	0,00
Mystacornis crossleyi	0,08	0,19	0,04	0,00	0,00	0,00	0,00
Nectarinia notata	0,10	0,15	0,32	0,07	0,25	0,36	0,32
Nectarinia souimanga	0,97	0,96	0,92	0,92	0,86	0,50	0,50
Neomixis striatigula	0,00	0,00	0,00	0,08	0,00	0,07	0,07
Neomixis tenella	0,13	0,08	0,00	0,04	0,04	0,29	0,14
Neomixis viridis	0,02	0,04	0,00	0,04	0,00	0,07	0,04
Nesillas typica	0,23	0,46	0,60	0,00	0,32	0,07	0,00
Newtonia amphichroa	0,00	0,00	0,16	0,00	0,00	0,21	0,21
Newtonia brunneicauda	0,63	0,54	0,76	0,54	0,50	0,43	0,39
Oriola bernieri	0,00	0,00	0,00	0,00	0,04	0,00	0,04
Oxylabes madagascariensis	0,11	0,27	0,08	0,19	0,07	0,00	0,14
Philepitta castanea	0,05	0,00	0,00	0,08	0,18	0,00	0,14
Phyllastrephus cinereiceps	0,00	0,00	0,04	0,00	0,00	0,00	0,04
Phyllastrephus madagascariensis	0,23	0,50	0,28	0,03	0,46	0,07	0,29
Phyllastrephus tenebrosus	0,00	0,00	0,00	0,00	0,00	0,07	0,00
Phyllastrephus zosterops	0,18	0,31	0,32	0,23	0,00	0,00	0,29
Ploceus nelicourvi	0,08	0,08	0,00	0,15	0,11	0,29	0,11
Pseudobias wardi	0,23	0,23	0,12	0,00	0,07	0,07	0,11
Pseudocossyphus sharpei	0,03	0,00	0,04	0,00	0,00	0,29	0,00
Randia pseudozosterops	0,32	0,35	0,12	0,15	0,00	0,00	0,04
Sarothrura insularis	0,05	0,00	0,04	0,15	0,00	0,00	0,04
Schetba rufa	0,00	0,00	0,00	0,15	0,07	0,00	0,18
Streptopelia picturata	0,16	0,08	0,00	0,19	0,04	0,14	0,00
Terpsiphone mutata	0,61	0,50	0,52	0,31	0,68	0,36	0,57
Tylas eduardi	0,26	0,23	0,40	0,00	0,00	0,00	0,04
Vanga curvirostris	0,08	0,08	0,08	0,08	0,07	0,07	0,21
Zosterops maderaspatana	0,24	0,23	0,40	0,35	0,68	0,50	0,75

Annexe /Appendix 9

Espèces d'amphibiens et de reptiles enregistrées pendant l'évaluation RAP réalisée dans le corridor Mantadia-Zahamena, Madagascar.

Amphibian and reptile species recorded during the RAP survey in the Mantadia-Zahamena corridor, Madagascar.

Nirhy Rabibisoa, Jasmin E. Randrianirina, Jeannot Rafanomezantsoa et Falitiana Rabemananjara

S1 = Iofa, S2 = Didy, S3 = Mantadia, S4 = Andriantantely, S5 = Sandranantitra.
* = espèces présentes/species present

Espèces/Species	S1	S2	S3	S4	S5	Altitude (m)
Amphibiens/Amphibians						
Mantellidae						
Mantella crocea			+			900
Mantella madagascariensis	+	+	+	+	+	450-975
Mantella pulchra					+	550
Mantella sp. 1		+				960-1000
Mantidactylus aerumnalis			+			895-900
Mantidactylus albolineatus					+	600
Mantidactylus albofrenatus				+		540
Mantidactylus aglavei	+				+	450-900
Mantidactylus argenteus			+	+		530-900
Mantidactylus asper		+			+	450-975
Mantidactylus betsileanus	+	+	+	+	+	450-975
Mantidactylus bicalcaratus	+		+	+	+	480-1000
Mantidactylus biporus		+		+	+	450-960
Mantidactylus blommersae	+	+	+			835-975
Mantidactylus boulengeri	+			+		540-950
Mantidactylus cornutus		+	+			900-975
Mantidactylus depressiceps			+			895
Mantidactylus eiselti			+	+	+	480-900
Mantidactylus femoralis		+	+	+	+	450-960
Mantidactylus fimbriatus		+				990
Mantidactylus cf. *flavobrunneus*				+		530
Mantidactylus grandidieri	+		+	+	+	450-950
Mantidactylus grandisonae				+		530
Mantidactylus guttulatus				+	+	450-630

Espèces/Species	S1	S2	S3	S4	S5	Altitude (m)
Mantidactylus klemmeri				+		560-650
Mantidactylus leucomaculatus					+	500-580
Mantidactylus lugubris		+	+	+		530-975
Mantidactylus liber			+		+	500-900
Mantidactylus luteus	+	+	+	+	+	450-990
Mantidactylus malagasius				+	+	450-650
Mantidactylus mocquardi		+	+	+	+	450-960
Mantidactylus opiparis	+	+	+	+	+	500-975
Mantidactylus peraccae					+*	500
Mantidactylus phantasticus				+	+*	500-600
Mantidactylus pulcher	+	+	+		+	620-960
Mantidactylus redimitus	+		+	+	+	450-950
Mantidactylus rivicola					+	450
Mantidactylus tornieri				+		530-560
Mantidactylus sp. 1	+					840
Mantidactylus sp. 2		+	+			895-960
Mantidactylus sp. 3				+		530
Mantidactylus sp. 4				+		530
Mantidactylus sp. 5					+	450
Rhacophoridae						
Aglyptodactylus madagascariensis	+	+	+			835-1000
Boophis albilabris		+	+	+		650-990
Boophis boehmei			+	+		530-900
Boophis brachychir	+			+	+	480-900
Boophis goudoti	+					835-840
Boophis idae		+				975
Boophis lichenoïdes				+		530
Boophis luteus	+	+			+	550-990
Boophis madagascariensis	+	+	+	+	+	450-975
Boophis cf. *mandraka*					+	450
Boophis marojezensis					+	450
Boophis miniatus				+		530
Boophis rappiodes		+		+		530-975
Boophis reticulatus				+	+	450-560
Boophis tephraeomystax	+			+		530-850
Boophis viridis		+	+		+*	550-975
Microhylidae						
Platypelis grandis	+			+	+	500-950
Platypelis cf. *milloti*					+	550
Platypelis pollicaris	+				+	550-840
Platypelis tuberifera	+		+	+	+	480-950
Platypelis sp. 1	+					540-570

Espèces/Species	S1	S2	S3	S4	S5	Altitude (m)
Platypelis sp. 2					+	550-600
Plethodontohyla alluaudi				+		530
Plethodontohyla cf. *minuta*				+	+	450-560
Plethodontohyla notosticta			+		+	450-900
Plethodontohyla cf. *notosticta*				+		675
Plethodontohyla sp. 1				+		540-570
Plethodontohyla sp. 2					+	450-480
Stumpffia grandis				+		530
Stumpffia tetradactyla					+	450-500
Anodonthyla boulengeri					+	450
Cophyla sp.					+	530
Paradoxophyla palmata			+			900
Scaphiophryne marmorata		+	+			900-1050
Ranidae						
Ptychadena mascareniensis	+			+		400-835
Total = 78	**23**	**23**	**29**	**42**	**41**	
Reptiles						
Gekkonidae						
Blaesodactylus antongilensis					+	480
Lygodactylus guibei		+		+	+	500-960
Lygodactylus miops		+		+	+	450-1000
Lygodactylus sp. 1		+	+			895-990
Lygodactylus sp. 2			+			895
Paroedura gracilis				+	+	500-700
Phelsuma guttata					+	500-550
Phelsuma quadriocellata			+	+		600-895
Phelsuma lineata	+	+	+	+	+	450-1000
Phelsuma sp.		+				960
Uroplatus ebenaui				+		600
Uroplatus fimbriatus					+	600
Uroplatus phantasticus	+	+		+		650-975
Uroplatus sikorae	+	+	+	+		560-960
Uroplatus sp. 1	+	+				990-1010
Uroplatus sp. 2				+		650
Chamaeleontidae						
Brookesia peyrierasi				+	+	600-650
Brookesia superciliaris				+	+	480-700
Brookesia therezieni	+	+				840-990
Calumma brevicornis		+				960-1000

Espèces/Species	S1	S2	S3	S4	S5	Altitude (m)
Calumma cucullata				+		600
Calumma furcifer	+			+	+	530-900
Calumma gallus				+	+	450-650
Calumma gastrotaenia		+				975-990
Calumma nasuta	+				+	500-950
Calumma parsoni		+				960-990
Furcifer wilsii	+					1000
Scincidae						
Amphiglossus frontoparietalis				+		540
Amphiglossus macrocercus	+					900-950
Amphiglossus melanopleura	+		+	+	+	450-840
Amphiglossus melanurus				+	+	480-560
Amphiglossus minutus	+		+	+	+	450-950
Amphiglossus mouroundavae		+				975-990
Amphiglossus punctatus			+			900
Amphiglossus sp. 1				+		700
Amphiglossus sp. 2				+		540
Amphiglossus sp. 3				+		650
Mabuya gravenhorstii	+	+	+	+		530-975
Cordylidae						
Zonosaurus aenus		+	+		+	450-995
Zonosaurus brygooi				+	+	480-700
Zonosaurus madagascariensis	+		+	+	+	400-900
Boidae						
Boa manditra	+	+	+	+	+	700-975
Colubridae						
Leioheterodon madagascariensis				+	+	400-450
Liopholidophis epistibes		+			+	450-975
Liopholidophis lateralis					+#	400
Liopholidophis infrasignatus			+		+	580-900
Liophidium rhodogaster				+		530
Geodipsas infralineata				+	+	450-560
Geodipsas laphistia		+		+	+	530-960
Pseudoxyrhopus heterurus				+	+	480-540
Pseudoxyrhopus tritaeniatus			+			900
Total = 51	**14**	**18**	**14**	**30**	**26**	
Total général/Final total = 129	**37**	**41**	**43**	**72**	**67**	

* = espèces entendues/species heard.
# = espèces enregistrées près du village d'Ambodilazana/species recorded near the village of Ambodilazana

Annexe/Appendix 10

Description de l'habitat, technique de capture, et fréquence de capture des espèces d'amphibiens et de reptiles pendant l'évaluation RAP réalisée dans le corridor Mantadia-Zahamena, Madagascar.

Description of habitat, technique of capture, and frequency of capture of amphibian and reptile species collected during the RAP survey in the Mantadia-Zahamena Corridor, Madagascar.

Nirhy Rabibisoa, Jasmin E. Randrianirina, Jeannot Rafanomezantsoa et Falitiana Rabemananjara

Habitat: F1 = forêt relativement intacte/forest relatively intact; F2 = formation ouverte due à une activité anthropique (forêt secondaire)/open formation due to human activity (secondary forest); Ba = espèces dépendantes d'un environnement aquatique/species depends on aquatic environment; Bt = espèces terrestres le long de systèmes aquatiques/terrestrial species along aquatic systems.

Technique de capture/Technique of capture: R1 = observation directe/direct observation; R2 = trous-pièges/pitfall trap; R3 = examen des refuges/refuge examination.

Fréquence/Frequency: C = abondant/abundant; F = fréquent/frequent; R = rare; TR = très rare/very rare.

Iofa (Site 1) Espèces/Species	Technique capture	Habitat	Fréquence Frequency
Amphibiens/Amphibians			
Mantellidae			
Mantella madagascariensis	R1	F1/Bt	TR
Mantidactylus aglavei	R1	F1/Bt	TR
Mantidactylus betsileanus	R1	F1/Ba	R
Mantidactylus bicalcaratus	R3	F1	R
Mantidactylus blommersae	R1	F1/Ba	TR
Mantidactylus boulengeri	R1	F1	TR
Mantidactylus luteus	R1	F1	R
Mantidactylus opiparis	R1,R2	F1	R
Mantidactylus pulcher	R3	F1, F1/Bt	R
Mantidactylus redimitus	R1	F1	R
Mantidactylus sp. 1	R1	F1/Ba	R
Rhacophoridae			
Aglyptodactylus madagascariensis	R1	F1	R
Boophis brachychir	R1	F1/Bt	R
Boophis goudoti	R1	F2/Ba	R
Boophis luteus	R1	F1/Bt	R

Iofa (Site 1) Espèces/Species	Technique capture	Habitat	Fréquence Frequency
Boophis madagascariensis	R1	F1/Bt	TR
Boophis tephraeomystax	R1	F2/Bt	TR
Microhylidae			
Platypelis grandis	R3	F1	R
Platypelis pollicaris	R3	F1	TR
Platypelis tuberifera	R3	F1	R
Platypelis sp. 1	R3	F1	TR
Ranidae			
Ptychadena mascareniensis	R1	F2/Ba	C
Reptiles			
Gekkonidae			
Phelsuma lineata	R1	F1, F2	R
Uroplatus phantasticus	R1	F1	TR
Uroplatus sikorae	R1	F1	TR
Uroplatus sp. 1	R1	F1	TR
Chamaeleontidae			
Brookesia therezieni	R1, R2	F1	R
Calumma furcifer	R1	F1	R
Calumma nasuta	R1	F1	R
Furcifer wilsii	R1	F1	TR
Boidae			
Boa manditra	R1	F1	R
Scincidae			
Mabuya gravenhorstii	R1	F2	R
Amphiglossus macrocercus	R2	F1	TR
Amphiglossus melanopleura	R1, R2	F1	R
Amphiglossus minutus	R2	F1	TR
Cordylidae			
Zonosaurus madagascariensis	R1	F2	R

Didy (Site 2) Espèces/Species	Technique capture	Habitat	Fréquence Frequency
Amphibiens/Amphibians			
Mantellidae			
Mantella madagascariensis	R1,R2	F1/Bt	R
Mantella sp. 1	R1	F1, F1/Bt	F
Mantidactylus asper	R1	F1	R
Mantidactylus betsileanus	R1	F1/Ba	F
Mantidactylus biporus	R1	F1/Ba	TR
Mantidactylus blommersae	R1	F1/Ba	R

Didy (Site 2) Espèces/Species	Technique capture	Habitat	Fréquence Frequency
Mantidactylus cornutus	R1	F1	R
Mantidactylus femoralis	R1	F1/Ba	R
Mantidactylus fimbriatus	R1	F1	TR
Mantidactylus luteus	R1	F1	TR
Mantidactylus lugubris	R1	F1/Ba	R
Mantidactylus mocquardi	R1	F1/Ba	TR
Mantidactylus opiparis	R1,R2	F1	R
Mantidactylus pulcher	R3	F1/Bt	TR
Mantidactylus sp. 2	R1	F1/Ba	TR
Rhacophoridae			
Aglyptodactylus madagascariensis	R1	F1	TR
Boophis albilabris	R1	F1/Bt	R
Boophis idae	R1	F1/Bt	TR
Boophis luteus	R1	F1/Bt	R
Boophis madagascariensis	R1	F1/Bt	R
Boophis rappiodes	R1	F1/Bt	TR
Boophis viridis	R1	F1/Bt	C
Microhylidae			
Scaphiophryne marmorata	R1,R2	F1	R
Reptiles			
Gekkonidae			
Lygodactylus guibei	R1	F1/Bt	TR
Lygodactylus miops	R1	F1	TR
Lygodactylus sp. 1	R3	F1	TR
Phelsuma lineata	R1	F1/Bt, F2	F
Phelsuma sp.	R1	F1	TR
Uroplatus phantasticus	R1	F1	TR
Uroplatus sikorae	R1	F1	TR
Uroplatus sp. 1	R1	F1	TR
Chamaeleontidae			
Brookesia therezieni	R1	F1	R
Calumma brevicornis	R1	F1	R
Calumma gastrotaenia	R1	F1	TR
Calumma parsoni	R1	F1	R
Scincidae			
Amphiglossus mouroundavae	R2	F1	R
Mabuya gravenhortiii	R1	F2	TR
Cordylidae			
Zonosaurus aenus	R1	F2	TR

Didy (Site 2) Espèces/Species	Technique capture	Habitat	Fréquence Frequency
Boidae			
Boa manditra	R1	F2	TR
Colubridae			
Liopholidophis epistibes	R1	F1/Bt	TR
Geodipsas laphistia	R1	F1/Bt	TR

Mantadia (Site 3) Espèces/Species	Technique capture	Habitat	Fréquence Frequency
Amphibiens/Amphibians			
Mantellidae			
Mantella madagascariensis	R1, R2	F1, F1/Bt	R
Mantella crocea	R3	F1	TR
Mantidactylus aerumnalis	R1	F1	R
Mantidactylus argenteus	R1	F1/Bt	R
Mantidactylus betsileanus	R1	F1/Ba	R
Mantidactylus bicalcaratus	R1	F1/Bt	TR
Mantidactylus blommersae	R1	F1/Bt	TR
Mantidactylus cornutus	R1	F1/Bt	TR
Mantidactylus depressiceps	R1, R3	F1/Bt	F
Mantidactylus eiselti	R1	F1/Bt	TR
Mantidactylus femoralis	R1	F1/Ba	R
Mantidactylus grandidieri	R1	F1/Ba	TR
Mantidactylus liber	R3	F2/Bt	TR
Mantidactylus lugubris	R1	F1/Ba	R
Mantidactylus luteus	R1	F1	R
Mantidactylus mocquardi	R1	F1/Ba	R
Mantidactylus opiparis	R1	F1	R
Mantidactylus pulcher	R1	F1/Bt	R
Mantidactylus redimitus	R1	F1	R
Mantidactylus sp. 2	R1	F1/Ba	TR
Rhacophoridae			
Aglyptodactylus madagascariensis	R1	F1	TR
Boophis albilabris	R1	F1/Bt	TR
Boophis boehmei	R1	F1/Bt	R
Boophis madagascariensis	R1	F1/Bt	R
Boophis viridis	R1	F1/Bt	TR

Mantadia (Site 3) Espèces/Species	Technique capture	Habitat	Fréquence Frequency
Microhylidae			
Platypelis tuberifera	R3	F1	R
Plethodontohyla notosticta	R1	F1	TR
Paradoxophyla palmata	R2	F1	TR
Scaphiophryne marmorata	R3	F2	TR
Reptiles			
Gekkonidae			
Phelsuma lineata	R1, R3	F1, F2	R
Phelsuma quadriocellata	R3	F1/Bt	TR
Lygodactylus sp. 1	R1	F1	TR
Lygodactylus sp. 2	R1	F2	TR
Uroplatus sikorae	R1	F1	TR
Boidae			
Boa manditra	R1	F2	TR
Colubridae			
Liopholidophis infrasignatus	R1	F1	F
Pseudoxyrhopus tritaeniatus	R3	F2	TR
Scincidae			
Mabuya gravenhorstii	R3	F2	TR
Amphiglossus melanopleura	R1	F1	TR
Amphiglossus minutus	R2	F1	F
Amphiglossus punctatus	R2	F1	TR
Cordylidae			
Zonosaurus aeneus	R1	F1	TR
Zonosaurus madagascariensis	R1, R3	F1, F2	R

Andriantantely (Site 4) Espèces/Species	Technique capture	Habitat	Fréquence Frequency
Amphibiens/Amphibians			
Mantellidae			
Mantella madagascariensis	R1	F1/Bt	F
Mantidactylus albofrenatus	R1	F1	TR
Mantidactylus argenteus	R1	F1	TR
Mantidactylus betsileanus	R1	F1/Ba	R
Mantidactylus bicalcaratus	R3	F1/Bt	R
Mantidactylus biporus	R1, R2	F1/Ba	R
Mantidactylus boulengeri	R1	F1	F
Mantidactylus eiselti	R1	F1	TR

Andriantantely (Site 4) Espèces/Species	Technique capture	Habitat	Fréquence Frequency
Mantidactylus femoralis	R1	F1/Ba	R
Mantidactylus cf. *flavobrunneus*	R3	F1/Bt	TR
Mantidactylus grandidieri	R1	F1/Ba	C
Mantidactylus grandisonae	R1	F1/Bt	TR
Mantidactylus guttulatus	R1	F1/Ba	R
Mantidactylus klemmeri	R1	F1	TR
Mantidactylus lugubris	R1	F1/Ba	TR
Mantidactylus luteus	R1	F1	R
Mantidactylus malagasius	R1	F1	R
Mantidactylus mocquardi	R1	F1/Ba	TR
Mantidactylus phantasticus	R1	F1	TR
Mantidactylus opiparis	R1	F1, F1/Bt	R
Mantidactylus redimitus	R1	F1	R
Mantidactylus tornieri	R1	F1/Bt	R
Mantidactylus sp. 3	R1	F1/Bt	R
Mantidactylus sp. 4	R1	F1/Ba	TR
Rhacophoridae			
Boophis albilabris	R1	F1/Bt	TR
Boophis boehmei	R1	F1/Bt	TR
Boophis brachychir	R1	F1/Bt	TR
Boophis lichenoides	R1	F1/Bt	R
Boophis madagascariensis	R1	F1,F1/Bt	R
Boophis miniatus	R1	F1/Bt	TR
Boophis reticulatus	R1	F1/Bt	TR
Boophis rappioides	R1	F1/Bt	R
Boophis tephraeomystax	R1	F1/Bt	TR
Microhylidae			
Cophyla sp	R1	F1/Bt	TR
Platypelis grandis	R1, R3	F1	R
Platypelis tuberifera	R1, R3	F1	R
Plethodontohyla alluaudi	R1	F1	TR
Plethodontohyla cf. *minuta*	R2	F1	R
Plethodontohyla cf. *notosticta*	R1, R3	F1	R
Plethodontohyla sp. 1	R2	F1/Bt	TR
Stumpffia grandis	R3	F1/Bt	R
Ranidae			
Ptychadena mascareniensis	R1	F2	TR
Reptiles			
Chamaeleontidae			
Brookesia superciliaris	R1, R3	F1	F

Andriantantely (Site 4) Espèces/Species	Technique capture	Habitat	Fréquence Frequency
Brookesia peyrierasi	R1	F1	TR
Calumma cucullata	R1	FI	TR
Calumma furcifer	R1	F1, F1/Bt	R
Calumma gallus	R1	F1	TR
Gekkonidae			
Phelsuma lineata	R1	F2	TR
Phelsuma quadriocellata	R1	F1	TR
Lygodactylus guibei	R1	F1	TR
Lygodactylus miops	R1	F1	TR
Paroedura gracilis	R1, R3	F1	R
Uroplatus phantasticus	R1	F1	TR
Uroplatus ebenaui	R1	F1	TR
Uroplatus sikorae	R1	F1	R
Uroplatus sp. 2	R1	F1	TR
Boidae			
Boa manditra	R1	F1	R
Colubridae			
Leioheterodon madagascariensis	R1	F2	TR
Liophidium rhodogaster	R1	F1	TR
Geodipsas laphistia	R1	F1/Bt	TR
Geodipsas infralineata	R1	F1/Bt	R
Pseudoxyrhopus heterurus	R1	F1/Bt	TR
Scincidae			
Mabuya gravenhorstii	R1	F2	TR
Amphiglossus frontoparietalis	R1	F1	TR
Amphiglossus melanopleura	R1	F1	TR
Amphiglossus melanurus	R1	F1	TR
Amphiglossus minutus	R2	F1	TR
Amphiglossus sp. 1	R2	F1	TR
Amphiglossus sp. 2	R1	F1/Bt	TR
Amphiglossus sp. 3	R1	F1	TR
Cordylidae			
Zonosaurus brygooi	R1, R2	F1	F
Zonosaurus madagascariensis	R1	F2	TR

Sandranantitra (Site 5) Espèces/Species	Technique capture	Habitat	Fréquence Frequency
Amphibiens/Amphibians			
Mantellidae			
Mantella madagascariensis	R1	F1/Bt	C
Mantella pulchra	R1	F1	R
Mantidactylus albolineatus	R3	F1	TR
Mantidactylus aglavei	R1	F1, F1/Bt	R
Mantidactylus asper	R1	F1/Bt	F
Mantidactylus betsileanus	R1	F1/Ba	R
Mantidactylus bicalcaratus	R3	F1/Bt	TR
Mantidactylus blporus	R1	F1/Ba	C
Mantidactylus eiselti	R1	F1, F1/Bt	C
Mantidactylus femoralis	R1	F1/Ba	C
Mantidactylus grandidieri	R1	F1/Ba	R
Mantidactylus guttulatus	R1	F1/Ba	R
Mantidactylus leucomaculatus	R1	F1	R
Mantidactylus liber	R1	F1, F1/Bt	F
Mantidactylus luteus	R1	F1, F1/Bt	C
Mantidactylus malagasius	R1, R3	F1	R
Mantidactylus mocquardi	R1	F1/Ba	C
Mantidactylus phantasticus	R1	F1	TR
Mantidactylus peraccae	R1	F1/Bt	R
Mantidactylus pulcher	R3	F1	TR
Mantidactylus opiparis	R1	F1	C
Mantidactylus redimitus	R1	F1/Bt	C
Mantidactylus rivicola	R1	F1/Bt	C
Mantidactylus sp. 5	R1	F1/Ba	TR
Rhacophoridae			
Boophis brachychir	R1	F1, F1/Bt	C
Boophis luteus	R1	F1/Bt	R
Boophis madagascariensis	R1	F1/Bt	C
Boophis cf. *mandraka*	R1	F1/Bt	TR
Boophis marojezensis	R1	F1/Bt	C
Boophis reticulatus	R1	F1/Bt	R
Boophis viridis	R1	F1/Bt	R
Microhylidae			
Platypelis grandi	R3	F1	TR
Platypelis tuberifera	R3	F1/Bt	R
Platypelis cf. *milloti*	R3	F1	TR
Platypelis pollicaris	R3	F1	TR
Platypelis sp. 2	R3	F1	TR

Sandranantitra (Site 5) Espèces/Species	Technique capture	Habitat	Fréquence Frequency
Plethodontohyla notosticta	R1	F1	R
Plethodontohyla cf. *minuta*	R1	F1	TR
Plethodontohyla sp. 2	R2	F1	TR
Stumpffia tetradactyla	R1, R3	F1	R
Anodonthyla boulengeri	R1	F1	TR
Reptiles			
Chamaeleontidae			
Brookesia superciliaris	R1	F1	C
Brookesia peyrierasi	R3	F1	TR
Calumma furcifer	R1	FI	TR
Calumma gallus	R1	F1/Bt	R
Calumma nasuta	R1	F1	R
Gekkonidae			
Phelsuma lineata	R1	F1	R
Phelsuma guttata	R1	F1	R
Lygodactylus guibei	R1	F1	R
Lygodactylus miops	R1	F1, F1/Bt	R
Paroedura gracilis	R1	F1	TR
Uroplatus fimbriatus	R1	F1	C
Blaesodactylus antogilensis	R1	F1	TR
Boidae			
Boa manditra	R1	F1	TR
Colubridae			
Leioheterodon madagascariensis	R1	F2	TR
Liopholidophis epistibes	R1	F1	TR
Liopholidophis lateralis	R1	F2	TR
Liopholidophis infrasignatus	R1	F1	TR
Geodipsas laphistia	R1	F1/Bt	TR
Geodipsas infralineata	R1	F1, F1/Bt	R
Pseudoxyrhopus heterurus	R1	F1/Bt	TR
Scincidae			
Amphiglossus melanopleura	R2	F1, F1/Bt	R
Amphiglossus melanurus	R2	F1	C
Amphiglossus minutus	R2	F1	TR
Cordylidae			
Zonosaurus aeneus	R1,R2	F1	C
Zonosaurus brygooi	R1, R2	F1	C
Zonosaurus madagascariensis	R1	F2/Bt	TR

Annexe/Appendix 11

Espèces d'insectes collectées pendant l'évaluation RAP réalisée dans le corridor Mantadia-Zahamena, Madagascar.

Insect species collected during the RAP survey in the Mantadia-Zahamena Corridor, Madagascar.

Casimir Rafamantanantsoa

Espèces/Species	S 1	S 2	S 3	S 4	S 5
Lepidoptera (Rhopalocera)					
Fam. Nymphalidae					
Charaxes andranadorus	+	+	+	+	
Charaxes analalava	+	+	+	+	
Charaxes zoolina	+			+	
Charaxes betsimisaraka	+			+	
Charaxes betsimisaraka f. *dujardini*	+	+		+	
Aterica rabena	+		+	+	+
Pseudacrae lucretia apaturoides	+			+	+
Cyrestis élegans	+			+	
Eurytela dryope narinda	+		+		
Eurytela dryope narinda f. *lineata*		+		+	+
Euxanthe madagascariensis	+	+	+	+	+
Hypolimnas bolina	+			+	+
Hypolimnas missipus	+		+	+	+
Hypolimnas deceptor de ludens				+	
Salamis anacardei duprei	+		+	+	
Salamis anteva	+		+		
Precis gourdoti	+	+	+	+	+
Precis epiclelia	+		+		
Subfam. Danainae				+	
Danaida chrysippus	+		+		
Fam. Satyridae					
Henotesia masoura	+		+		
Henotesia drepana	+			+	+
Henotesia masoura mabillei	+	+	+	+	+
Henotesia passandava	+		+	+	
Henotesia alao Kola				+	+
Strabena tamatavae				+	
Strabena ibitina					+
Subfam. Acreinae				+	+
Acraea ranavalona			+	+	
Acraea zitja	+	+	+	+	+

Espèces/Species	S 1	S 2	S 3	S 4	S 5
Acraea damii			+		
Acraea ranavalona	+	+	+		+
Fam. Riodinidae					**+**
Sarabia tepahi	+				
Fam. Lycaenidae					
Syntarucus rabefaner	+		+		
Fam. Pieridae					**+**
Letopsia nupta				+	
Eurema floricola f. *arista*	+	+	+		+
Eurema floricola floricola					+
Catopsilia thauruma f. *grandidiei*				+	+
Catopsilia thauruma f. *thauruma*	+		+	+	+
Mylothris phileris f. *phileris*	+		+		+
Fam. Papilionidae				**+**	**+**
Papilio mangoura			+	+	
Papilio delalandii	+		+	+	+
Papilio oribazus	+	+	+	+	+
Papilio demodocus	+	+	+		+
Papilio epiphorbas				+	+
Graphium (Arisbe) cyrnus cyrnus	+		+		+
Lepidoptera (Heterocera)					
Fam. Saturniidae					
Argema mittrei	+	+	+	+	+
Antherina suraka	+	+	+	+	
Bunea aslauga	+	+	+	+	+
Tagoropsis leporinia f. *ochracea*	+				
Fam. Sphingidae					
Coelonia mauritii	+		+	+	
Coelonia solani	+	+	+	+	
Xantopan morgani praedicta	+		+	+	
Batocnema coquereli coquereli	+				
Pseudoclanis grandidieri	+		+		
Dellephilla nerii	+		+	+	+
Massenia heydeni	+	+		+	+
Massenia heydeni destincta	+	+	+	+	+
Nephele coma f. *deresa*	+	+	+	+	
Hippotion geryon	+		+	+	
Hippotion eson	+		+		
Panogena jasmini	+	+	+	+	+
Euchloron megaera	+		+		+
Acherontia atropos	+	+	+	+	+
Fam. Noctuidae					
Anua pelor	+		+		
Anua tirhaca	+		+		
Chalciope hyppasia					+

Espèces/Species	S 1	S 2	S 3	S 4	S 5
Othreis euryzoma					+
Mocis mayeri					+
Polydesma umbricola					+
Ametropalpis nasuta					+
Nyctipao walkeri					+
Fam. Arctiidae					
Aganais borbonica	+		+	+	
Spilartia aspersa	+	+	+	+	+
Eilema marginata					+
Nyctemera insularus					+
Fam. Crambidae					
Lophocera vadonalis	+				
Diaphana (Glyphodes) sinuata	+	+	+	+	+
Ulopeza crocifrontalis	+	+	+		
Fam. Geometridae					
Brachytrama urvinaria amara	+		+	+	
Pingasa grandidieri	+	+	+	+	+
Comiboena leucochlorara	+		+	+	
Epigelasma meloui	+		+	+	+
Zamarada calypso	+		+	+	
Psilocerea barycorda	+	+	+	+	+
Psilocerea scandamyctes	+		+	+	+
Psilocerea pulvirosa	+	+	+	+	+
Psilocerea trigrinata	+		+	+	+
Psilocerea vestitaria	+	+	+	+	+
Racotis apodosima	+		+	+	+
Necleora legrasi	+	+	+	+	+
Drepanogynis hyppopyrrha	+		+	+	+
Fam. Notodontidae					
Pachicispia picta				+	+
Hypsoides placidus					+
Malgondonta idioptila					+
Fam. Uranidae					
Chrysiridia madagascariensis				+	+
Coleoptera					
Fam. Scarabaeidae - Cetoniinae					
Bothrorrhina ochreata	+		+		
Coptomia lambertoni			+		
Coptomia costata	+		+		
Doryscelis calcarata	+	+	+	+	+
Heterophana similis	+				
Moriaphila fasciculata			+		
Pentolia flavomarginata			+		
Pygora lenocinia			+		+

Espèces/Species	S 1	S 2	S 3	S 4	S 5
Fam. Scarabaeidae -Dynastinae					
Oryctes clypealis	+		+		
Oryctes pyrrhus	+		+	+	
Oryctes simiar	+				+
Oryctes boas			+		
Oryctes politus				+	
Fam. Scarabaeidae -Melolonthinae					
Tricholepsis emmae				+	
Encya subnitida				+	+
Encya sp.				+	
Besignata besignata				+	
Besignata basilis				+	
Hoplochelus pruinosa				+	
Hoplochelus sp.				+	
Empecta macutipennis				+	
Fam. Scarabaeidae -Rutelinae					
Enthora polita				+	
Pseudenaria hexaphilla				+	
Adondocia sp.			+		
Fam. Buprestidae					
Polybothris quadricollis	+	+	+	+	
Polybothris luczoti	+				
Polybothris maculeventris	+				
Polybothris nitidiventris	+	+	+	+	
Polybothris propinqua	+				
Polybothris zivetta	+				
Polybothris viriditarsis	+				
Polybothris alboplagiata	+				
Polybothris obscurela	+				
Polybothris crassa	+				
Polybothris coccinella	+				
Fam. Cerambycidae (Prioninae)					
Leontiprionus rudis				+	
Closterus flabellicornis				+	
Closterus concisiramis	+				
Closterus sp.				+	
Hovatoma perrieri				+	
Trychophysis humbloti				+	
Trychophysis sp.		+		+	
Aulacotoma tenuelimbata	+		+		
Hoplyderes spinipennis					+
Euponus varides	+				+
Mastodondera lateralis	+				+
Mastodondera rufovelutina	+				

Espèces/Species	S 1	S 2	S 3	S 4	S 5
Mastodondera nodicollis	+				
Mastodondera tibialis	+				
Mastodondera coccinea	+				+
Mastodondera testaceipes	+				
Leucographus albovarius					+
Phrymeta marmorea					+
Protorhopala sexnotata					+
Callimation venustum					+
Monogamus tridentalus					+
Arrhytmus rugosipennis					+
Fam. Cerambycidae- Laminae					
Frea sparsa	+		+		
Mimatybe pauliani	+				+
Fam. Elateridae					
Lycoreus corpulentus	+				
Lycoreus madagascariensis	+				+
Lycoreus triangularis	+				+
Abiphis nobilis	+			+	
Abiphis insignis	+				+
Adelocera goudoti	+				+
Adelocera leprosa	+				+
Crepicardus cosicolis	+				+
Crepicardus klugi	+			+	
Fam. Pterostichidae					
Eurypercus laevicollis		+			
Eurypercus festivum		+			
Fam. Brachinidae					
Pheropsophus acuticostatus				+	
Fam. Scaritidae					
Dinosacaris venator		+			
Tapinoscaris tricostis	+				
Fam. Curculionidae					
Lixus gigas				+	
Lixus stirnu	+				
Lixus bituerosus			+		
Lixus mocquerysi		+	+		
Lixus sp.	+				
Lixus bohemani			+		
Lithinus albipes					+
Lithinus superciliosus			+	+	
Holonychus saxosus			+		+
Crepidotus variolosus	+			+	
Desmidophorus alboniger	+				
Desmidophorus satanas	+				
Stigmatrachelus striatogemellatus	+				

Espèces/Species	S 1	S 2	S 3	S 4	S 5
Stigmatrachelus ruptus					+
Rhina nigra					+
Eugnoristus monachus					+
Choloropholus capiomonte	+				
Fam. Cicindelidae					
Pogonostoma cacrulcum			+		
Megalomma f.natalia			+		
Cicindela ifasina fallax			+		
Hipparidium equestre equestre	+		+		
Fam. Anthribidae					
Tophoderes frenatus			+	+	+
Fam. Alleculidae					
Nesogena (Paragena) viridicuprea	+	+			
Nesogena sp.		+			
Fam. Brenthidae					
Zetophloeus pugionatus				+	+
Plazocnemis dives					+
Fam. Tenebrionidae					
Strongylium purpureiprenne					+
Damatris sp.				+	+
Fam. Coccinellidae					
Epilachna pavonia					+
Fam. Passalidae					
Cicetonius shroederi					+
Semicyclus grayi					+
Homoptera					
Fam. Cercopidae					
Ptyelus goudoti				+	
Ptyelys goudoti f. *velghei*				+	
Ptyelys goudoti f. *nigripes*				+	
Fam. Cicadidae					
Yanga grandidieri				+	+
Yanga guttulata			+	+	+
Yanga sp.	+				
Malagasia aperta			+	+	
Malagasia veriscens				+	
Pycna sp.					+
Heteroptera					
Fam. Pentatomidae					
Coquerelia ventralis	+				
Orthoptera					
Fam. Tetrigidae					
Tetrigidae sp. 1				+	+
Tetrigidae sp. 2				+	+
Fam. Tettigoniidae					

Espèces/Species	S 1	S 2	S 3	S 4	S 5
Eurycorypha prasinata.	+				
Ruspolia longipennis	+				
Phanoroptera nana	+				
Ensifera sp.	+				
Blattodea					
Fam. Blattodea					
Leucophaea maderea	+			+	
Mantodea					
Fam. Mantidae					
Polyspilota acruginosa	+				
Odonata (Zygoptera)					
Fam. Calopterygidae					
Phaon irridipennis		+	+	+	
Odonata (Anisoptera)					
Fam. Aeschnidae					
Anax mauritianus	+		+		
Diptera					
Fam. Asilidae					
Microstylum cilipes					
Omnatius chinensis					+

Annexe/Appendix 12

Espèces d'insectes cicindèles collectées pendant l'évaluation RAP réalisée dans le corridor Mantadia-Zahamena, Madagascar, et comparaison avec les autres sites connus de présence de ces espèces dans la région.

Tiger beetles (Cicindelidae) surveyed during the RAP survey in the Mantadia-Zahamena corridor, Madagascar, compared to other sites in the area where these species are known to occur.

Lantoniaina Andriamampianina

✓ = espèces collectées durant le RAP/species collected during RAP; E = espèces endémiques au corridor Mantadia-Zahamena/species endemic to the Mantadia-Zahamena corridor.

Espèces/Species	Sites connus de collectes/ Known sites of collections	Collectées durant le RAP/Collected during the RAP
Ambalia aberrans	Mantadia	✓
Calyptoglossa frontalis	Mantadia	✓
Cicindelina oculata	Mantadia	✓
Cylindera fallax	Mantadia	✓
Hipparidium equestre	Moramanga, Mantadia, Zahamena	✓
Lophyra abbreviata	Moramanga, Mantadia, Zahamena	✓
Myriochile melancholica	Moramanga, Mantadia	✓
Peridexia fulvipes	Mantadia, Zahamena	✓
Peridexia hilaris	Mantadia, Zahamena	
Physodeutera adonis	Zahamena	
Physodeutera bellula		✓
Physodeutera cyanea	Mitanoka	
Physodeutera fairmairei	Zahamena	
Physodeutera flammigera		✓
Physodeutera lateralis	Mitanoka	
Physodeutera maximum	Zahamena	
Physodeutera megalommoides	Zahamena, Mitanoka	✓
Physodeutera minimum	Mantadia	✓
Physodeutera mocquerysi	Zahamena	
Physodeutera sp. cf. *rufosignata*		✓
Physodeutera natalia (E)	Mantadia, Zahamena	✓
Physodeutera obsoleta (E)		✓
Physodeutera perroti (E)	Zahamena	
Physodeutera rufosignata	Mantadia, Zahamena	✓
Physodeutera sikorai	Mantadia, Zahamena	✓
Physodeutera subtilivelutina	Moramanga, Zahamena	
Physodeutera trimaculata	Zahamena	

Espèces/Species	Sites connus de collectes/ Known sites of collections	Collectées durant le RAP/Collected during the RAP
Physodeutera uniguttatum	Mitanoka	✓
Physodeutera viridi-cyanea	Mantadia, Zahamena	
Pogonostoma abadiei (E)	Andranomalaza, Zahamena	
Pogonostoma alluaudi	Moramanga	
Pogonostoma anthracina	Mantadia, Zahamena	
Pogonostoma brullei		✓
Pogonostoma caerulea	Mantadia, Zahamena	✓
Pogonostoma chalybaeum	Moramanga, Mantadia, Zahamena	✓
Pogonostoma cyanescens	Zahamena	
Pogonostoma cylindricum	Moramanga, Mantadia, Zahamena	✓
Pogonostoma elegans	Moramanga, Mantadia	
Pogonostoma excisoclavipenis	Mantadia	
Pogonostoma flavomaculatum	Mantadia, Zahamena	✓
Pogonostoma hamulipenis	Mantadia	✓
Pogonostoma horni		✓
Pogonostoma humbloti (E)	Zahamena	
Pogonostoma laporti	Beforona	
Pogonostoma minimum	Mantadia, Zahamena	
Pogonostoma mocquerysi	Anivorano	
Pogonostoma nigricans	Mantadia	
Pogonostoma ovicolle	Mantadia	✓
Pogonostoma pallipes (E)	Zahamena	
Pogonostoma parvulum		✓
Pogonostoma peyrierasi	Zahamena	
Pogonostoma phalangioïde (E)		✓
Pogonostoma pseudominimum	Mantadia, Zahamena	
Pogonostoma pusilla	Mantadia	✓
Pogonostoma rugosoglabra	Mantadia, Zahamena	✓
Pogonostoma sericeum	Mantadia	
Pogonostoma spinipennis	Mantadia, Zahamena	✓
Pogonostoma srnkai	Mantadia, Zahamena	✓
Pogonostoma tortipenis	Mantadia	
Pogonostoma vadoni	Moramanga, Mantadia	✓
Pogonostoma violaceum	Beforona	

Les données de distribution données dans la deuxième colonne ont été tirées des données des collections d'insectes du Parc Botanique et Zoologique de Tsimbazaza, du Muséum d'Histoire Naturelle de Paris, du Natural History Museum de Londres et de différentes littératures listées dans les références bibliographiques, notamment celles de Jeannel (1946), Olsoufieff (1934), Horn (1934), Alluaud (1902) et Rivalier (1965).

The distribution data in the second column are derived from the data on insect collections at the Parc Botanique et Zoologique de Tsimbazaza, the Muséum d'Histoire Naturelle in Paris, the Natural History Museum in London and from different literature sources listed in the bibliography, particularly Jeannel (1946), Olsoufieff (1934), Horn (1934), Alluaud (1902), and Rivalier (1965).

Cartes et photos

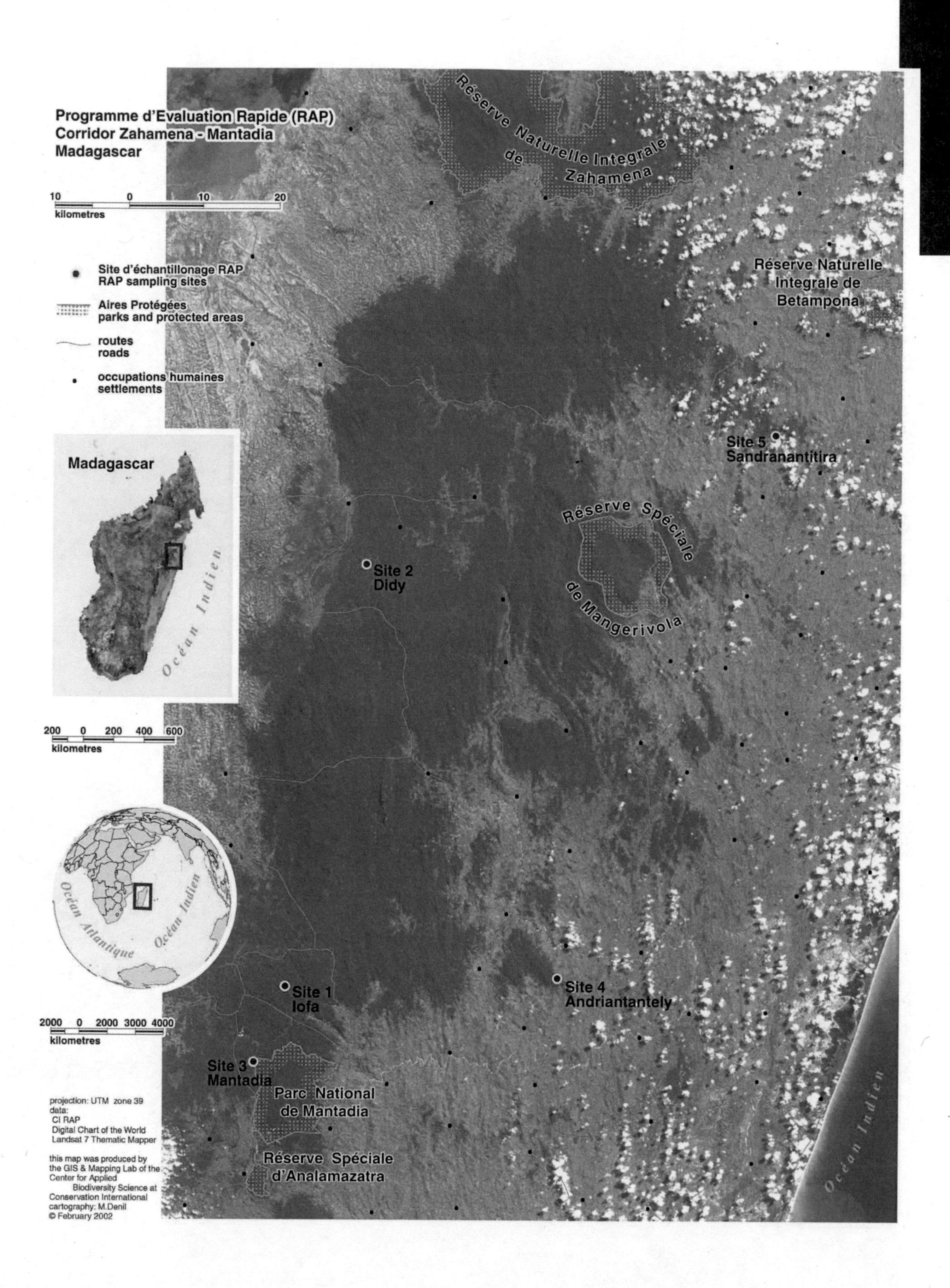

Jed Murdoch

Forêt primaire à l'intérieur du corridor
Primary forest within the corridor

Leeanne E. Alonso

Forêt intacte à l'intérieur du corridor, principalement aux altitudes les plus élevées et sur les pentes
Intact forest within the corridor, mainly at higher elevations and on slopes

Jed Murdoch

Végétation typique le long d'une des nombreuses routes d'exploitation à l'intérieur du corridor
Typical vegetation along one of many logging roads within the corridor

Leeanne E. Alonso

Zone étendue déboisée à l'intérieur du corridor
An extensive area of deforestation within the corridor

Leeanne E. Alonso

Vue aérienne du corridor, avec les marques brunes de la destruction par l'exploitation
Aerial view of the corridor, logging scars in brown

Uroplatus sikorae, un gecko cryptique
Uroplatus sikorae, a cryptic gecko

Boa manditra, un serpent nocturne listé comme espèce menacée par l'UICN. Il peut se nourrir de petits lémuriens et d'autres mammifères.
Boa manditra, a nocturnal snake listed as threatened by IUCN. It eats small lemurs and other mammals.

Uroplatus phantasticus, une des 16 espèces de geckos enregistrées
Uroplatus phantasticus, one of 16 gecko species recorded

Brookesia superciliaris, une des 11 espèces de caméléons trouvées durant l'inventaire RAP
Brookesia superciliaris, one of 11 chameleon species documented during the RAP survey

Phesulma quadriocellata, un gecko coloré
Phelsuma quadriocellata, a colorful gecko

La grenouille arboricole *Boophis luteus*, l'une des 78 espèces d'amphibiens trouvées durant l'inventaire RAP
The tree frog, *Boophis luteus*, one of 78 amphibian species documented during the RAP survey

Jutta Schmid

Chercheurs du RAP au camp, avec des « mini-winklers » (pour l'échantillonnage des fourmis) suspendus sous la bâche
RAP scientists in camp, with "mini-winklers" (ant samplers) hanging under tarp

Membres de l'équipe du RAP
RAP team members

Jutta Schmid

Une des six espèces de rongeurs collectées dans le corridor
One of the six rodent species collected from the corridor

Leeanne E. Alonso

Route d'exploitation traversant la forêt à l'intérieur du corridor
Logging road through forest within the corridor

Olivier Langrand

L'indri (*Indri indri*), le plus grand des lémuriens de Madagascar, vit dans le corridor
The Indri (*Indri indri*), Madagascar´s largest lemur species is found in the corridor

Jutta Schmid

Chercheurs de l'équipe du RAP au travail dans la forêt
RAP team scientists working in the forest